U0072914

Anatomie Fonctionnelle

骨關節 解剖全書

2 下肢篇

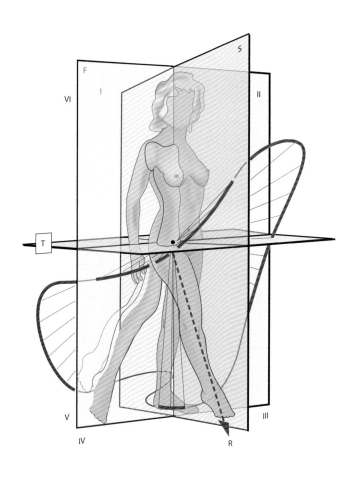

楓葉社

Originally published in French by Éditions Maloine, Paris, France under the title:
Anatomie fonctionelle volume 2 - 7th edition © Maloine 2018.
Complex Chinese translation rights arranged with Les Éditions Maloine
(une marque du groupe VOG) through LEE's Literary Agency
Complex Chinese Edition © 2021 by MAPLE LEAVES PUBLISHING CO, LTD

骨關節解剖全書

2 下肢篇

出　　　　版／楓葉社文化事業有限公司
地　　　　址／新北市板橋區信義路163巷3號10樓
郵 政 劃 撥／19907596 楓書坊文化出版社
網　　　　址／www.maplebook.com.tw
電　　　　話／02-2957-6096
傳　　　　真／02-2957-6435
作　　　　者／柯龐齊
翻　　　　譯／方奕瑋
　　　　　　　江幸鎂
　　　　　　　胡碧嬋
　　　　　　　魏美穎
企 劃 編 輯／陳依萱
校　　　　對／黃薇霓
港 澳 經 銷／泛華發行代理有限公司
定　　　　價／950元
出 版 日 期／2021年6月

國家圖書館出版品預行編目資料

骨關節解剖全書2. 下肢篇 / 柯龐齊作；方奕瑋,
江幸鎂, 胡碧嬋, 魏美穎翻譯. -- 初版. -- 新北市
: 楓葉社文化事業有限公司,
2021.06　面；　公分

ISBN 978-986-370-276-4（平裝）

1. 關節　2.人體解剖學

394.27　　　　　　　　　　110003826

獻給
我的妻子
我的母親，一位藝術家
我的父親，一位外科醫師
我的外祖父，一位技師

審定序

就如同儒得教授為本書作序提到的，只要來看這本《骨關節解剖全書》，很多肌肉骨骼系統動作的概念就會理解貫通了！

可能看到這裡還顯現不出我內心的激動，作為這三冊書本繁體中文版的審閱，我一冊一冊、一個章節一個章節、一字一句看過，每一頁都是一種體悟，再次感嘆人體動作的奧妙，讚賞柯龐齊醫師融會整理的功力，還有這三冊書本背後，想要讓學習這個專業背景的人都能獲得最佳知識的用心，讀這本書，讓人處處都有驚奇。

第一冊的內容是上肢，柯龐齊醫師把肩關節在三度空間裡的動作呈現描述得相當傳神，討論前臂為何是兩根骨頭的觀點更是讓我驚豔，因為在過往的教科書中，幾乎不曾對這一點進行說明。第二冊則是下肢，其中膝關節各方向動作及它們的測試，都鉅細靡遺地呈現在一張圖中，相當地精粹，對足弓與拱頂的說明也是這一冊的精華，涵蓋了足部骨骼的排列、足部肌群如何控制足底拱頂的成形，都很清楚地敘述在文章中。而第三冊就是中軸，這裡將脊椎的力學很清楚地呈現，而更特別的是柯龐齊醫師也說明了胸廓呼吸和發聲、頭部顳顎咬合與眼球動作的內容，在其他類似的系列書籍中，這些常常會被排除或者會分冊討論，所以很多非相關專科的醫師或治療師對這些都比較不了解，有了這些內容，醫師和治療師更能從簡單的角度切入理解，對於就此有需要協助的個案不啻是一項福音。

除了以上的內容，柯龐齊醫師也貼心提供了兩個巧思：第一，設計了紙板模型讓讀者可以親自動手做，不僅有趣也真的能讓讀者在過程中體會到人體產生動作的機轉，我也幫自己做了一個手部的模型，從線段的拉扯體會手指動作，不像以前學習的方式這麼死板記憶，真的歷久不忘；第二，博學如柯龐齊醫師引用了一些有趣的小品故事在書中，也激起我在審閱的過程中去找尋這些小品故事的來源，認識許多了不起的解剖學者、醫學影像學者，增加更多的額外知識，如果沒有這幾本書，我想我也沒有機會得到這些線索去探究這些過去偉大的人所做過的事，真的是滿懷感恩。

可惜的是，我們再也沒有機會閱讀到柯龐齊醫師更多精闢的見解了，先走一步的他留下這三冊充滿精彩知識與人生哲理的書籍，我真心推薦每一位醫師、治療師、身體工作者、運動教練都能細細品嘗，從中獲得柯龐齊醫師滿滿對這個世界的關懷和愛，知識的傳遞如暖流，流淌在每一個讀者的心頭。

蔡忠憲

序

　　從我們這一代開始，遇到抱持疑問的年輕同事就會跟他這樣說：「去看柯龐齊的書，你就會懂了。」

　　從《骨關節解剖全書》中獲得的知識，成為我們這一行的專業核心，無論是臨床症狀、診斷程序、手術操作都能在書中找到答案。作者柯龐齊師從多位解剖學大師，在學習的路途上受過非常嚴格的訓練，他從非常早的時候，就知道自己該為功能解剖學的教學開啟新時代，把知識變得清楚簡單，以打通讀者的任督二脈。

　　謝謝你柯龐齊：任何事能夠看起來簡單易懂，都是因為幕後有位天才。這本書的完美，源自你的淵博學識。《骨關節解剖全書》充滿巧妙思維，不管是出自於寫作構思或手術操作的優雅及效率，都極為完美。最後我想說的是，這本書同時也是最好的教學手冊，它的地位將永遠屹立不搖。

　　本書新版內容豐富更勝前版，無論是學生、正式執業人員、外科醫師、風濕科醫師、復健科醫師、物理治療師，只要對人體運動感興趣，都值得將這套書放置在書架上最顯眼的位置。

提爾利・儒得教授（Thierry Judet）

第六版序

　　第六版全三冊主題為功能解剖學，歷經改版及更新。作者使用電腦把解說圖全數上色，進一步提高圖像的解說效果。整個過程就如同蛻變，全文在完成重新編寫後破蛹成蝶。第六版增添許多內容並且優化，除了原始章節還加入新的章節解說步態，以及附錄「下肢神經綜觀」。最後，為了實現圖像立體化，作者在本書最後附上力學模型，供讀者自行製作，可親身體驗生物力學。本書新版將部分內容刪去或簡化，亦有部分內容新增。

第七版序

　　這次新版仔細修正、優化原文，新增八頁內容說明跟腱彈性、孕婦重心，進一步解說快步走、上肢擺盪、一般或行軍等不同步態、以及跳躍。這本新書肯定能夠再次燃起讀者的興趣。

目錄

第 1 章　髖

髖關節（髖股關節） 2

髖：下肢根部關節 4

髖關節屈曲動作 6

髖關節伸直動作 8

髖關節外展動作 10

髖關節內收動作 12

髖關節軸向轉動動作 14

髖關節迴旋動作 16

股骨頭和髖臼的方向 18

　　　股骨頭 18

　　　髖臼 18

關節表面關係 20

股骨和骨盆的結構 22

髖臼唇和股骨頭韌帶 24

髖關節囊 26

髖關節韌帶 28

屈曲伸直時韌帶的功能 30

外轉內轉時韌帶的功能 32

內收外展時韌帶的功能 34

股骨頭韌帶的功能解剖學 36

髖關節表面接合 38

維持髖關節穩定性的肌肉及骨骼要素 40

髖關節屈肌群 42

髖關節伸肌群 44

髖關節外展肌群 46

髖外展 48

骨盆的橫向穩定性 50

髖關節內收肌群 52

髖關節內收肌群（續） 54

髖關節外轉肌群 56

髖關節旋轉肌群 58

肌肉動作功能反轉 60

肌肉動作功能反轉（續） 62

外展肌群的連續徵召 64

第 2 章　膝

膝關節軸 68

膝內翻和膝外翻 70

膝關節屈曲伸直動作 72

膝關節軸向轉動動作 74

下肢整體結構及關節表面概況 76

下肢整體結構及關節表面概況（續） 78

    膝扭轉 78

    脛骨扭轉 78

    扭轉結果 78

屈曲伸直時的關節表面 80

脛骨關節表面與軸向轉動的關係 82

股骨髁和脛骨關節表面的輪廓 84

髕滑車輪廓的決定因素 86

屈曲伸直時股骨髁在脛骨平台上的動作 88

軸向轉動時股骨髁在脛骨平台上的動作 90

膝關節囊 92

韌帶黏膜、滑膜皺襞與關節容量 94

關節間半月板 96

屈曲伸直時半月板位移 98

軸向轉動及半月板損傷時的半月板位移 100

與股骨相關的髕骨位移 102

股骨髕骨關係 104

與脛骨相關的髕骨動作 106

膝的副韌帶 108

膝的橫向穩定性 110

膝的橫向穩定性（續） 112

膝的前後穩定性 114

膝的關節周圍保護系統 116

膝的十字韌帶 118

關節囊與十字韌帶的關係 120

十字韌帶的方向 122

十字韌帶的力學功能 124

十字韌帶的力學功能（續） 126

十字韌帶的力學功能（結尾） 128

伸膝的轉動穩定性 130

伸膝的轉動穩定性（續） 132

伸膝的轉動穩定性（結尾） 134

膝在內轉下的動態檢查 136

前十字韌帶斷裂的動態檢查 138

膝在外轉下的動態檢查 140

膝關節伸肌群 142

股直肌的生理性動作 144

膝關節屈肌群 146

膝關節旋轉肌群 148

膝的自發性轉動 150

膝的自發性轉動（續） 152

膝的動態平衡 154

第 3 章　踝

足關節複合體 158

屈曲伸直動作 160

踝關節表面 162

踝關節表面（續） 164

踝關節韌帶 166

踝的前後穩定性及屈曲伸直限制因素 168

踝關節的橫向穩定性 170

脛腓關節 172

脛腓關節的功能解剖學 174

為何小腿有兩根骨頭？ 176

第 4 章　足

足部的軸向轉動與側向移動 180

距下關節表面 182

距下關節表面的契合度高低 184

距骨：骨頭中的特例 186

距下關節韌帶 188

橫跗關節及韌帶 190

距下關節動作 192

距下關節與橫跗關節的動作 194

橫跗關節動作 196

後跗關節的整體運作 198

    內翻動作 198

    小結 198

    外翻動作 198

    小結 198

後足的異動萬向關節 200

內翻外翻時的韌帶鍊 202

    內翻動作限制因素 202

    外翻動作限制因素 202

楔舟關節、楔間關節、跗蹠關節 204

前跗關節及跗蹠關節動作 206

腳趾伸直動作 208

小腿的腔室 210

小腿的腔室（續） 212

骨間肌和蚓狀肌 214

足部的蹠部肌群 216

足背和足底的纖維隧道 218

踝的屈肌群 220

小腿三頭肌 222

小腿三頭肌（續） 224

踝的其他伸肌群 226

外展旋前肌：腓骨肌群 228

內收旋後肌：脛骨肌群 230

第 5 章　足底拱頂

足底拱頂結構概述 234

內側足弓 236

外側足弓 238

足部的前側足弓與橫向足弓 240

足底拱頂的負荷分布和靜態形變 242

足部的結構平衡 244

行走時足底拱頂的動態形變 246

    第一期：足跟觸地 246

    第二期：最大接觸 246

    第三期：主動推進第一階段 246

    第四期：主動推進第二階段 246

足部內翻導致小腿傾斜引起的足底拱頂動態形變 248

足部外翻導致小腿傾斜引起的足底拱頂動態形變 250

足底拱頂對地形的適應 252

各種類型的空凹足 254

各種類型的扁平足 256

前側足弓不平衡 258

足部的類型 260

第 6 章　行走

雙足行走的演化 264

雙足行走的奧妙 266

步態起始與後續動作 268

步態週期的擺盪期 270

步態週期的站立期 272

足印 274

骨盆的擺動 276

骨盆的傾斜 278

軀幹的扭轉 280

上肢的擺盪 282

與行走相關的肌群 284

跑步時的肌肉鏈 286

不同類型的行走及跳躍 288

行軍步與舞步 290

行走是一種自由表徵 292

附錄

下肢神經 296

下肢的感覺腔室 298

參考書目 300

關節生物力學模型 302

第1章

髖

髖關節（髖股關節）

當四足動物進化成為兩足動物，髖關節便從後肢近端關節變成下肢根部關節，前肢近端關節（也就是肩膀）則成為上肢根部關節。**上肢（upper limb）**已經失去支撐、行走功能，變成**懸吊**著的肢體，為負責**抓握（prehensile）**的手部提供各項支持。

在此同時，**下肢（lower limb）**仍舊保留行走功能，因此成為唯一負責**身體支撐（body support）**及行走（locomotion）的肢體。結果，髖部成為休息或行走時，唯一能夠支撐身體的關節，這項變化使得髖部結構出現大幅改變。

肩部功能上屬於多關節結構，**髖部（hip）**則是單一關節，能夠**轉動**並支撐下肢，因此方便大範圍活動（但是一部分受到腰椎限制），

而且非常穩固（人體關節中，最不容易脫位的就是髖關節）。這些種種特性顯示出髖關節的身體支撐和行走功能。

人工髖關節置換帶來了**關節義肢**的新時代，大幅改變骨科。一般看來結構上最容易模仿製作出來的就是髖關節，因為髖關節表面非常近似於球形，但是仍然有許多問題尚待解決，像是義肢頭部的適當尺寸、接觸面摩擦係數、耐磨性、磨耗殘屑是否產生毒性等。然而更重要的是**義肢如何連接至活體組織**，也就是要不要使用骨水泥，尤其考量到某些義肢後來會由活細胞覆蓋進而融為一體。目前髖關節義肢研究最為透澈，理論模型也最多。

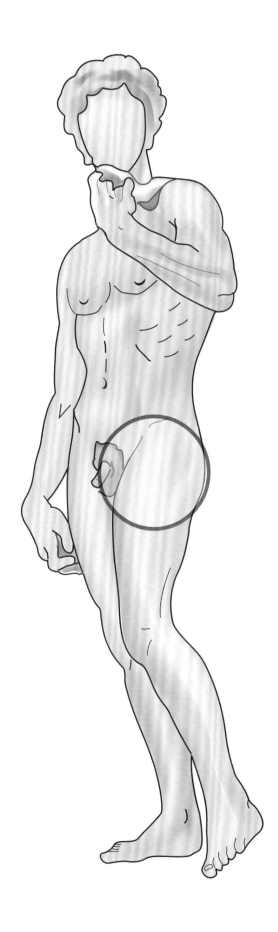

髖：下肢根部關節

髖是**下肢的近端關節**（proximal joint of the lower limb），位於下肢根部，可以大幅度轉動；因此有三個軸向、三個自由度（**圖 1**）。

- **橫軸**（transverse axis）XOX'，位於冠狀切面，可以做**屈曲伸直**（flexion–extension）動作。
- **矢狀軸**（sagittal axis）YOY'，位於**前後**切面，通過關節中心 O，控制**外展內收**（abduction–adduction）動作。
- **垂直軸**（vertical axis）OZ，站立時與下肢長軸 OR 重疊，控制整個下肢的**外轉**（lateral rotation）、**內轉**（medial rotation）動作。

髖關節動作只涉及單一關節，也就是髖關節，或稱髖股關節，屬於杵臼關節，是個緊密嵌合的**球形**關節，與肩關節不同，肩關節也是杵臼關節但是嵌合較不緊密，所以活動度大但穩定性較差。髖關節動作部分受到腰椎限制，所以活動度較小，但也因此穩定性較佳。

髖關節一邊**承受壓縮力**一邊支撐人體，肩關節則**承受拉力**。雖然髖和肩一樣，是三軸關節，擁有三個自由度，但是髖關節運動時，尤其是外展時，活動範圍不足以像肩關節一般產生 Codman 矛盾，因此下肢並不存在 Codman 矛盾這種偽矛盾（見第 1 冊）。

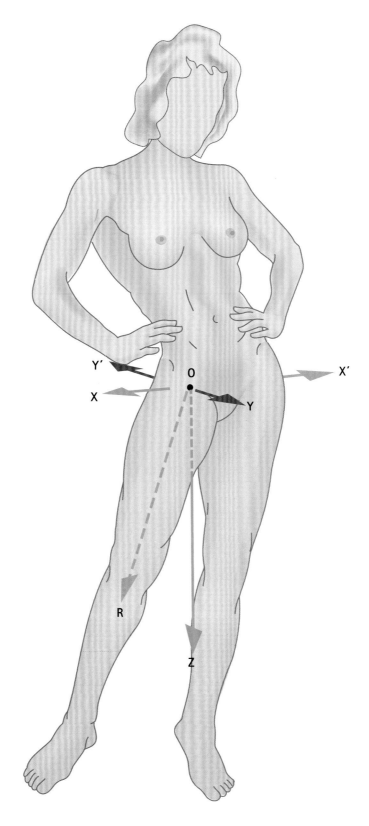

圖1

髖關節屈曲動作

　　髖關節的屈曲動作會使大腿前側更靠近軀幹，讓整個下肢移動到髖關節冠狀切面的前方。**屈曲範圍（range of flexion）**受到許多因素影響。

- 大致來講，**主動屈曲（active flexion）**範圍小於被動屈曲。**膝關節位置**也會影響屈曲範圍：**伸膝**時（**圖2**），屈曲可達90°；**屈膝**時（**圖3**），最大可以達到 120°以上。

- **被動屈曲（passive flexion）**絕對可以超過 120°，但還是會受到膝蓋位置影響，膝**伸直**時（**圖4**），屈曲範圍明顯會受到比較大的限制，膝**屈曲**時（**圖5**）受限較小：屈曲**幅度（amplitude）**為 145°，大腿幾乎碰到胸膛。本書後方章節會說明（P.146），因為膝屈曲放鬆大腿後肌，所以髖關節屈曲範圍會增加。

- 如果雙膝屈曲時左右髖關節**同時被動屈曲**（**圖6**），大腿前側會碰觸到胸，因為髖屈曲也會讓**骨盆傾斜**向後，這是由於腰椎前突角度變小（箭號）。

圖2

90°

圖3

120°

圖4

>120°

圖5

145°

圖6

髖關節伸直動作

伸直動作會把下肢帶到冠狀切面後方。伸展受限於髂股韌帶的張力，範圍比屈曲小許多，（見 P.28）。**主動伸直（Active extension）** 的範圍比被動伸直小。**伸膝（knee extended）** 時（**圖 7**），髖伸展範圍較大（20°），超過**屈膝（knee flexed）** 時的 10°（**圖 8**），這是由於屈膝時大腿後肌收縮主要是用來彎曲膝蓋，因而減少作為髖關節伸肌的效率（見 P.146）。

身體做弓步蹲動作時，被動伸直（passive extension） 可達 20°（**圖 9**），同側手將下肢往後拉時可達到 30°（**圖 10**）。

請注意，骨盆往前傾斜時，會明顯增加髖的伸直，同時**腰椎會大幅前突**，如此便能透過測量大腿垂直地面位置（細虛線）與大腿伸直位置（粗虛線）之間的角度（**圖 7**、**圖 8**），得到腰椎的貢獻角度。大腿伸直位置比較容易判斷，因為與髖關節中心連接到髂前上棘的那條線，兩者之間角度固定。然而，每個人測量出的角度可能不同，取決於骨盆能夠靜止停留在哪個位置而定，也就是往前或往後傾斜的角度。

上述角度範圍，是舉例一般沒有特別訓練過的人。**運動和訓練**可以讓角度大幅增加。舉例來講，芭蕾女舞者一般都可以做出**劈腿**動作（**圖 11**），即使不坐在地面上也可以，因為髂股韌帶很柔軟。然而，如果她們為了增加後側大腿不足的伸直角度而必須讓骨盆明顯前傾，這就不太值得了。

圖7

20°

圖8

10°

圖9

20°

圖10

30°

圖11

髖關節外展動作

外展讓下肢移動**向外側、*遠離身體對稱平面***。

理論上完全可以**只有一個髖關節外展**（**abduct only one hip**），但是實際上一個髖關節外展時，另一個髖關節就會自發地產生接近角度的外展，這樣的現象在超過外展 30°後（**圖 12**）變得更明顯，骨盆傾斜會變得明顯可見，連接兩個髂後棘表面記號的線也呈現傾斜。假如用線標出兩條下肢的長軸，可以看到這兩條線在骨盆對稱軸上交叉，顯示這個姿勢讓兩個髖關節都外展 15°。

外展達到**絕對極大值**（**absolute maximum**）時（**圖 13**），兩下肢之間的角度呈現直角。再強調一次，外展時可以看到兩個髖關節同時移動，最後每個髖關節可以外展最大 45°。注意此時骨盆傾斜的角度也是水平 45°向下，與支撐的髖關節同側。整個脊柱也往支撐腳側彎曲，抵消了骨盆傾斜。再次強調，髖關節移動時**脊椎也會一起帶動**。

外展動作止於股骨頸接觸到髖臼緣（見 P.26），但是在此之前已經受限於內收肌、髂股韌帶、恥股韌帶（見 P.34）。

運動和訓練可以大幅增加外展最大範圍，例如芭蕾女舞者可以主動外展到 120°（**圖 14**）至 130°（**圖 15**），不需要任何外力協助。受過訓練後，做出劈腿動作時，被動外展甚至可以達到 180°（**圖 16**），但其實這個動作已經不只是外展，為了放鬆髂股韌帶，骨盆會向前傾（**圖 17**），同時腰椎會過度伸直（箭號），髖關節這時則是呈現外展屈曲姿勢。

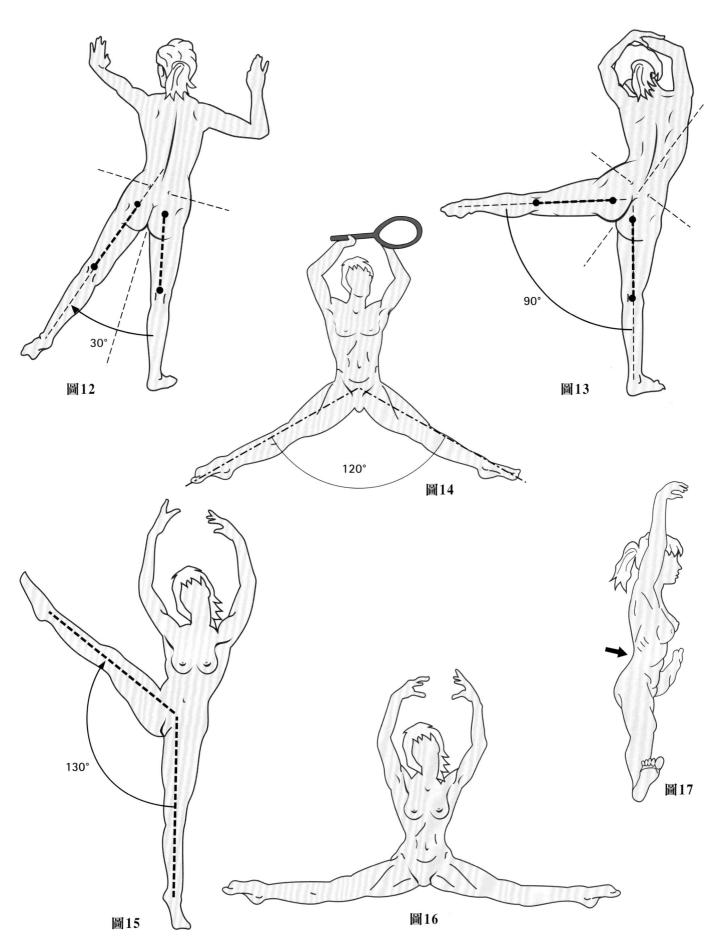

圖12

30°

圖13

90°

圖14

120°

圖15

130°

圖16

圖17

髖關節內收動作

內收是下肢**向內靠近身體對稱平面**的動作。然而在身體基準位置時雙下肢是碰觸在一起的,所以並沒有真正單純的內收動作。

也就是說,**相對內收(relative adduction,圖 18)**是肢體從任何外展姿勢再往內側移動。

動作也可以是髖關節**內收合併伸直(圖 19)**及髖關節**內收合併屈曲(圖 20)**。

最後,動作也可以是**一側髖關節內收合併另一側髖關節外展(圖 21)**,這時骨盆會傾斜,腰椎大幅前突。請注意,兩足分開(以維持平衡)時,一側髖關節的內收角度與另一側髖關節的外展角度並不相同**(圖 22)**。這兩個角度的差值,等於兩個下肢軸之間的角度,而它們在初始位置時是對稱的。

上述內收混合動作,最大內收範圍都是 30°。

混合動作中最常見的是**蹺腳坐姿(cross-legged sitting position,圖 23)**,這個姿勢除了內收以外,還涉及到屈曲和外轉,是穩定性最差的髖關節姿勢(見 P.38)。汽車前座乘客經常呈現這樣的坐姿,可能因此撞到儀表板而導致髖關節脫位。

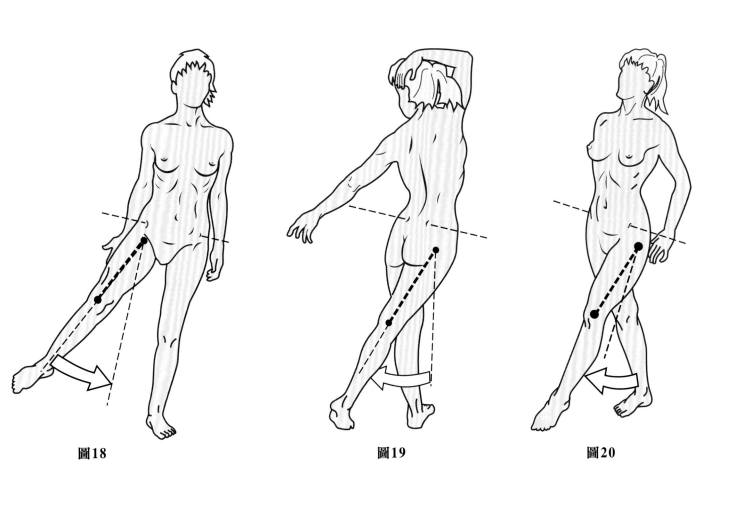

圖18　　　　　　　　　　　圖19　　　　　　　　　　　圖20

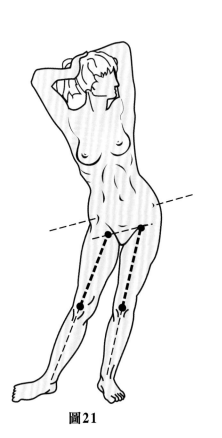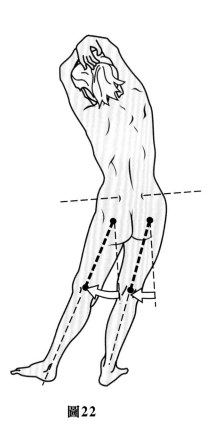

圖21　　　　　　　　　　　圖22　　　　　　　　　　　圖23

髖關節軸向轉動動作

軸向轉動發生在**下肢的力學軸**（見**圖 1** 軸 OR）。直立時，力學軸與髖關節的垂直軸呈現一直線（見**圖 1** 軸 OZ），這時下肢**外轉**會把腳趾尖變成朝外，**內轉**則會把腳趾尖朝內。膝完全伸展時（見 P.136），會只有髖關節能夠轉動。

然而，評估轉動範圍並不是採用直立姿勢，受測者最好俯臥或坐在治療床邊緣**屈膝 90°**。

示範姿勢（**圖 24**）是受測者**俯臥**（lying prone），小腿與地面垂直，小腿與大腿盡量成直角，接著把小腿**往外側**擺動，**髖便會向內轉動**（**圖 25**），可以轉動大約 30-40°。小腿**往內側**擺動時，**髖會向外轉動**（**圖 26**），範圍最是大 60°。

受測者**坐在治療床邊緣**，讓髖關節和膝關節都屈曲 90°，也會出現相同情況：小腿**往內**擺動時，髖會**向外轉動**（**圖 27**）；小腿**往外**擺動時，髖會**向內轉動**（**圖 28**）。不過坐在治療床邊緣時，外轉範圍會比躺著還大，因為髖關節屈曲會**放鬆髂股韌帶和恥股韌帶**，而這些韌帶正是外轉的主要限制因素（見 P.32）。

蹲踞姿勢（squatting position，**圖 29**）會同時做出外轉和外展兩種動作，屈曲超過 90°。瑜伽專家可以做出類似的外轉動作，並且兩腿水平交疊（稱為「蓮花坐」）。

髖的轉動範圍取決於股骨頸前傾角度，這點在孩童身上尤其明顯。孩童的大腿內轉時，走路會呈現內八步態，通常會同時出現雙足扁平外翻。長大後，股骨頸前傾角度變小，回到正常成年人角度，於是步態問題也就消失了。然而，假使前傾角度還是一樣大甚至變得更大，孩童也（錯誤）適應，坐在地上時會**腳跟互相擠壓**，髖關節**屈曲**。這個姿勢會讓股骨向內轉動，兩個股骨頸前傾角度也會更大，這是因為孩童的骨骼非常柔軟。矯正時可以強迫孩童採取相反的坐姿，也就是蹲踞姿勢，蓮花坐的效果更好。一段時間後會重塑股骨頸，前傾便會減少

股骨頸前傾角度用常規放射線造影很難檢測，但是現在可以用**電腦斷層掃描**（CT scan）簡單正確測量出來。電腦斷層掃描也可以用來評估下肢轉動不良，這種狀況通常從髖**開始**發生。

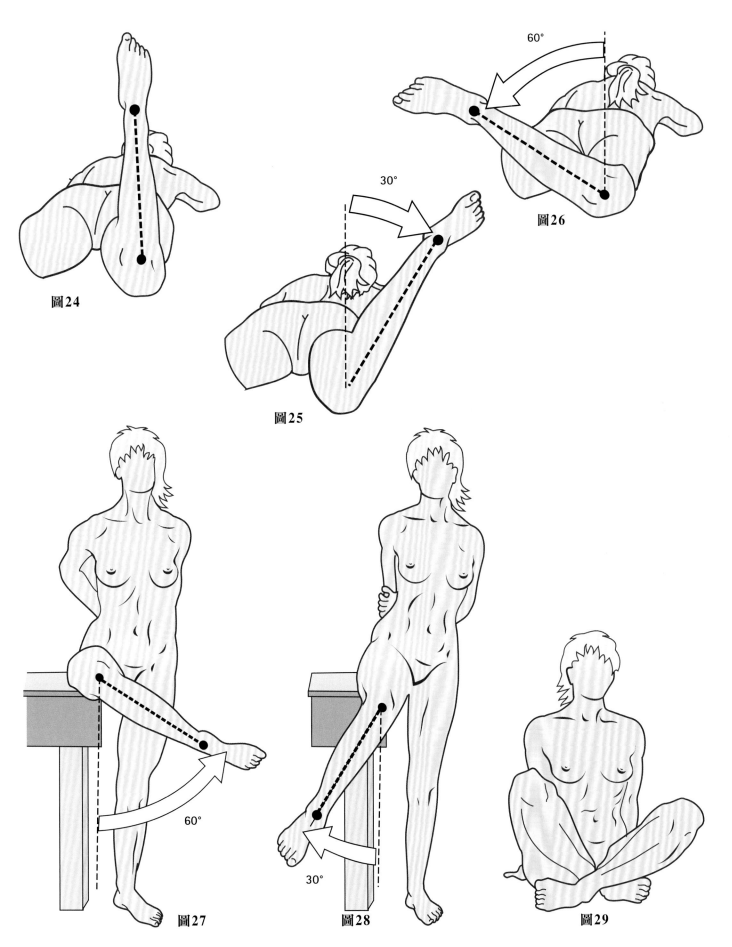

圖24

圖25

60°

圖26

30°

60°

圖27

30°

圖28

圖29

髖關節迴旋動作

關節都有三個自由度，髖的迴旋動作則**同時使用三個軸的基本動作**。迴旋達到**最大程度**時，下肢軸的軌跡會呈現**圓錐形**，尖端位於髖關節中心：這就是**迴旋錐（圖 30）**。

迴旋動作的圓錐體一點也不對稱，因為各個基本動作在空間中的最大動作範圍不同，所以下肢的軌跡不是呈現圓形，而是**波浪形**，串起了空間中不同的面，並由**三個基準平面交織而成**：

1. 矢狀切面（S），包含屈曲及伸直動作。
2. 冠狀切面（C），包含外展及內收動作。
3. 水平切面（H）。

空間中可分為八個面，編號從 1 至 8，圓錐體依序穿過編號 3、2、1、4、5、8 平面。請留意曲線如何繞過支撐腳；如果沒有支撐腳，曲線的內側範圍應該能夠再更大一些。箭號 R 表示下肢在 4 號平面朝著遠端前方外側延伸，R 的箭號線也是**迴轉動作圓錐的軸**，與**髖的功能位置及制動位置**密切相關。

Strasser 指出，這道**曲線描繪在圓球上（圖 31）**時，圓球中心 **O** 位置在髖關節中心，半徑 **OF** 的長度等於股骨，赤道線則是 **LM**。我們可以在球體上標示緯度和經度（圖中未標示），以便用來描述最大活動範圍。

Strasser 也提出一個類似方法用於肩關節，而且比髖關節的適用度還要更高，因為上肢軸的轉動範圍更大。

從股骨的位置 OL 開始，外展動作（箭號 **Ab**）和內收動作（箭號 **Ad**）只有發生在水平子午線 **HM**；**內轉**動作（**MR**）和**外轉**動作（**LR**）發生在軸 OL。**屈曲伸直**動作可以分為兩組，一組發生在緯線 **P**，也就是**繞極**屈曲 **F1**，另一組畫的圈 **C** 更大，也就是**外心**屈曲 **F2**。屈曲 **F2** 可以拆解為 **F1** 以及 **F3**，F3 位於赤道線 HM 上，這樣的觀測方式實用價值不高。

更重要的一點是，我們換個觀點來看，其實髖關節沒有 Codman 矛盾（見第 1 冊），正是因為外展受到限制。

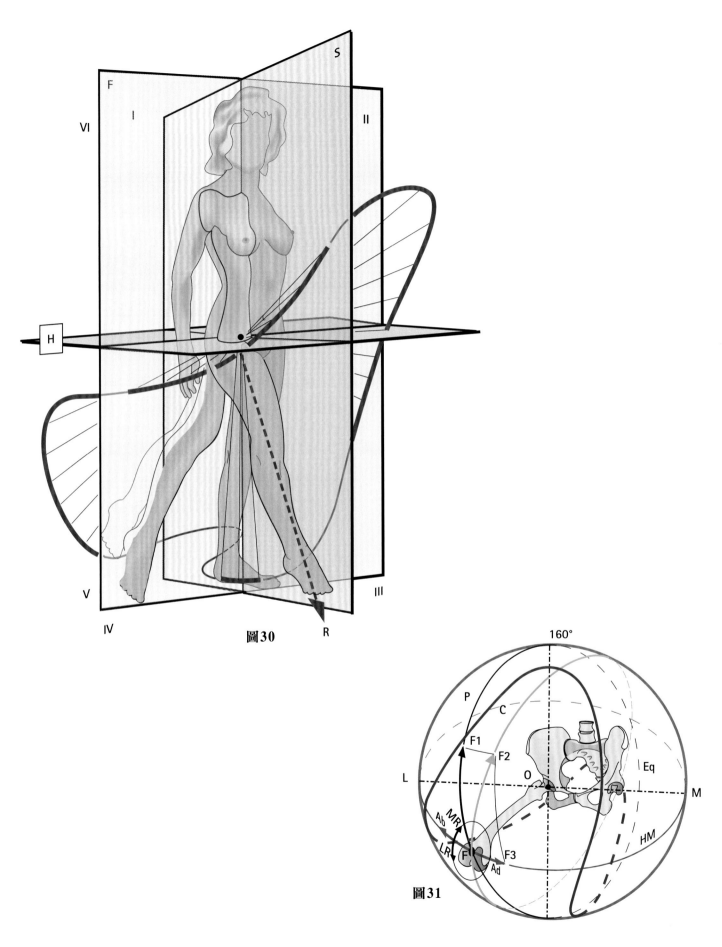

圖30

圖31

股骨頭和髖臼的方向

髖關節是**杵臼關節**，也就是**球窩（ball-and-socket）**關節，關節表面呈現**球面**。

股骨頭

股骨頭（**圖 32**，前視圖）是個三分之二的球體，直徑 4-5 公分，幾何中心有三個軸通過，分別是水平軸 **1**、垂直軸 **2**、前後軸 **3**。

股骨頸負責支撐股骨頭，並且連接股骨頭與股骨幹。股骨頸的軸（箭號 A）呈傾斜，朝向前上方內側。成人的股骨頸與股骨幹呈現 125°夾角 D（**傾斜角**），股骨頸與冠狀切面成 10-30°（**前傾角**）朝向內側前方。因此，（**圖 35**，後方內側視圖）垂直冠狀切面通過股骨頭中心以及股骨髁軸，位置幾乎完全在股骨幹和股骨上端的前方。平面 P 上有下肢的**力學軸 MM'**，MM' 軸與股骨幹 **D** 軸成 5-7°（見 P.68）。

股骨頭和股骨頸的形狀**每個人都很不同**，人類學家認為是功能適應的關係，兩種差異極大的形態如下（見**圖 36**，靈感來自 Paul Bellugue）：

- **高瘦型**：股骨頭超過球體的三分之二；股骨頸與股骨幹成最大角（I = 125°；A = 25°）；股骨幹較細，骨盆小且高懸。這種形態的關節活動度較高，可以**適應跑步速度**（a 和 c）。
- **矮胖型**：股骨頭幾乎沒有超過球體的一半，股骨頭與股骨幹之間角度較小（I = 115°；A = 10°），股骨幹較粗，骨盆較寬大。活動範圍較小，速度較慢但是力量較大，屬於**有力型**（b 及 d）。

髖臼

髖臼（**圖 33**，藍色箭號；外側視圖）位於**髖骨外側**，由三塊骨頭組成，可以**容納股骨頭**。

髖臼呈現半球形，與股骨頭形成關節處是髖臼緣（**Am**）。髖臼只有邊緣上有月狀面關節軟骨 **Ca**，這塊軟骨並沒有延伸至內側，因為深處有髖臼切跡。髖臼的中心部分位於更深處，比關節軟骨更深，因此沒有接觸到股骨頭。這個部位稱為**髖臼窩**（**Af**），與髖骨內側表面相隔一層薄骨（**圖 34**；虛線為該薄骨頭）。髖臼中心 **O** 位於 IP 與 ST 交界（I= 髂骨粗隆；P= 恥骨；S= 髂前上棘；T= 坐骨粗隆）。後面章節會說明，髖臼唇（Al）怎樣附著於髖臼緣（見 P.32）。

髖臼的方向並非只有朝**外側**，也有朝向**下方及前方**（**圖 38**，箭號 A' 表示髖臼的軸）。**圖 37**（髖臼的垂直切面）可以清楚看到，髖臼朝向下方，水平夾角是 30-40°，髖臼上半部向外延伸於股骨頭上方，這段延伸測量起來通常有 30°，稱為**懷伯格角（angle of Wiberg）**，縮寫 **W**。髖臼頂部是關節軟骨，與股骨頭接觸並承受最大的壓力，因此髖臼和股骨頭的軟骨都是最厚的軟骨。**水平切面**（**圖 38**）可以看出，髖臼朝向前方，髖臼軸 **A'** 與冠狀切面成 30-40°夾角。此外，還有**髖臼窩 Af**，位於**新月形關節軟骨 Ca** 的內側；髖臼唇 **Al** 附著於髖臼橫韌帶（**TAL**）及髖臼緣；髖臼緣的**切線平面**（**Pm**），髖臼唇的平行面（**Pl**），兩者都略微朝向前方內側。

臨床實務上，可以用下列方法取得髖關節的這兩個切面：

- 斷層掃描的**垂直額截面**，便與**圖 37** 相似。
- 髖關節電腦斷層掃描的**水平截面加上垂直額截面**，與**圖 38** 相似，可以測量髖臼和股骨頸的前傾角。這兩個測量值可以用來**診斷髖關節發育不良**。

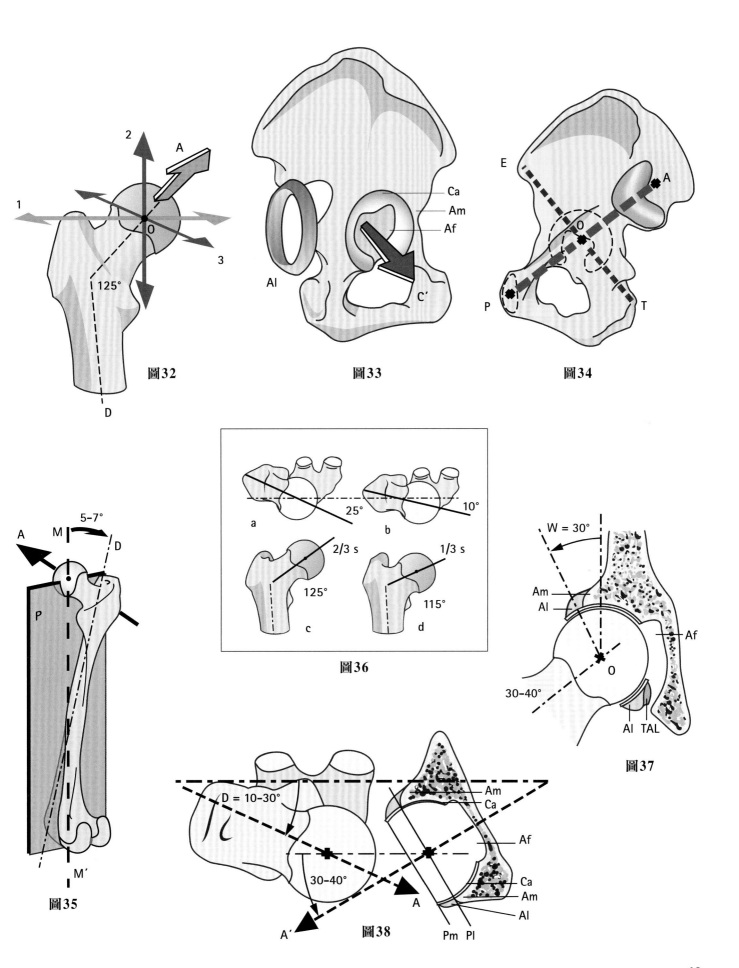

圖32

圖33

圖34

圖35

圖36

圖37

圖38

關節表面關係

髖關節處於**直立姿勢**（straight position 或 *erect posture*，圖 40）時，髖臼不會完全覆蓋股骨頭，而是**露出**上方前端軟骨覆蓋表面（圖 39，白色箭號）。這是因為**股骨頸的軸**（A）傾斜向上，朝向前方及內側，與**髖臼軸**（A'）沒有成一直線，髖臼軸傾斜向下，朝向前方及外側（**圖 45**：右髖關節基準軸三維圖）。**髖關節的力學模型**（圖 41）可以用來說明這個結構，我們可以把球體固定在桿子上，然後彎曲桿子模擬前傾角度；平面 D 用來表示通過股骨軸的面以及股骨髁的橫軸。另外，**矢狀切面** S 有個上半球凹面完全貼合球體；小平面 C 代表**冠狀切面**，通過半球中心。

直立姿勢時，球體的前側上方幾乎完全暴露，圖中**深灰藍色新月**表示露出的關節軟骨。

我們可以適度旋轉半球凹面及股骨球體（**圖 44**），讓關節表面完全吻合後，這樣就看不到深灰藍色部分了。從平面 S 和平面 C 可以輕易看出來，如果想要讓關節表面完全吻合，需要三個步驟：

- 屈曲大約 90°（箭號 1）。
- 小幅度外展（箭號 2）。
- 小幅度外轉（箭號 3）。

在這個新的位置**（圖 46）**，髖臼軸 A" 和股骨頸軸 A 就會變成一直線。

以骨骼來講**（圖 42）**，想要關節表面完全吻合同樣需要**屈曲**、**外展**、**外轉**三個動作，髖臼凹面才能完全遮蓋住股骨頭。髖關節的這個位置就像**四足著地位置（quadruped position，圖 43）**，可想而知這個位置才是**髖關節真正的生理學位置**。演化過程中，四足行走變成**兩足行走（biped locomotion）**，導致**髖關節表面無法完全吻合**。反過來看，髖關節表面沒有完全吻合，可以證明人是從四足行走祖先演化而來。

演化成兩足行走後，直立姿勢髖關節表面無法完全吻合，便可能導致髖退化性關節炎，尤其已經有**髖關節發育不良**，出現**髖關節表面方位不正確**時，就更可能罹病。

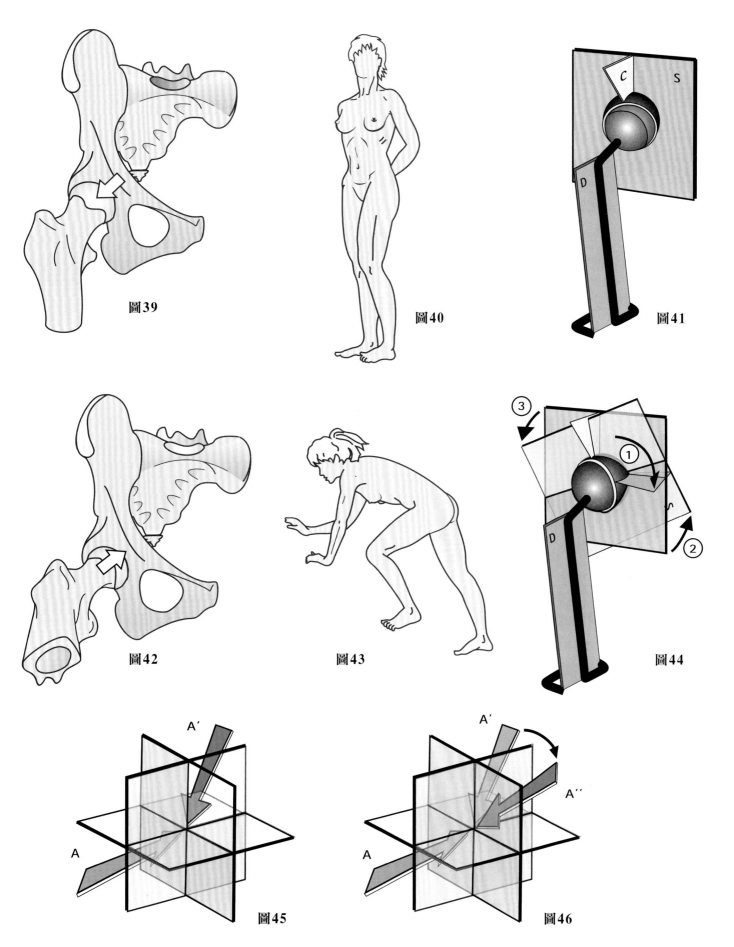

圖39

圖40

圖41

圖42

圖43

圖44

圖45

圖46

股骨和骨盆的結構

股骨頭、股骨頸、股骨幹組成工程學上的**懸臂（cantilever）**。事實上，因為有**股骨頸**作為槓桿臂，原本體重施加於股骨頭的重量，轉移到了股骨幹。**吊桿（gibbet）**也可以看到類似結構**（圖51）**，重物的垂直力會讓水平桿連接處斷掉，導致主桿與水平桿之間角度閉合。如果不想發生這樣的事，就要加上一個斜向**支柱**。

股骨頸就像是吊桿的水平桿。從**下肢骨骼概覽（圖49）**可以看出，下肢三個關節的力學軸（粗虛線）位於「股骨吊桿」結構的內側。請同時留意，力學軸並非垂直，圖中垂直軸線以點和虛線構成。後文會說明這種結構的力學意義（見 P.132）。

為了避免股骨頸底部斷裂**（圖52）**，股骨上端有個特殊的結構，從乾燥骨骼的**垂直切面**很容易看出來**（圖47）**，海綿骨的骨板位於**兩個小樑系統**，與**力學線**對應。

主小樑系統（main trabecular system）由兩組小樑構成，分別朝向股骨頸和股骨頭，如下：

- **第一組（1）**起點是股骨幹的外側骨皮質，終點是股骨頭的內側骨皮質，一般稱為**杰盧瓦和伯斯科的弓形束（arcuate bundle of Gallois and Bosquette）**。
- **第二組（2）**起點是股骨幹的內側骨皮質及股骨頸下方骨皮質，垂直向上直到位於股骨頭的終點，一般稱為**頭束（cephalic bundle）或支持束（supporting bundle）**。

Culmann 已經證實，當一個試管承受偏心載重，彎曲成鉤子或拐杖的形狀**（圖50）**，就會產生**兩組力線**：

- **傾斜組力線**在凸面，對應**拉力**，可以想成是弓束。

- **垂直組力線**位於凹面，對應壓縮力，可以想成是支持束（吊桿的支柱）。

副小樑系統（accessory trabecular system）也有兩組束，方向朝大轉子：

- **第一束（3）**起點是股骨幹內側骨皮質，稱為**轉子束（trochanteric bundle）**。
- **第二束（4）**是垂直小樑，平行朝向股骨幹外側骨皮質，稱為**骨皮質下束（subcortical bundle）**。

有**三件事情**值得留意：

1. 大轉子內，弓形束（1）和轉子束（3）形成**哥德式尖拱**，交叉組成更加堅固的**拱心石**，從股骨頸的上骨皮質延伸向下。內柱較不堅固，隨著年紀增加也會因老年骨質疏鬆而變得更加脆弱。

2. 股骨頭和股骨頸內，還有**另一個哥德式尖拱**，由弓形束（1）和支持束（2）組成。兩者交叉處骨骼的密度更高，構成股骨頭的核心。這個小樑系統從股骨頸到股骨頭，位於一個非常堅固的支撐上：**股骨頸下方厚骨皮層**，稱為**莫爾克股骨頸下距（Merkel's inferior spur of the neck，M）、亞當斯尖拱（Adams' arch）、股骨距（calcar femorale，CF）**。

3. 轉子的哥德式尖拱與支持束之間，有個**阻力最小區域**，並且會因為**老年骨質疏鬆**而加劇；**股骨頸基底骨折（basal fractures of the femoral neck）**便發生在此處**（圖52）**。

骨盆帶（pelvic girdle，圖47）的結構可以用同樣方法分析，因為骨盆帶形成幾乎完全密合的環，將垂直力從腰椎（紅色雙箭號）轉移到髖關節。

兩個**主小樑系統**把壓力從薦椎的**耳狀面（auricular surface）**轉移到髖臼以及坐骨**（圖47 和圖48）**。

薦椎髖臼小樑分為兩組：

1. 第一組（**5**）起點是耳狀面上部，匯集在大坐骨切跡的後側邊界，形成坐骨距（**S**），在朝髖臼下面移動前向外側反折，然後與股骨頸的張力線（**1**）會合。

2. 第二組（**6**）起點是耳狀面下部，匯集在骨盆入口的平面，形成**明顯的骨嵴（bony ridge，BR）**，在朝髖臼上面移動前反折，與支持束（**2**）的力線會合。**薦椎坐骨小樑（sacro-ischial trabeculae，7）**起點是耳狀面，與上述的束一同朝下往坐骨移動，與髖臼緣小樑（**8**）交會。上述坐骨小樑在坐姿時負責承受體重。

最後一點，骨嵴小樑和坐骨距小樑（**圖 47，S**）交會於恥骨的水平枝，使骨盆環完整，並且由皮質下小樑（**4**）進一步強化。

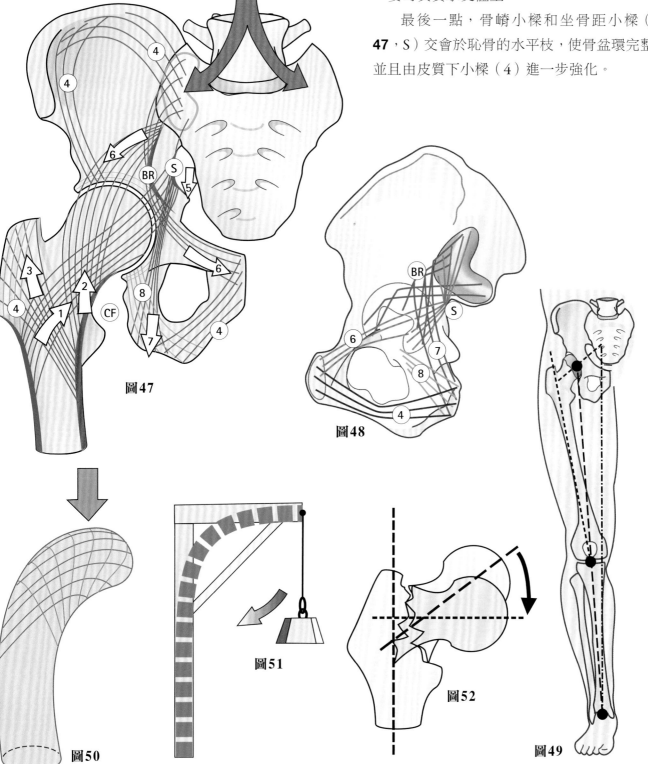

圖47

圖48

圖50

圖51

圖52

圖49

23

髖臼唇和股骨頭韌帶

髖臼唇（Al）為纖維軟骨環，附著於**髖臼緣（圖 53）**，可大幅加深**髖臼窩（acetabular cavity）**（見 P.36），也可填補髖臼邊緣的不規則。髖臼唇沒有前面及後面的部分，露出**髂恥切跡**（*iliopubic notch*，IPN）。**髖臼切跡**（*acetabular notch*，AN）是三個切跡中最深的一個。髖臼唇橫跨髖臼切跡，並且連接至**髖臼橫韌帶**（TAL）。髖臼橫韌帶附著於髖臼切跡的兩側。（圖中將髖臼橫韌帶、髖臼唇**分開**。）股直肌肌腱的直頭（T1）始於髂前下棘，反折頭（T2）沿著髖臼凹槽上方彎曲，回返頭（T3）朝關節囊延伸、連接至關節囊。**髖關節的垂直額狀切面（圖 54）**可以看出，髖臼唇附著於髖臼切跡的邊緣，連接髖臼橫韌帶（同時參考**圖 37**）。**圖 54** 的上半部可以看到，臀中肌（Gme）的更深一層便是關節囊（C）、髂股韌帶（ILF）上束，以及深入關節囊的股直肌反折頭（T2）。

髖臼唇其實**在切面上呈現三角形**，分為三個面：朝向身體中心那一面完全附著在髖臼緣及髖臼橫韌帶；朝向關節那一面由髖臼的關節軟骨覆蓋，與股骨頭形成關節；外側那一面只有下方接觸到關節囊（C）。如此一來，髖臼唇的邊緣尖端位於關節腔內，沒有接觸到其他構造，形成**環繞髖臼緣的凹陷（perimarginal circular recess）**（**圖 55**，右側，靈感來自 Rouvière），並且與關節囊相連。

股骨頭韌帶（ligament of the head of femur，LHF，舊稱**圓韌帶**〔ligamentum teres〕）呈扁平帶狀，長 3–3.5 公分（**圖 57**），沿髖臼窩底部延伸（**圖 53**），連接到股骨頭（**圖 54**）。**股骨頭凹**（**fovea femoris capitis，圖 56**）在髖關節軟骨中央下後方，上半部是股骨頭韌帶附著處，股骨頭韌帶滑動時接觸到下半部。股骨頭韌帶由三條韌帶束組成：

- **後坐骨束**（pi）是三者中最長，從髖臼橫韌帶的下方穿過髖臼切跡（**圖 53**），附著於月狀面關節軟骨後角的下方。
- **前恥骨束**（ap）直接附著於髖臼切跡，附著處在月狀面關節軟骨前角的後方。
- **中間束**（ib）是三者中最薄的韌帶束，與髖臼橫韌帶的上部纖維相接（**圖 53**：髖臼橫韌帶〔TAL〕、髖臼唇〔Al〕以分離的方式呈現）。

股骨頭韌帶深入髖臼窩（BAF）的纖維脂肪組織中（**圖 54**），這塊組織在髖臼窩的後側，為滑膜所覆蓋（**圖 55**）。滑膜以環狀附著於髖臼，附著處包括關節軟骨的內緣，以及髖臼橫韌帶的上緣；同時也附著於股骨頭，附著處在股骨頭凹的周圍。滑膜大致呈現椎形，因此又稱為「**股骨頭韌帶的圍帳**」（T）。

股骨頭韌帶的主要功能不在於力學，雖然股骨頭韌帶非常強韌（需 45 公斤的拉力才會斷裂），但是作用在於**供應血液至股骨頭**。**圖 58**（仰視圖，靈感來自 Rouvière）可看出，閉孔動脈（**1**）會在髖臼窩分支，也就是**股骨頭韌帶動脈**（**6**），穿過髖臼橫韌帶下方，再與股骨頭韌帶會合。**關節囊血管**（**5**）是**深股動脈**（**2**）分支的**前迴旋動脈**（**3**）與**後迴旋動脈**（**4**），也可供應股骨頭及股骨頸血液。股骨頸骨折時，關節囊動脈的**供血能力會受阻**，僅剩股骨頭韌帶的動脈供應血液。

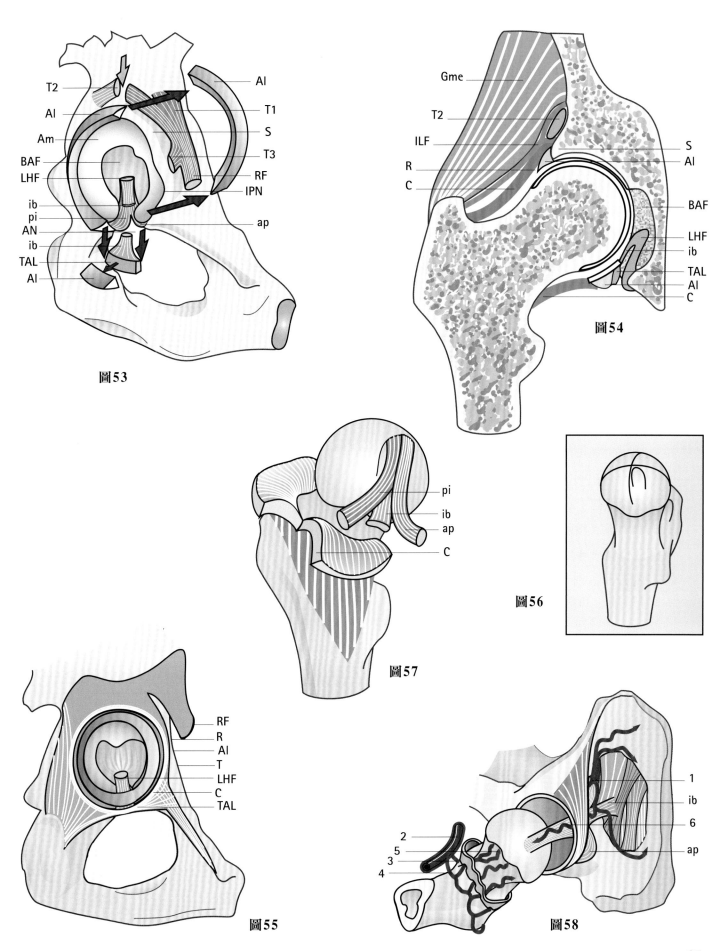

圖53

圖54

圖55

圖56

圖57

圖58

髖關節囊

髖關節囊的形狀就像**圓筒套（圖 59）**，從髖骨覆蓋到股骨上端，由四種纖維構成：

- **縱向纖維（1）**，可以聯合關節表面，纖維方向與髖關節囊圓柱的軸平行。
- **斜向纖維（2）**，同樣可以聯合關節表面，在髖關節囊圓柱上呈現圓弧狀。
- **弓形纖維（3）**，位於髖骨，反覆與髖臼緣交錯，形成尖拱，尖端與髖關節囊中央齊平。弓形纖維就像股骨頭的鈕釦洞，可以維持股骨頭在髖臼中。
- **圓形纖維（4）**，沒有接觸到骨骼，只大量存於髖關節囊中央位置，使得髖關節囊此處略微緊縮。圓形纖維在髖關節囊內側很顯眼，構成**輪帀帶（zona orbicularis，又名韋伯環〔Weber's ring〕）**，緊緊包住股骨頸。

在髖關節囊內側，髖關節囊韌帶附著於髖臼緣（**5**）、髖臼橫韌帶、髖臼唇外側表面（見 P.24），與**股直肌肌腱**密切相關（**圖 53，RF**），說明如下。

股直肌的直頭（T1）起點是髂前下棘，**反折頭**（T2）始於髖臼凹槽上方的後側，兩者會合後繼續延伸至關節囊附著處縫隙（**圖 54**），此處構造會由髂股韌帶（d）的上束從上方加固（見 P.28）。**深層迴返纖維**（e）強化了關節囊前側。

髖關節囊外側附著於軟骨邊緣，軟骨包覆股骨頭但也沿著一條線進入**股骨頸底部**，那條線的位置：

- 前方沿著**轉子間線（intertrochanteric line）**（**6**）。
- 後方（**圖 60**）沒有沿著轉子嵴（**7**）而是位於股骨頸的外側與內側三分之一交界處（**8**），剛剛好在閉孔外肌的凹槽（**9**）上，然後附著於轉節窩（**Tf**），位置在大轉子（**Gt**）的內側表面。

- 髖關節囊附著線斜向穿過股骨頸的下方及上方表面。從下方看，髖關節囊附著線通過轉節窩上方，位置在小轉子（**10，Lt**）上前方 1.5 公分處。最深處的纖維在股骨頸的下方表面往上移動，連接至股骨頭的軟骨。如此一來便形成滑膜褶（**囊繫帶〔Frenula capsulae〕，11**），非常明顯的**阿曼帝尼恥骨股骨頭凹皺褶（pectineofoveal fold of Amantini）**（**12**）。

這些繫帶能夠協助**外展動作**。假如**內收**時（**圖 61**）髖關節囊下半部（**1**）鬆開，上半部繃緊（**2**）；**外展**時（**圖 62**）關節囊下半部長度會不夠，因此限制了動作，除非繫帶（**3**）**不要打褶**，將長度延伸。在此同時，髖關節囊上半部（**2**）充滿皺褶，股骨頸**經由髖臼唇**（**4**）接觸髖臼緣，**使髖臼緣彎曲變形**。如此一來便解釋了為什麼髖臼唇加深髖臼，**但又不會限制髖關節動作**。

髖關節盡可能屈曲時，股骨頸的前上部位會接觸到髖臼緣，某些人的股骨頸（**圖 59**）會有髂骨壓痕（**Ii**），位置在軟骨邊緣下方。

在關節腔注射不透射線物質後，進行**關節造影（圖 63）**，可以加強關節囊及髖臼唇的影像：

- **輪帀帶**（9）讓關節囊中央往內縮，並且把關節腔分為兩個腔室：**外腔**（1）、**內腔**（2），使得上方有個**上隱窩**（3），下方有**下隱窩**（4）。
- 內腔同時具有：

一上方有個距狀隱窩，尖端朝向髖臼緣，一般稱為上緣隱窩（5）（對照**圖 54**）。

一下方有兩個圓形半島，分別是兩個髖臼隱窩（6），由一道深溝分開，即是***股骨頭韌***

帶的關節囊壓痕（7）。

● 最後一點，股骨頭和髖臼之間可以看到***關節間隙***（8）。

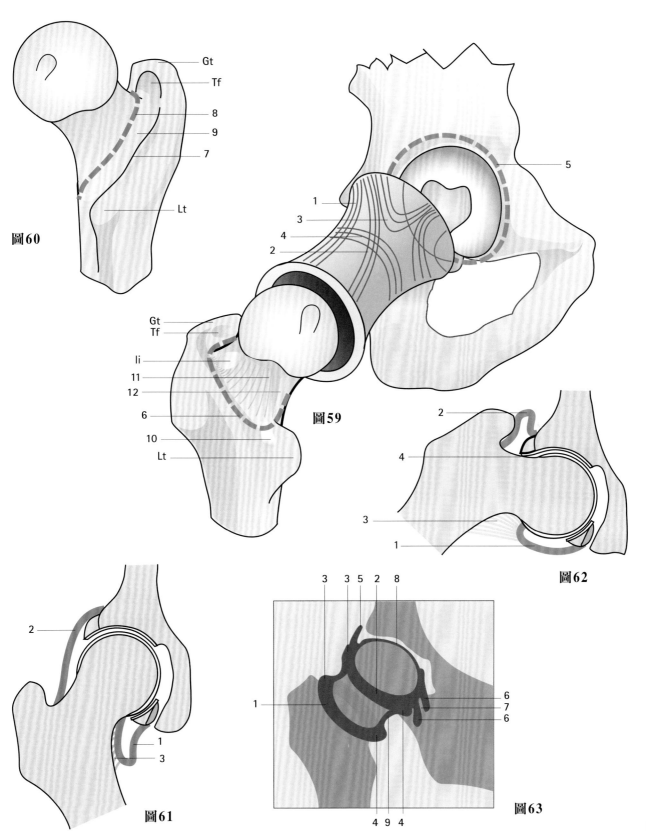

圖 60

圖 59

圖 62

圖 61

圖 63

髖關節韌帶

髖關節囊前後有**強而有力的韌帶**強化。

圖 64 可以看到，股骨的上端連接股外側肌（VL）以及臀小肌（GM），髖關節**前端**有兩條韌帶：

- **髂股韌帶**（1a 和 1b），呈現扇狀，尖端連接至髂前下棘的下半部（也是股直肌〔RF〕的起點），底部連接整條轉子間線。髂股韌帶的中間部分（1c）相對較薄也較脆弱，兩端則由以下構造強化：

 —**上韌帶束，也就是髂轉子韌帶束**（1a），是髖關節最堅固的韌帶，厚度 8-10 公釐，外側連接**轉子間線的上半部**以及**轉子前結節**。上側由**髂肌腱轉子韌帶**（1d）強化，根據 Rouvière 所述，這條韌帶是**由股直肌的深層迴返纖維**（e）**與髖臼緣纖維束**（f）交織而成。臀小肌（GM）的內側表面有腱膜擴張（g），會與上韌帶束的外側交會。

 —**下韌帶束**（1b），與上韌帶束的起點相同，但是外側連接至**轉子間線的下半部**。

- **恥股韌帶**（2）在內側連接至**髂恥隆起的前端**以及**恥骨弓的前唇**，韌帶纖維在此處與恥骨肌交織。恥股韌帶附著於**轉節窩的前方表面**，就在小轉子的前面。

整體來看（圖 65），Welcker 認為這些韌帶在髖關節前方組成了個側躺著的英文字母 N。其實，我們更可以說是個英文字母 Z；**上橫**（1a）就是髂股韌帶束，幾乎呈現水平；**左撇**（1b）是下韌帶束，快要可以說是垂直；**下橫**（2）是恥股韌帶，差不多整條呈現水平，如此組成一個 Z 字。恥股韌帶與髂股韌帶（×）之間關節囊比較薄，與滑液囊有關。滑液囊位於關節囊與髂腰肌肌腱（IP）之間。有時關節囊在這個面上會有洞，關節腔會與滑液囊連接。

從後方來看（圖 66）只有一條韌帶：**坐股韌帶**（3），始於髖臼緣和髖臼唇的後方表面。坐股韌帶的纖維跨越髖關節囊附著處旁的凹槽後，朝著下方外側延伸，穿過股骨頸（h）的後方表面**（圖 67）**，附著於大轉子的內側表面，位置在**轉節窩的前面**，閉孔外肌的肌腱也附著於此處。**圖 67** 也能看出有一部分纖維（i）直接與**輪币帶**（j）交織。

從四足行走演化成兩足直立時，骨盆的位置相較於股骨變成了伸直（見 P.20），所有韌帶**變成用同一個方向繞著股骨頸**（**圖 68**：從外部看右側髖），如今變成順時針從髂骨延伸到股骨。因此，**伸直動作會把韌帶纏繞在股骨頭上並且拉緊，屈曲則會鬆開**韌帶。

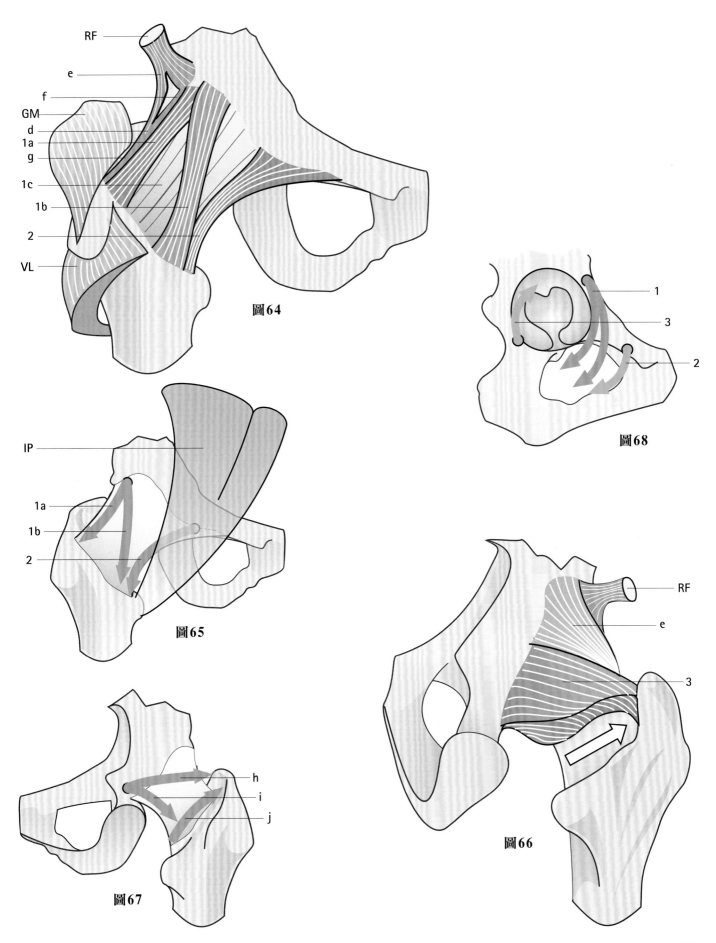

圖64

圖65

圖66

圖67

圖68

屈曲伸直時韌帶的功能

圖 69（**直立姿勢髖關節**）呈現出髂股韌帶（ILF）和恥股韌帶（PF）**適度拉緊**狀態。（注意圖中沒有後方的坐股韌帶。）**圖 70** 的藍色外圈是髖臼，中間的圈表示股骨頭及股骨頸。韌帶用彈簧表示，連接外圈和內圈：髂股韌帶（ILF）在前，坐股韌帶（IsF）在後。（為了簡化，圖中沒有畫出恥股韌帶。）

髖伸展時（**圖 71**：髂骨向後轉動，股骨保持不動），**所有韌帶拉緊（圖 72）**並且繞著股骨頸。這些韌帶中，髂股韌帶的下束（ILF）伸展最多，幾乎呈現垂直（**圖 71**），因此限制住**骨盆後傾**。

髖屈曲時（**圖 73**：髂骨向前傾斜，股骨保持不動）則相反，前韌帶全部放鬆（**圖 74**），包括髂股韌帶、恥股韌帶、坐股韌帶。韌帶放鬆是髖關節屈曲時維持**穩定**的要素之一。

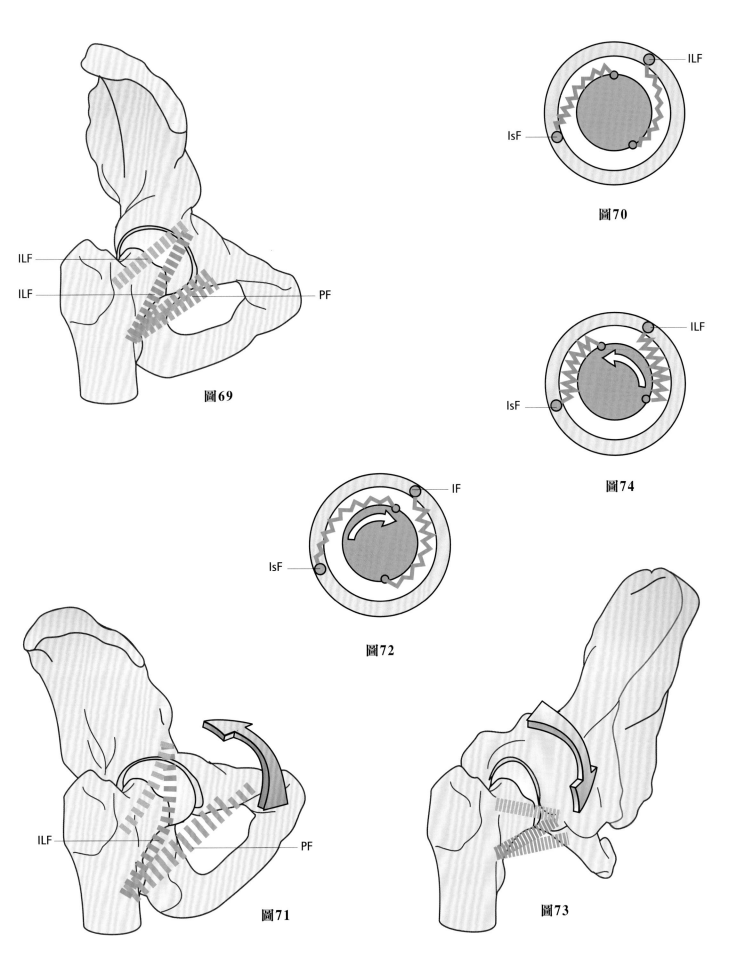

圖69

圖70

圖71

圖72

圖73

圖74

外轉內轉時韌帶的功能

　　髖外轉時（圖 75），轉子間線會從髖臼緣移開，於是髖的前側韌帶全部拉緊，尤其是水平的韌帶，也就是***髂股韌帶***（ILF）的上束以及恥股韌帶（PF）。**從上方看關節的水平切面（圖 76）**，以及**從後側斜上方看關節（圖 77）**，都可以清楚看到前韌帶繃緊，坐股韌帶（IsF）放鬆。

　　內轉時（圖 78）則相反：水平方向的前韌帶全部放鬆，尤其是髂股韌帶（ILF）的上束以及恥股韌帶（PF），同時坐股韌帶（IsF）拉緊**（圖 79 和圖 80）**。伸直時髂股韌帶的垂直下方束會大幅拉緊，如**圖 71**（P.31）。

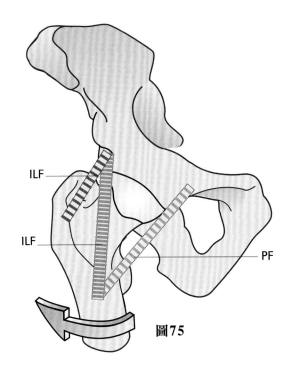

ILF

ILF

PF

圖75

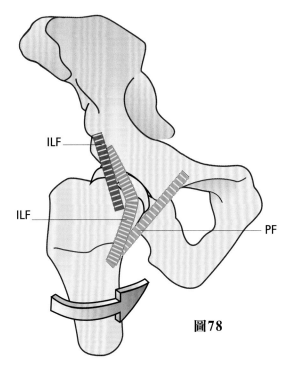

ILF

ILF

PF

圖78

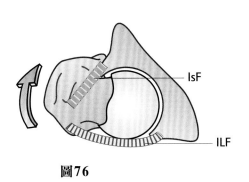

IsF

ILF

圖76

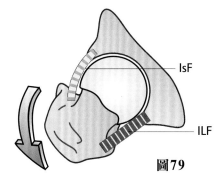

IsF

ILF

圖79

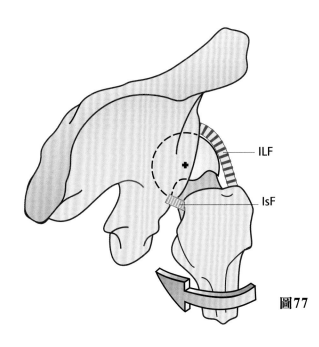

ILF

IsF

圖77

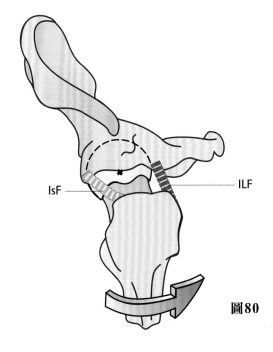

IsF

ILF

圖80

內收外展時韌帶的功能

圖81 可以看出，**直立姿勢**時前側韌帶，也就是髂股韌帶的**上束**（sb）和**下束**（ib），會適度拉緊，恥股韌帶（PF）也是。

內收時（**圖82**）上束（sb）會大幅拉緊，下束（ib）只會輕微拉緊，恥股韌帶（PF）則會放鬆。

外展時（**圖83**）相反：**恥股韌帶**（PF）大幅拉緊，**上束**和**下束**放鬆，上束比下束放鬆更多。

坐股韌帶（**ischiofemoral**，IsF）**只能從後方**看到，內收時被牽拉（**圖84**），外展時拉緊張力提高（**圖85**）。

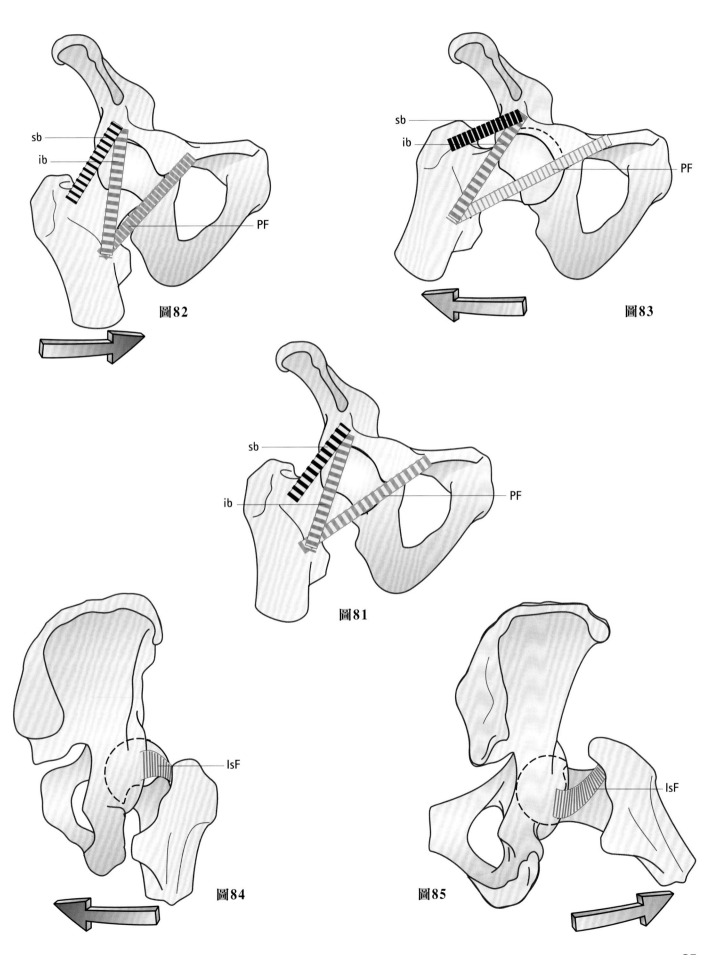

圖82

圖83

圖81

圖84

圖85

股骨頭韌帶的功能解剖學

股骨頭韌帶是**解剖學上的殘留組織**（舊稱圓韌帶），對於髖關節動作沒有什麼限制作用，不過股骨頭韌帶上有股骨頭動脈，主要負責供應血液給股骨頭。

直立姿勢時（圖86，垂直冠狀切面），股骨頭韌帶會適度拉緊，股骨頭上的附著處在**中間位置**（1），位於**髖臼窩深處**，也就是髖臼窩（×）稍微往下後方一些（**圖87**：髖臼窩的圖顯示出**不同姿勢時股骨頭凹位置**）。

髖屈曲時（圖88），股骨頭韌帶會扭轉，股骨頭凹（**圖87**）位於髖臼窩的上前方（2），因此股骨頭韌帶**完全不會影響屈曲**。

髖內轉時（圖89：冠狀切面，俯視）股骨頭凹會向後移動，股骨頭上的韌帶附著處會接觸到**關節軟骨的後側部位**（3）。此時，股骨頭韌帶會適度拉緊。

髖外轉時（圖90），股骨頭凹會向前移動，股骨頭韌帶會接觸到**關節軟骨的前側部位**（4），並且適度牽拉。請留意，股骨頸的後方表面會碰觸到髖臼緣的髖臼唇，後者會變得**平坦且向外翻**。

髖外展時（圖91）股骨頭凹會向下移動，靠近髖臼切跡（5），股骨頭韌帶會**摺疊**。髖臼唇會變得平坦，位於股骨頸上緣與髖臼緣之間。

最後，髖**內收時（圖92）**股骨頭凹會**向上**移動（6），接觸到髖臼窩的頂部。只有這個姿勢韌帶會真的拉緊。股骨頸的下緣會輕輕推擠髖臼唇及髖臼橫韌帶。

如此看來，所有**股骨頭凹的位置**都位於髖臼窩內，包括後凸（7）和前凸（8），分別對應到內收伸展內轉（7）和內收屈曲內轉（8）的股骨頭凹位置。後凸和前凸之間，淺淺凹下的關節軟骨**對應位置是最小內收**，這是因為單一下肢在冠狀切面上撞擊另一個下肢。因此，關節軟骨的內側輪廓並非隨機決定，而是反映出股骨頭韌帶的附著處，也就是股骨頭凹在**姿勢到達極限時的位置**。

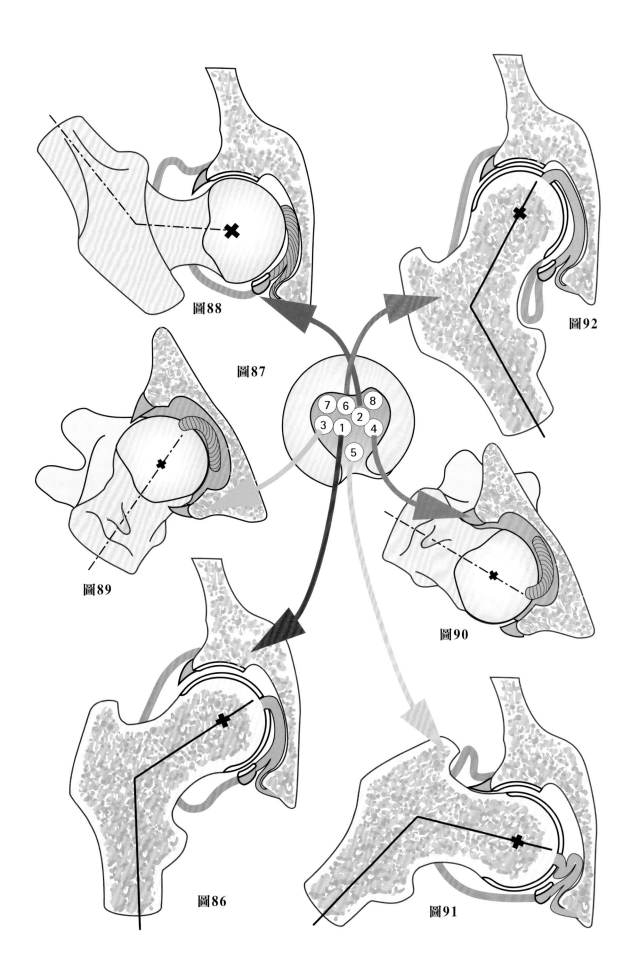

圖88

圖87

圖89

圖92

圖90

圖86

圖91

髖關節表面接合

相較於肩關節往往因**重力（gravity）**而導致脫臼；髖關節反而因為重力而穩定，至少直立姿勢是如此**（圖 93）**。髖臼適當包覆股骨頭的情況下，股骨頭向髖臼推擠（白色箭號朝上），作用力與體重相反（白色箭號朝下）。

我們知道髖臼是半球形凹面，在力學上無法組成**穩定互鎖系統（retaining interlocking system）**。股骨頭在力學上無法保持在髖臼窩內，這點從骨骼標本很明顯就能看出來。不過，當髖臼唇增加了髖臼的包覆度及深度，使**髖臼腔的形狀延伸**（黑色箭號），就能夠形成纖維**互鎖穩定系統**。髖臼唇藉由纖維囊的輪匝帶緊緊扣住股骨頸，因而穩定住股骨頭（如切面藍色小箭號所示）。

大氣壓力對於髖關節接合很重要，這點已經*由 Weber 兄弟的實驗證明*，顯示即使切斷髖骨與股骨的全部連結（包括關節囊），股骨頭也不會自動從髖臼脫位，事實上還要很用力才能拉出去**（圖 94）**。另一方面，假如*把髖臼鑽個小洞***（圖 95）**，股骨頭及下肢就會因為自身重量而脫落。*逆轉實驗*把股骨頭置回髖臼再把洞補起來，結果股骨頭停留在髖臼內，就跟原本一樣。這項實驗如同*經典的 Magdebourg 半球實驗*，顯示只要內部真空就很難分離兩個半球體**（圖 96）**，但是只要打開閥門讓空氣進入，就很容易分開**（圖 97）**。實驗結果完美展示了大氣壓力的作用。

關節周圍韌帶和肌肉對於關節表面接合很重要，請注意（**圖 98**，水平切面）兩者功能互相平衡。因此，前側肌肉很少（藍色箭號），韌帶（黑色箭號）很強壯；後側主要是肌肉（紅色箭號）。肌肉和韌帶的協調活動，維持股骨頭（綠色箭號）緊密契合至髖臼。值得注意的是，韌帶的功能會**依據髖關節位置而不同。伸直時（圖 99）**韌帶張力高，可確保關節接合。**屈曲時（圖 100）**韌帶張力小（見 P.31），股骨頭就比較不貼緊髖臼。上述機轉可以輕易使用力學模型解釋**（圖 101）**，用平行的線連接兩個圓形木板（a），其中一個圓形木板旋轉時（b），兩個木板會彼此靠近。

同理，屈曲姿勢對關節來講是種**不穩定的姿勢**，因為韌帶會放鬆。屈曲加上一定的內收作用時，例如坐姿雙腿交叉**（圖 102）**，會有一個相對較輕的力量施加在股骨軸（箭號處），足以造成髖關節向後脫位，*有可能導致髖臼後緣骨折*，例如車禍時撞到儀表板造成髖關節脫臼。

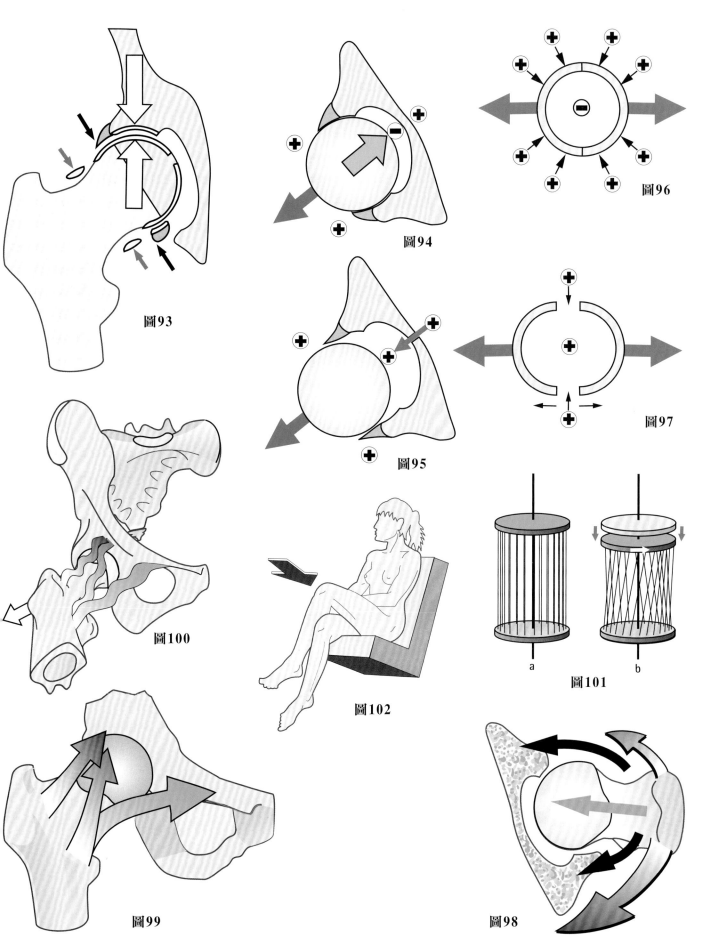

圖93

圖94

圖96

圖95

圖97

圖100

圖102

圖101

圖99

圖98

維持髖關節穩定性的肌肉及骨骼要素

某些情況下，關節周圍肌肉**對髖關節穩定非常重要**，不過這些肌肉是**橫向**，所以（**圖103**）大致與股骨頸平行，可以讓**股骨頭保持在髖臼內**，例如骨盆轉子肌群（圖中只有畫出梨狀肌〔1〕和閉孔外肌〔2〕）和臀肌群（尤其臀小肌及臀中肌加起來可以產生強大的分力〔3〕），這些肌肉加起來的力量（藍色箭號）可以穩定關節接合，因此稱為**髖關節的肌肉固定元件**。

相反的，**內收肌群**（4）等**縱肌**則傾向把股骨頭往髖臼上方移動（**圖103**，左側關節），尤其假如有髖臼外翻這種先天型畸形。這種畸形可以簡單用前後向的骨盆放射線造影檢查出來（**圖104**）。一般來講，新生兒的**希葛來納角（angle of Hilgenreiner）**，也就是水平的希葛來納線（Hilgenreiner line，連接左右 y 型軟骨，也稱為 y 線）與髖臼頂切線的角度是25°，滿周歲時會變成15°；當角度超過30°，髖臼就具有先天畸形。髖關節脫位的檢查方法是，觀察**股骨頭的骨化中心是否移動到希葛來納線的上方**，另一個方法是觀察**懷伯格中心邊緣角（CE 角）是否出現反轉**（見 P.19 圖37）。假如髖臼畸形，髖關節**內收**會使得內收肌群 4' 更容易讓關節脫位（**圖103**），**髖關節外展時才能抵消**（**圖105**），髖關節**最後只能在完全外展時才能接合**。

冠狀面和水平面上的**股骨頸方向**，對髖關節穩定也很重要。前文已經說明過（P.18），**冠狀面**上股骨頸的軸與股骨幹的軸會形成**傾斜角**，大約**120-125°**（**圖106** 中 a：髖關節前視圖）。

先天型髖關節脫位時，傾斜角會變成140°，導致髖外翻，因此內收 c 時，比起正常

形態股骨頸的軸已經**多轉** 20°。因此，異常髖關節 P 內收 30°時會變成正常髖關節的 50°，這樣一來只會**加劇內收肌群的脫位作用**，所以髖外翻會促使髖關節脫位。這種異常髖關節反而會**在外展時穩定**；因此外展 90°是**手術治療髖關節脫位**的第一個姿勢，（**圖107**：新生兒預防髖關節脫位的固定姿勢）。**在水平面上（圖108**：髖關節俯視圖），前傾角平均是 20°（**a**），因為兩足動物的股骨頸軸和髖臼軸沒有成一直線（P.20），因此股骨頭的前方部分會露在髖臼外面。假如股骨頸多前傾 40°（**b**），就是股骨頸前傾，股骨頭會露出更多，也更容易脫位。事實上，外轉 25°（**c**）時，正常股骨頸的軸仍然會通過髖臼（N），前傾的股骨頸軸（P）角度本來就多了 20°，所以只會通過髖臼緣，更容易發生**前髖脫位**。所以說，**股骨頸前傾會導致病理型髖關節脫位**。相反的，股骨頸後傾則會穩定髖關節，就如同內轉（**d**）一般，這也解釋了為什麼手術復位先天髖關節脫位時，第三個姿勢結合直立及**內轉**姿勢（**圖107**）。

這些結構和肌肉因素對**維持義肢穩定**非常重要。因此，髖關節置換手術時，醫師絕對會確保下列事項：

- **股骨頸方向正確**，不會過度前傾，尤其手術已經採用前方切入時，反之亦然。
- **髖臼假體方向正確**，就像人體的髖臼必須面向下方，水平角度不能超過 45-50°，並且要稍微前傾 15°。
- **重建股骨頸的「生理長度」**，方式是確保臀肌能夠正常發揮槓桿臂的功能，這件事情對於人工髖關節非常重要。

除此之外，也必須要注意**選擇手術方式**，盡量不要破壞關節周圍肌肉的平衡。

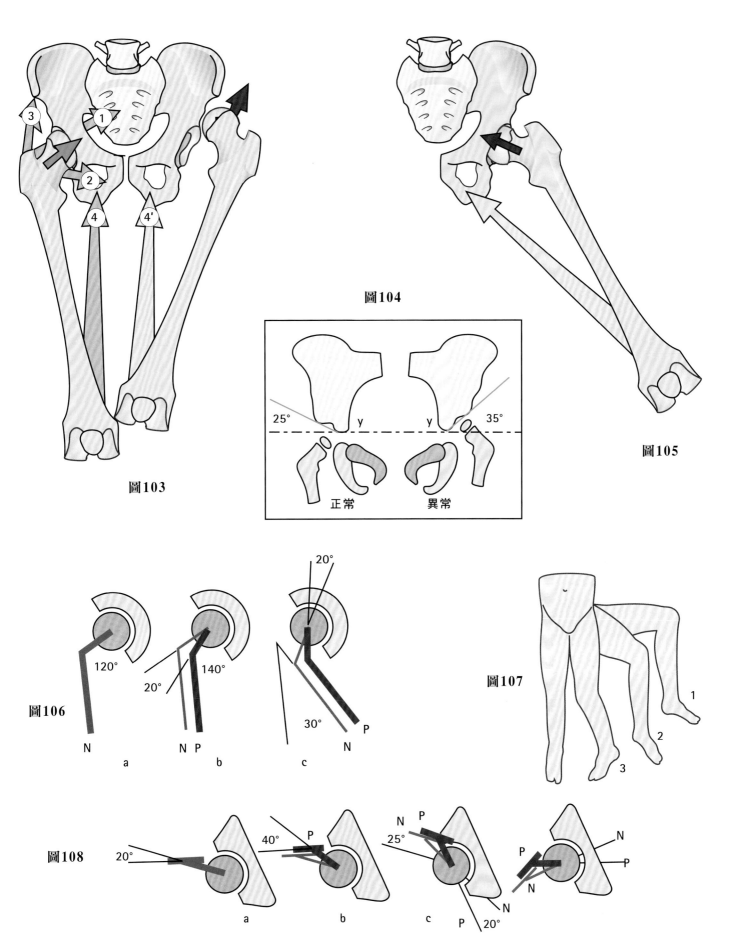

圖104

圖103

25°　y　y　35°

正常　異常

圖105

圖106

120°

20°

140°

30°

N

N　P

P

N

a

b

c

20°

圖107

1

2

3

圖108

20°

40°

25°

N　P

P

N

P

N

N

P

20°

a

b

c

41

髖關節屈肌群

　　髖屈肌群位於**冠狀面前方**，通過關節中心（**圖 109**），也在同個平面上屈曲伸展軸 XX' 的前方。

　　髖有許多屈肌，包括以下：（**圖 110**：骨盆以透視方式呈現）

- **髂腰肌**（iliopsoas，1）和**髂肌**（iliacus，2）具有同一條肌腱，在髂恥隆起面上急轉彎後，附著在**小轉子**。髂腰肌是力量最大的髖屈肌，不但是最長而且也是肌肉纖維位置最高的腰肌，起點是胸椎第十二節（T12）。許多學者質疑髂腰肌是否能產生內收動作，雖然髂腰肌的肌腱位於前後軸的內側，致使小轉子尖端**落在下肢力學軸上**（見 P.23 **圖 49**）。然而，髂腰肌是內收肌的證據要從骨骼觀察，因為屈曲內收外轉動作時小轉子最接近髂恥隆起。此外髂腰肌也能做出**外轉**的動作。

- **縫匠肌**（sartorius，3）的主要功能是作為**髖屈肌**，次要功能則是**外展外轉**動作（**圖 111**：腳踢球）；縫匠肌也能作為**膝關節**肌肉，做出屈曲內轉動作（見 P.149 **圖 253**）。縫匠肌相當強壯，肌肉拉力可以達到 2 公斤，屈曲時會使用九成的力量。

- **股直肌**（rectus femoris，4）是力量很強的屈肌（相當 5 公斤），但是對於髖關節的作用**視屈膝程度而定**，並且成正比（見 P.145）。股直肌尤其在伸膝加上髖關節屈曲時可以發揮作用，例如走路時擺盪肢體往前移動（**圖 112**）。

- **闊筋膜張肌**（tensor fasciae latae，5）也是很有力量的**屈肌**，此外也負責穩定骨盆（見 P.50），還能作為髖內收肌。

　　有些肌肉只是**輔助髖屈肌**，但是對於髖關節屈曲的幫助也不容忽視，包括以下肌肉：

- **恥骨肌**（pectineus，6）：最重要的功能是作為內收肌。

- **內收長肌**（adductor longus，7）：主要功能是內收肌，但部分功能也是屈肌（見 P.54）。

- **臀小肌和臀中肌**位置最前方的肌肉纖維（9）。

　　這些髖屈肌可以做出**內收外展**及**外轉內轉**的附屬動作，並且可以按照作用分為兩組。

　　第一組是臀小肌和臀中肌的前方肌肉纖維（9）和闊筋膜張肌（5），可以做出**屈曲外展內轉**動作（**圖 113**：右大腿），單獨使用或主要負責足球選手的動作，如圖 113。

　　第二組包括髂腰肌（1 和 2）、恥骨肌（6）、**內收長肌**（7），可以做出**屈曲內收外轉**動作；這種複雜的動作可以參考**圖 114**。

　　純屈曲時，例如**行走**（**圖 112**），上面兩組肌肉必須**平衡彼此的協同肌與拮抗肌功能**。**屈曲內收內轉**（**圖 115**）時，內收肌和闊筋膜張肌會作為主要肌肉，由內轉肌群輔助，也就是臀小肌和臀中肌。

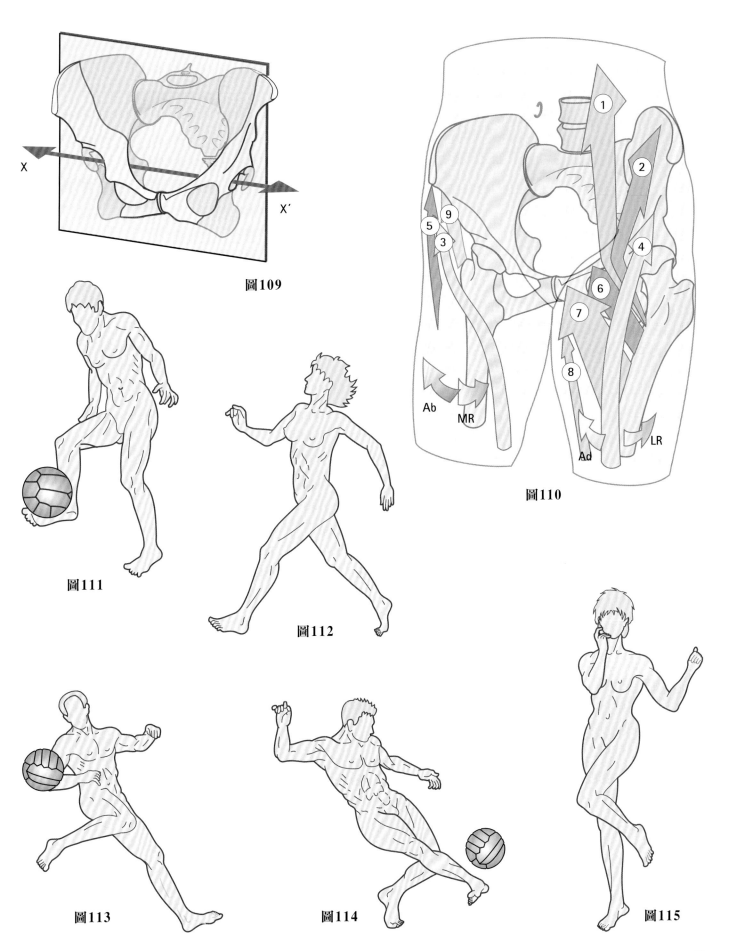

圖109

圖110

圖111

圖112

圖113

圖114

圖115

髖關節伸肌群

　　髖伸肌群位於冠狀切面後方。冠狀切面通過髖關節中心（**圖 116**），上面有屈曲伸展**橫軸** XX'。髖伸肌群可以分為**兩類**：第一類是附著在股骨上端，第二類是附著在膝關節附近（**圖 117**）。

　　第一類髖伸肌群位於下肢根部，其中最重要的是**臀大肌**（**1 和 1'**）。臀大肌是人體最有力的肌肉，收縮範圍為 15 公分，可以使出 34 公斤的力量。臀大肌也是**最大最厚**的肌肉（橫截面積 66 平方公分），因此最強壯（力量相當於 238 公斤）。**臀小肌和臀中肌**（**3**）位置最後方的肌肉纖維會輔助臀大肌。這些肌肉也是**外轉肌群**（見 P.58）。

　　第二類髖伸肌群主要由**膕旁肌群**組成，也就是**股二頭肌**（biceps femoris，**4**）、**半腱肌**（semitendinosus，**5**）、**半膜肌**（semimembranosus，**6**），力量相當於 22 公斤（只有臀大肌的三分之二）。這些肌肉都是**雙關節肌肉**（*biarticular muscle*），對於髖關節的作用會**受到膝關節位置影響**，伸膝的鎖定動作會使這些肌肉更能發揮髖伸肌的功能，顯示膕旁肌群和股四頭肌（尤其是**股直肌**）具有**拮抗肌與協同肌**的關係。第二類髖伸肌群還包括一些**內收肌**（見 P.54），尤其**內收大肌**（**7**），是**輔助髖伸肌**。

　　髖伸肌群動作經常是複合動作，與外展內收的前後軸 YY' 有關。

- 動作是在 **YY' 軸上方**，做出**外展加上伸直**，就像**圖 118** 的舞蹈動作，會使用到**臀小肌**（**3**）和**臀中肌**（**4**）的最後方肌肉纖維，以及**臀大肌的最上方肌肉纖維**（**1'**）。

- 動作在 **YY' 軸下方**，同時做出**內收和伸直**，就像**圖 119** 的動作，會使用到**膕旁肌群**，冠狀面後方內收肌群、大塊的**臀大肌**（**1**）。想要做出**純伸直**（**圖 120**），也就是沒有伴隨外展或內收動作，上述兩類髖伸肌群身為協同肌與拮抗肌，必須平衡收縮。

　　髖伸肌群對於**骨盆前後穩定性**非常重要。

- 骨盆向後傾斜時（**圖 121**），也就是伸直的方向，只有髂股韌帶（ILF）負責穩定骨盆。髂股韌帶也會限制伸直（P.31 **圖 71**）。

- 當姿勢讓（**圖 122**）重心 C **正好落在髖關節中心正上方時**，屈肌群和伸肌群都不會活化，但這樣的骨盆平衡是**不穩定的**。

- 骨盆前傾時（**圖 123**），重心 C 會跑到**髖關節橫軸的前方**，膕旁肌群（H）需要馬上收縮才能使骨盆回到正確位置。

- 骨盆大幅傾斜需要歸位時（**圖 124**），**臀大肌**（G）會大力收縮，**膕旁肌群**（H）也會一起收縮。伸膝時膕旁肌群更能發揮作用，例如站立身體向前彎，試著用手觸碰足部。

　　一般行走時，髖伸直只需要膕旁肌群，不需要**臀大肌**幫忙，但是跑步、跳躍、爬坡時，臀大肌就是主要負責的肌肉，顯示出臀大肌很重要。

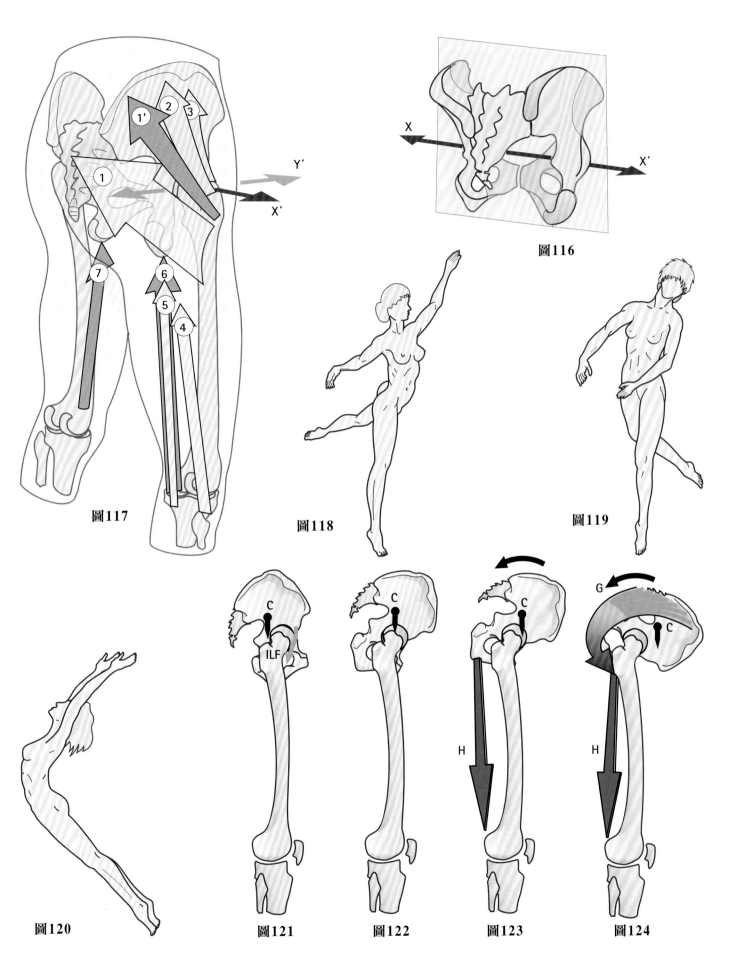

圖117

圖116

圖118

圖119

圖120

圖121

圖122

圖123

圖124

髖關節外展肌群

　　髖外展肌群一般位置都在**矢狀切面的外側**，切面通過髖關節中心（**圖 125**），上面有個前後軸 YY'，負責外展內收動作。髖外展肌位於 YY' 軸的外側上方。

　　髖關節**主要的外展肌**是**臀中肌**（1），橫截面積為 40 平方公分，收縮範圍是 11 公分，力量相當於 16 公斤。臀中肌能夠完全發揮作用，是因為幾乎完全與槓桿臂 OT 垂直（**圖 126**）。臀中肌和臀小肌對骨盆橫向穩定也很重要（見 P.50）。

　　臀小肌（2）基本上是外展肌（**圖 127**），橫截面積 15 平方公分，收縮範圍 9 公分，力量 4.9 公斤，不到臀中肌的三分之一。

　　直立姿勢時，**闊筋膜張肌**（3）是強而有力的髖外展肌，力量相當於臀中肌的一半（7.6公斤），但是槓桿臂比臀中肌長許多。闊筋膜張肌也參與**骨盆穩定**。

　　臀大肌（4）只有**最上方的肌肉纖維**會參與外展動作，大部分的臀大肌是負責內收動作。臀大肌的上方肌肉纖維屬於「臀部三角肌」（**圖**

131），也參與髖關節外展。

　　梨狀肌（5）毫無疑問是外展肌，雖然無法用實驗證明，因為位置非常深層（6）。

　　臀外展肌群可以分類成**做出屈曲伸直動作還是外展內收動作**兩類：

- **第一類**包括**冠狀面前方**的外展肌群，也就是闊筋膜張肌，以及幾乎所有的臀中肌和臀小肌前方肌肉纖維。冠狀面通過髖關節中心。這些肌肉單獨收縮或與其他力量較小的肌肉一起收縮，做出**外展屈曲內轉**動作（**圖 128**）。

- **第二類**是**臀小肌和臀中肌的後方肌肉纖維**，位於冠狀面後方，此外還包括**臀大肌的外展肌肉纖維**。這些肌肉單獨收縮或與其他力量較小的肌肉一起收縮，做出**外展伸直外轉**動作（**圖 129**）。

　　想要做出**純外展**（**圖 130**），也就是沒有外展以外的動作，上述兩類肌肉必須**平衡彼此身為協同肌與拮抗肌的功能**。

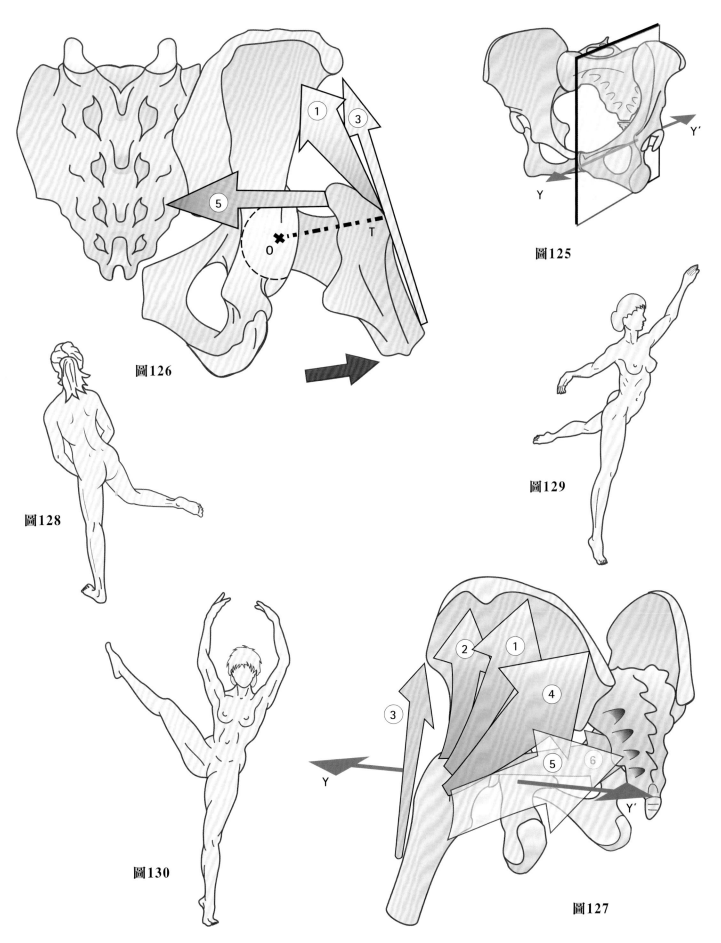

圖126

圖125

圖128

圖129

圖130

圖127

髖外展

「**髖三角肌**」（Farabeuf 提出）是寬廣的扇形肌肉（**圖 131**），位於髖關節外側。髖三角肌的命名是根據**形狀**，三角形肌肉的頂點朝下，解剖特性和功能與肩關節三角肌相似。不過，髖三角肌並不是單一肌肉，而是由兩條**肌腹（muscle belly）**形成三角肌的前緣及後緣：**前緣**是闊筋膜張肌（1），以**髂前上棘**（2）為起點，斜向下及向後延伸；**後緣**是**臀大肌的淺層肌肉纖維**（3），起點為後三分之一髂嵴、薦椎背側、尾椎，朝著前下方延伸。闊筋膜張肌及臀大肌分別附著於**髂脛束（4）**的前側及後側。髂脛束是**闊筋膜**的縱向匯集。闊筋膜是大腿深層筋膜匯集於淺層而成。髂脛束匯集闊筋膜張肌及臀大肌後，形成「髖三角肌」的肌腱（5），然後向下附著於**脛骨外髁的外緣，也就是惹迪氏結節（Gerdy's tubercle）**（6）。闊筋膜張肌與臀大肌之間是大腿的深層筋膜（7），下方是臀中肌。闊筋膜張肌及臀大肌可以分別收縮，如果收縮力量相同時，會順著長軸方向拉動肌腱，於是髖三角肌做出**純外展**動作。

股骨頸的長度（圖 132），會影響臀小肌及臀中肌的功能。**如果沒有股骨頸**，髖關節外展的角度會大幅增加，但因為臀中肌的槓桿臂縮短為三分之一（OT'），肌肉功能也會減少成三分之一。這個現象可以**合理解釋**為什麼股骨頭要用股骨頸當懸臂這種方式與股骨幹相連（P.19、P.21、P.23）：雖然這種力學結構較脆弱也會限制髖外展範圍，但是能夠**增強臀中肌**

功能，對於骨盆的橫向穩定非常重要。

臀中肌施加於股骨頸槓桿臂的力量，會隨著外展角度改變。髖關節處於直立姿勢時（**圖 133**），肌肉拉力（F）與槓桿臂（OT1）並非垂直，因此可以分為兩個向量：

- 向量 **f"** 朝向髖關節中心，也就是**向心**，可以增加**關節接合**（**圖 133**）。
- 向量 **f'** 與 **f"** 垂直，也就是**切線**，是外展動作起始**有效力**。

外展角度增加時（**圖 134**），向量 **f"** 會變小，向量 **f'** 會變大，臀中肌**作為髖關節穩定肌的功能會減弱，逐漸轉變為外展動作肌**。外展大約 35°時**臀中肌的功能會完全變成外展肌**，此時臀中肌的力量方向（F）會**與槓桿臂 OT2 垂直**，並且與 f 重合。雖然在這角度下，臀中肌已收縮一段距離（T1 到 T2），肌肉長度較起始位置減少三分之一，但仍還有三分之二的收縮空間。

闊筋膜張肌的施力（圖 135）也可以用同樣的方式分析。闊筋膜張肌對髂嵴 C1 的作用力 F，可以分為向心向量 f1" 以及使骨盆傾斜的切線向量 f1'。外展幅度增加時（**圖 136**），f2' 會逐漸增加，但是永遠不會和整個肌肉的力量 F 一樣大。此外，圖中可以明顯看出肌肉變短（C1' 到 C2），但是只有從髂嵴到惹迪氏結節的整個長度中一小部分。這點解釋了為什麼肌腹的肌肉比肌腱短，因為如同上述最大肌肉長度變化不會超過收縮肌肉纖維的一半長度。

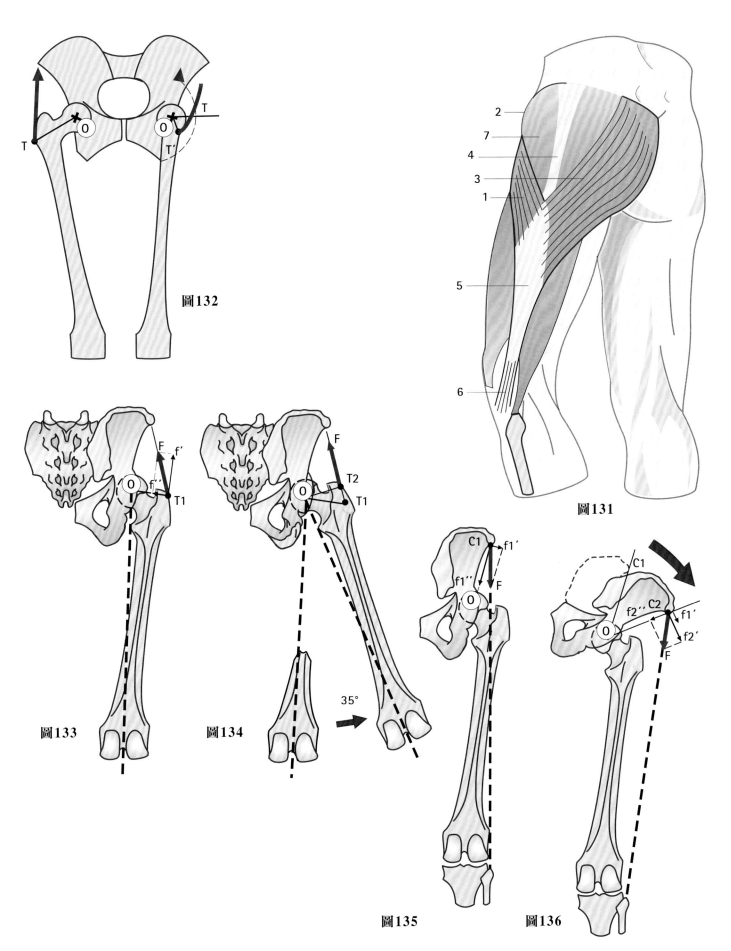

圖132

圖131

圖133

圖134

35°

圖135

圖136

49

骨盆的橫向穩定性

雙腳支撐骨盆時，骨盆的橫向穩定性由內收肌群（紅色箭號）和外展肌群（藍色箭號）同時從雙側收縮達成。這兩股拮抗力量彼此平衡時**（圖 137）**，骨盆會**對稱平衡**，例如立正站好時就是這樣。如果骨盆一側是外展肌力量較大，另一側是內收肌力量較大**（圖 138）**，骨旁會**傾斜**向內收肌較強的那一側。除非能夠恢復肌肉平衡，否則人就會往那一側跌倒。

假如**骨盆是由一隻腳支撐（圖 139）**，橫向穩定性會只剩支撐腳的外展肌群支撐，體重 W 在重心施力時，將會使支撐腳的骨盆傾斜。因此，這種骨盆會讓人聯想到**第一類槓桿（圖 141）**支點是支撐腳髖關節 O；抗力是體重 W，作用位置在**重心** G；施力是臀中肌（GMe）的拉力，方向從髂骨窩外側 L 到大轉子 T。想要在單腳支撐下讓骨盆保持水平，臀中肌的力量必須剛好可以抵消體重，同時要考量到槓桿臂 OL 和 OG 長度不同。用這種方式平衡骨盆時**（圖 139）**，**闊筋膜張肌**（TFL）會大幅度地輔助**臀中肌和臀小肌**（Gme）。

假如上述有任何肌肉力量不足**（圖 140）**，重力的作用會無法得到平衡，骨盆會往支撐腳的另一側傾斜，形成**角 a**，大小與肌肉力量不足程度直接成正比。闊筋膜張肌不只能夠穩定骨盆，**還能穩定膝關節**（P.113 圖 154），就像真的**主動外側副韌帶**一般，因此長跑時闊筋膜張肌麻痺會導致膝關節間隙**向外打開**（**角 b**）。

臀中肌、臀小肌、闊筋膜張肌的穩定骨盆功能，對於**一般行走**時非常重要**（圖 142）**。骨盆只有單腳支撐時，**髂間線**呈現水平，差不多與肩關節連成的線平行。假如支持骨盆的那一側肌肉麻痺**（圖 143）**，骨盆會往另一側傾斜，肩關節連線也會出現傾斜。單腳支撐這種例子，也就是骨盆會往另一側傾斜，**軀幹上半部會朝向支撐腳那一側彎曲**，可以對應到**杜鄉 – 特倫德倫堡**現象（Duchenne-Trendelenburg's sign），指出**臀小肌和臀中肌麻痺或力量不足**的問題。

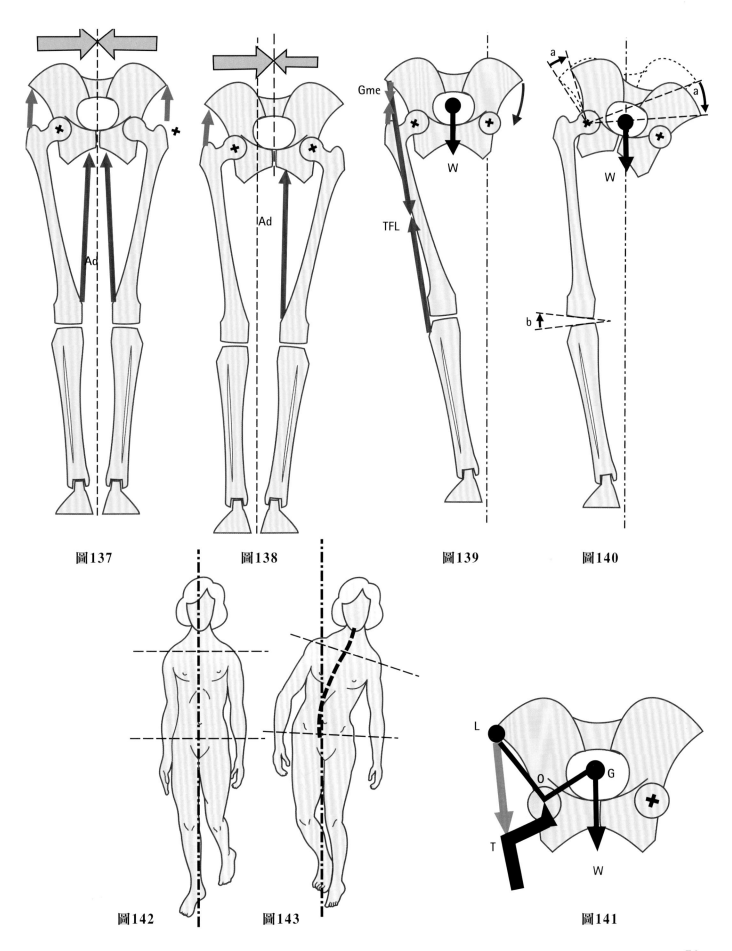

圖137

圖138

圖139

圖140

圖142

圖143

圖141

髖關節內收肌群

　　髖內收肌群一般位於矢狀切面的內側，矢狀切面通過髖關節中心（**圖 144**）。任何人身上的髖內收肌群都在屈曲伸展前後軸 yy' 的**下方內側**，yy' 軸也位於矢狀切面上。

　　髖內收肌群尤其**數目多又力量大**。從**圖 145**（後視圖）可以看到，髖內收肌群形成巨大的扇形，涵蓋整個股骨長度。**內收大肌**（1）是其中**力量最大**的肌肉（力量相當於 13 公斤）。內收大肌的結構特別（**圖 146**），是因為內收大肌大部分的內側肌肉纖維源自恥骨枝和坐骨枝，並且附著於股骨最靠近的位置，而大部分的的外側肌肉纖維來自坐骨粗隆，附著於最遠端的股骨粗線。結果內收大肌的**上層肌肉纖維**（2）和**中層肌肉纖維**（1）**在後方外側形成一種溝槽凹陷結構**，圖中可以看出，因為上層肌肉纖維以透視的方式呈現，髖關節已經脫位，股骨呈現外轉。在這道溝槽中（圖 146 的小插圖呈現出虛線箭號的切面），有第三組肌肉纖維（**下層**肌肉纖維），在一段距離處構成梭狀肌腹，也稱為**內收小肌（adductor minimus）**或**第三內收肌**（3）。

　　這條肌肉纖維的構造**內收時減少肌肉的相對延伸**，並且讓人體**能夠做出更大幅度的外展動作**，但又不影響肌肉功能。**圖 147** 可以明顯看出這個現象，如下：

- A 側：肌肉纖維的實際走向。
- B 側：肌肉纖維的實際走向，以及排除因外展引起的扭轉的「簡化」走向（虛線），也就是最內側肌肉纖維附著於最遠處，最外側肌肉纖維附著於最近處（剛好與人體相反）。
- 這兩種結構以內收（Ad）和外展（Ab）的方式呈現。從內收到外展時，肌肉纖維延伸很明顯，從圓弧長度差異可以看出：**u** 是源自恥骨的肌肉纖維，**v** 是源自坐骨的肌肉纖維，**z** 是附著於大轉子的肌肉纖維。

　　圖 145 也畫出其他與內收動作有關的肌肉：

- **股薄肌**（4）形成扇形肌肉構造的內側邊界。
- **半膜肌**（5）、**半腱肌**（6）、**股二頭肌的長頭**（7）是主要的髖伸肌及膝屈肌，但也是重要的內收肌。
- **臀大肌**（8）的大塊肌肉纖維（也就是 yy' 軸後方的肌肉纖維）可以做出內收動作。
- **股四頭肌**（9）和**恥骨肌**（10）可以做出內收和外轉動作。
- **內閉孔肌**（11）是次要的內收肌，由孖肌群（圖中未顯示）和閉孔外肌（12）輔助做出動作。

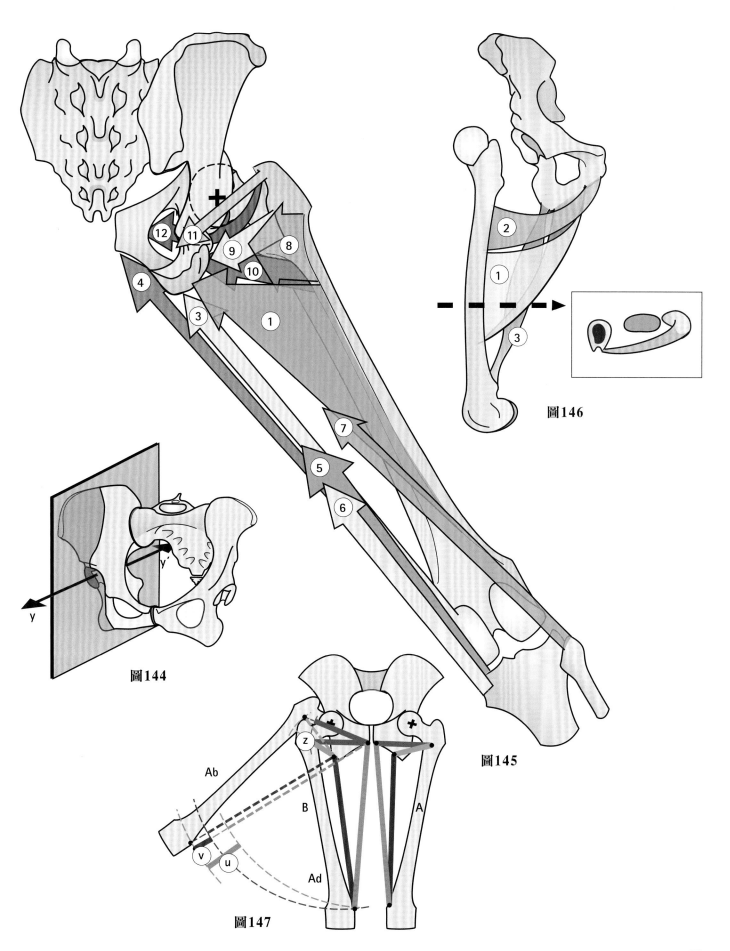

圖144

圖145

圖146

圖147

髖關節內收肌群（*續*）

圖 148（**前視圖**）畫出以下內收肌群：

- **內收長肌**（adductor longus，13），肌肉力量（相當於 5 公斤）不到內收大肌的一半。

- **內收短肌**（adductor brevis，14），兩個肌肉束的下方覆蓋著內收長肌，上方覆蓋著恥骨肌（10）。

- **股薄肌**（gracilis，4），形成內收肌腔室的內側邊界。

這些肌肉除了主要的內收功能，也具備一定程度的***屈曲伸直及軸向轉動***能力。**屈曲伸直功能**（**圖 149**，內側視圖）視肌肉起始點而定，如果是從坐骨和恥骨，位於冠狀切面**後方**，通過膝的中心（點和虛線交錯），就是髖伸肌；尤其，內收大肌的下方肌肉纖維、內收小肌和想當然耳膕旁肌群，都是髖伸肌。肌肉的起點如果是髖骨，位於冠狀切面***前方***，會同時具有內收肌和屈肌的作用，例如恥骨肌、內收短肌、內收長肌、內收大肌的上束、股薄肌。然而需要留意的是，這些肌肉的屈曲伸直功能也會同時受到髖的初始位置所影響。

內收肌群如同前文所述，對雙足支撐動物的骨盆支撐很重要，也在做出**特定姿勢**或滑雪（**圖 150**）、騎馬（**圖 151**）等運動動作中具有重要功能。

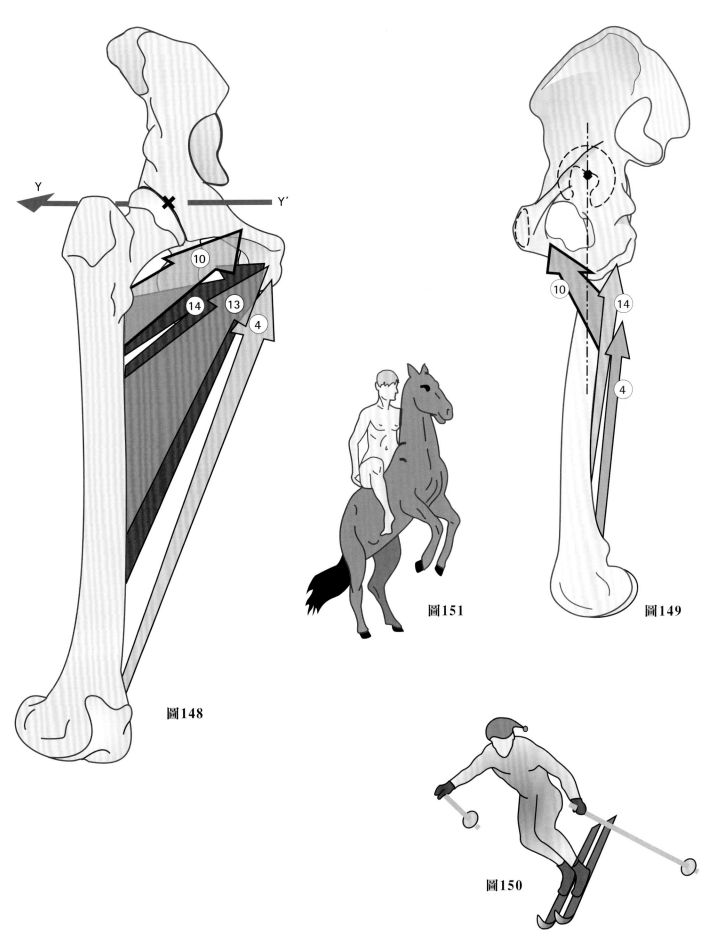

圖148

Y   Y'

⑩ ⑭ ⑬ ④

圖151

圖149

⑩ ⑭ ④

圖150

髖關節外轉肌群

　　髖關節外轉肌群**數目多**並且**強而有力**，穿過**髖關節垂直軸後方**，可以從**骨盆水平切面（圖152**，右側骨盆俯視圖）清楚看出，通過髖關節中心比較上方位置。圖中畫出了所有的髖外轉肌群：

● **骨盆轉子肌**做出外轉動作，也是主要功能。

—**梨狀肌**（1）起點是薦椎前方表面，往後方外側延伸，通過大坐骨切跡（**圖153**，右側後方俯視圖），然後附著至大轉子的上緣。

—**閉孔內肌**（2）的方向與梨狀肌大致平行，但是在坐骨棘上方坐骨後緣垂直轉彎（**圖153**）。閉孔內肌起點是閉孔邊緣，閉孔內肌第一段（2'）在**骨盆內**，第二段的雙側是體積不大的上下孖肌。孖肌群源自坐骨棘、坐骨粗隆，分別繞著上緣及下緣。閉孔內肌和孖肌群藉由同一條肌腱附著在大轉子的內側表面，彼此功能類似。

—**閉孔外肌**（3）起點是**閉孔邊緣外表面**，肌腱在髖關節下方向後方延伸，在股骨頸後方往上，附著於轉節窩上。整體來講，閉孔外肌繞在股骨頸上，只有骨盆在股骨上大幅傾斜時才能看到整個閉孔外肌（**圖154**：髖關節屈曲時骨盆的後下方外側視圖）。這點可以解釋閉孔外肌的兩個主要現象：首先是髖關節屈曲時閉孔外肌是外轉肌（同時參考P.58），然後因為閉孔外肌繞在股骨頸上，所以作為髖屈肌力量並不大。

● 有些**內收肌**也同時是外轉肌：

—**股方肌**（4），起點是坐骨粗隆，附著於轉子間線後方（**圖153**），根據髖關節位置不同，可以是髖伸肌或髖屈肌（**圖152**）。

—**恥骨肌**（6），起點是恥骨水平枝，附著於三叉粗線的中線（**圖154**），可以做出內收、屈曲、外轉動作。

—**內收大肌**（**圖155**，3）的最後側肌肉纖維也可以做外轉動作，就像膕旁肌群。

—**臀肌群**：整個**臀大肌**，包括淺層肌肉纖維（7）和深層肌肉纖維（7'）；**臀小肌**的後側肌肉纖維；以及**臀中肌**（8）（**圖152**和**圖153**）。

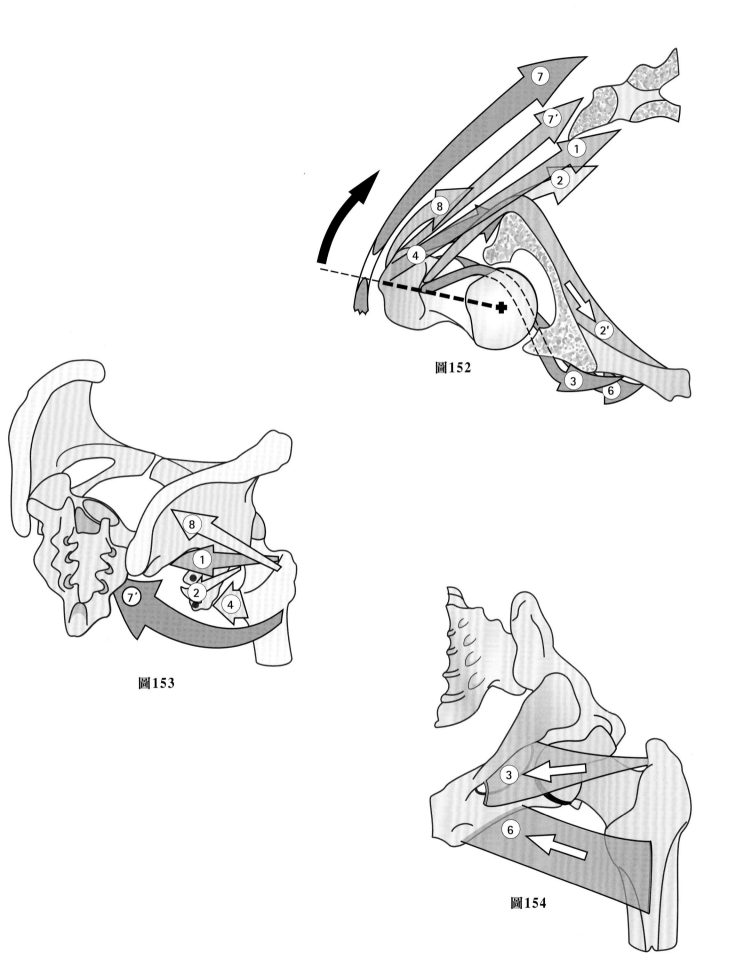

圖152

圖153

圖154

髖關節旋轉肌群

髖關節**水平切面（圖 155）**剛剛好通過股骨頭下方時，可以看到膕旁肌群和內收肌群的外轉分力。水平圖中股二頭肌的長頭（1）、半腱肌、半膜肌（2）、內收大肌（3）、內收長肌、**內收短肌**（4）都往垂直軸後方延伸；因此這些肌肉都是外轉肌（LR），下肢轉動長軸時**（圖 23）**，也就是伸膝，然後把髖關節到足當作轉軸。請留意內轉（MR）時，某些內收肌會跑到**垂直軸**的前方，變成**內轉肌**。

內轉肌群**數量少**於外轉肌群，拉力也是外轉肌群的三分之一而已（內轉肌群大約是 54 公斤，外轉肌群則是 146 公斤）。內轉肌群位於**髖關節垂直軸的前方**。**水平切面（圖 156）**可以看到髖關節的三個內轉肌：

- **臀中肌**（5）：只有前側肌肉纖維參與髖關節轉動。

- **臀小肌**（6）：實際上整個肌肉纖維都參與髖關節轉動。

- **闊筋膜張肌**（7）：位於髂前上棘（ASIS）的上方。

適當內轉後，也就是 30-40°**（圖 157）**，閉孔外肌（8）和恥骨肌（9）移動到髖關節的正下方，因此也不再是外轉肌；臀小肌和臀中肌（6）則仍然是內轉肌。

相反的，**完全內轉時（圖 158）**，**閉孔外肌**（8）和**恥骨肌**（9）會變成內轉肌，因為移動到垂直軸前方；**闊筋膜張肌**（7）、**臀小肌和臀中肌**（5）則變成外轉肌。只有內轉到最大程度時，才會出現這種情況，肌肉因為關節姿勢不同而改變功能，這種現象是因為肌肉纖維方向改變，如**圖 159（前上方外側視角透視圖）**。髖關節在外力下內轉時，**閉孔外肌**（8）和**恥骨肌**（9）會位於垂直軸（藍色箭號）前方，臀小肌和臀中肌（5）則會斜向後上方。

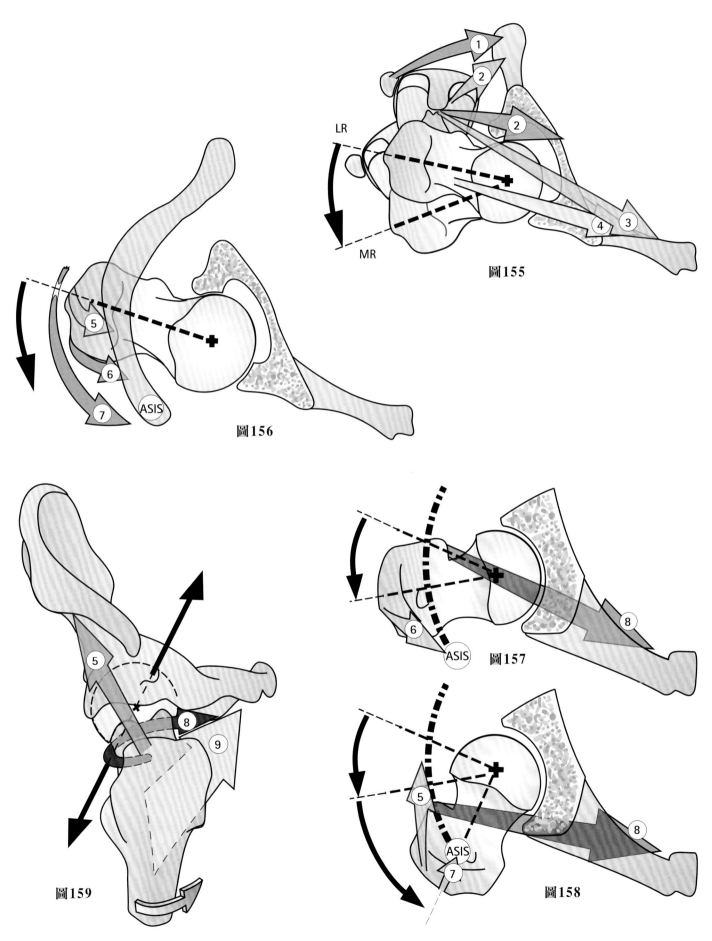

圖155

圖156

圖159

圖157

圖158

肌肉動作功能反轉

具有三個自由度的關節，其運動肌肉的動作會根據關節位置而不同，次要動作常常改變甚至相反。最典型的例子是**內收肌的屈肌功能反轉變成伸肌功能（圖 160）**。直立姿勢（0°）時，除了內收大肌（AM）的後側肌肉纖維，***其他髖內收肌也都是屈肌***，但是僅限下肢仍然低於各個肌肉的起點時。內收大肌的後側肌肉纖維伸直到 −20°時仍然是伸肌。因此內收長肌（AL）在伸直到 +50°時***仍然也是屈肌***，但是在屈曲到 +70°以後就從屈肌變成伸肌。內收短肌的情況類似，直到屈曲 +50°都還只是屈肌，超過以後就變成了伸肌。股薄肌則在屈曲 +40°時會從屈肌變成伸肌。

圖中清楚顯示，只有純屈肌可以做出最大的屈曲動作：**闊筋膜張肌**（TFL）可以屈曲至 +120°，此時闊筋膜張肌的長度會減少 aa' 的距離，相當於自身一半的長度；此時，髂腰肌（IP）已經無法發揮功能，因為肌腱***會遠離髂恥隆起***。圖中解釋了為什麼小轉子（LT）位於***非常後方***的位置，髂腰肌肌腱的長度因此***變長***，增加長度等於股骨幹厚度。

股方肌也有非常明顯的屈曲功能反轉情形（**圖 161**：部分髖骨以透視方式呈現，以便看見股骨和股方肌動作）。與直立姿勢時相比較，髖關節***伸直 E*** 時股方肌是屈肌（藍色箭號），***屈曲 F*** 時則變成伸肌（紅色箭號）。

肌肉功能很大部分是由關節位置決定。**髖關節已經屈曲時（圖 162）**，髖伸肌會拉伸。**屈曲 120°（F）**時，**臀大肌**會被動延伸***一段 gg' 的距離***，這個長度等於臀大肌某些肌肉纖維的 100% 長度；同樣的，屈曲 120°時，大腿後肌也會被動延展 ***hh'*** 的距離，這個長度大約是直立姿勢時，膕旁肌群的 50% 長度，但前提是膝關節要維持伸直狀態。這個現象解釋了**跑者的起跑姿勢（圖 163）**：最大程度的髖關節屈曲加上伸膝（圖中沒有畫出伸膝的部分），這樣會繃緊髖伸肌，以便在起跑時能有最大的衝力。伸膝時，膕旁肌群的張力會限制髖關節屈曲。

圖 162 也顯示出，從直立姿勢到伸直 −20°，會小幅度改變膕旁肌群的長度（hh"），證實***膕旁肌群在髖關節半屈時才能發揮最大功能***。

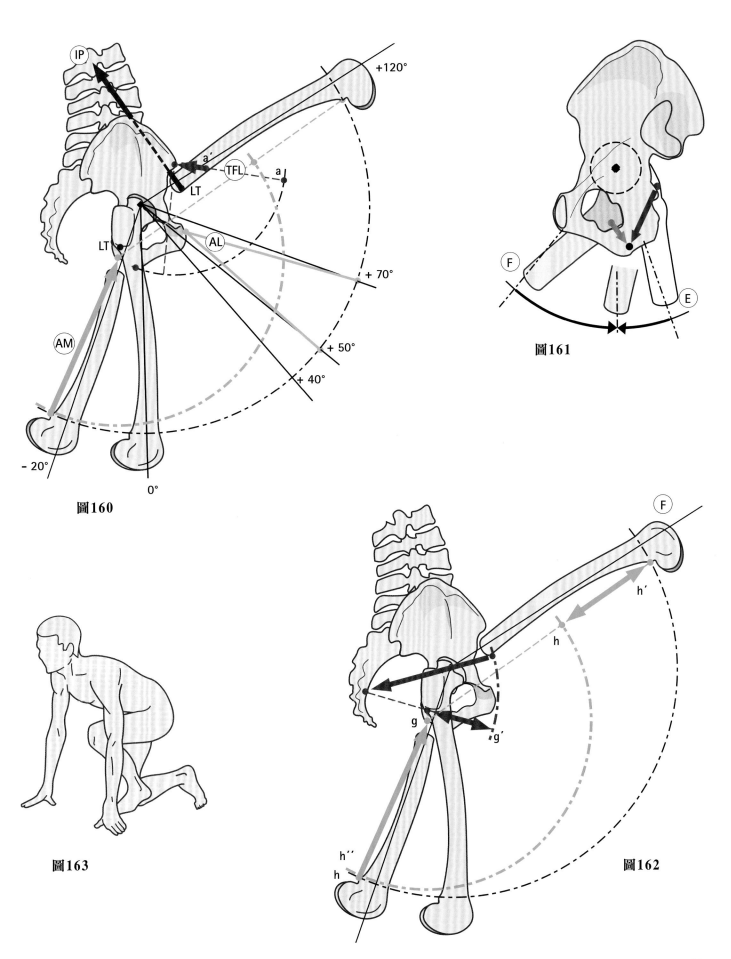

圖160

圖161

圖163

圖162

肌肉動作功能反轉（*續*）

髖關節大幅度屈曲時（**圖 164**），**梨狀肌**（**piriformis**）功能也會反轉（**圖 165**，後方外側視圖）。髖處於直立姿勢時，梨狀肌兼具外轉肌、屈肌、外展肌（紅色箭號），髖關節明顯屈曲時（藍色箭號），梨狀肌變成內轉肌、伸肌、外展肌：功能反轉點在屈曲 60°時，這時梨狀肌就只有外展功能。

髖大幅度屈曲時（**圖 166**：髖關節屈曲後視圖），**梨狀肌**（1）一樣是外展肌，閉孔內肌（2）和**整個臀大肌**（3）也會變成外展肌；這些肌肉使得髖在屈曲 90°時，兩側膝關節得以分開（藍色箭號），髖關節也因此能夠外轉（綠色箭號）。臀小肌（4）非常明顯是內轉肌（紅色箭號），也會與闊筋膜張肌（5）一樣變成內收肌（**圖 167**）。這兩條肌肉一起做出整個動作，結合屈曲、內收、內轉（**圖 168**）。

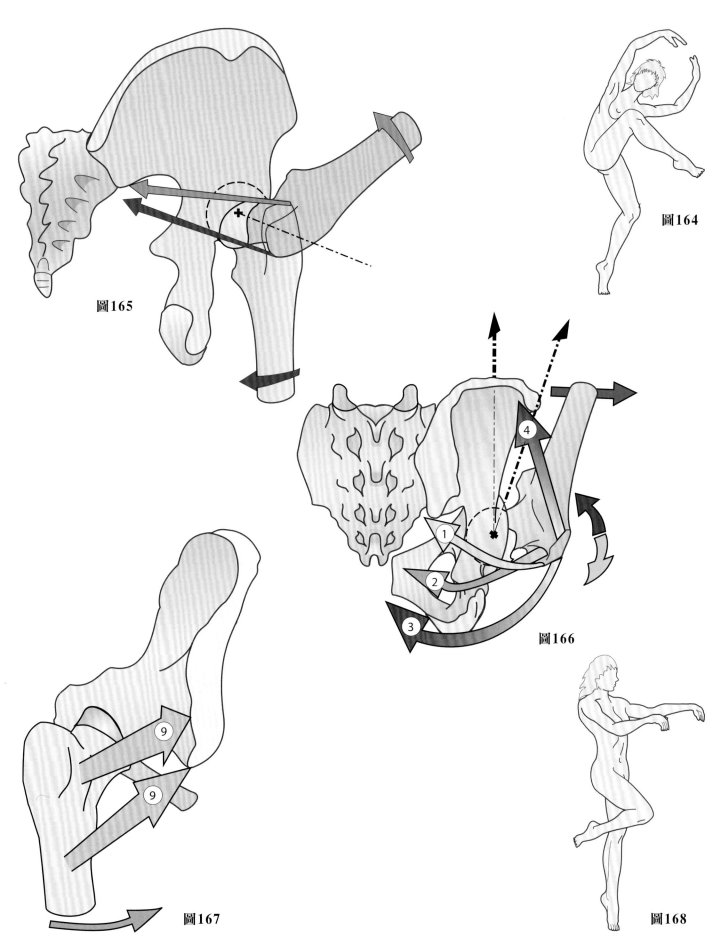

圖164

圖165

圖166

圖167

圖168

外展肌群的連續徵召

依據髖屈曲的程度，在單腳支撐時會由不同的外展肌來維持骨盆穩定。

髖**完全伸直時（圖 169，紅色箭號）**，也就是直立姿勢時，身體重心落在兩個髖關節連成直線的後方，導致骨盆向後傾斜。髂股韌帶和闊筋膜張肌（1，也屬於髖屈肌）收縮都會阻止骨盆後傾（也見 P.31），**因此闊筋膜張肌會同時修正骨盆向後及向外傾斜**。闊筋膜張肌作為外展肌，與**臀大肌的淺層肌肉纖維**（2）具有協同作用，都屬於「**髖三角肌**」。

骨盆**只有稍微後傾（圖 170）**時，重心仍然落在髖關節連線的後方，並且徵召**臀小肌**（3）。請留意臀小肌也是外展屈肌，就像闊筋膜張肌一樣。

骨盆**前後平衡（圖 171）**時，重心會落在髖關節連線上，骨盆會由臀中肌（4）從外側維持穩定。

骨盆只要一**前傾**，**臀大肌**就會發揮作用，接著是**（圖 172）臀大肌的深層肌肉纖維**（5）、**梨狀肌**（6）、**（圖 173）閉孔內肌**（7）。整個過程中，包括髖伸直到極限**（圖 174）**，**臀大肌**（2）作為闊筋膜張肌（1）的**拮抗肌及協同肌**關係，臀大肌是外展肌並且也是髖關節屈曲的調節肌肉。閉孔外肌（7）也參與其中。

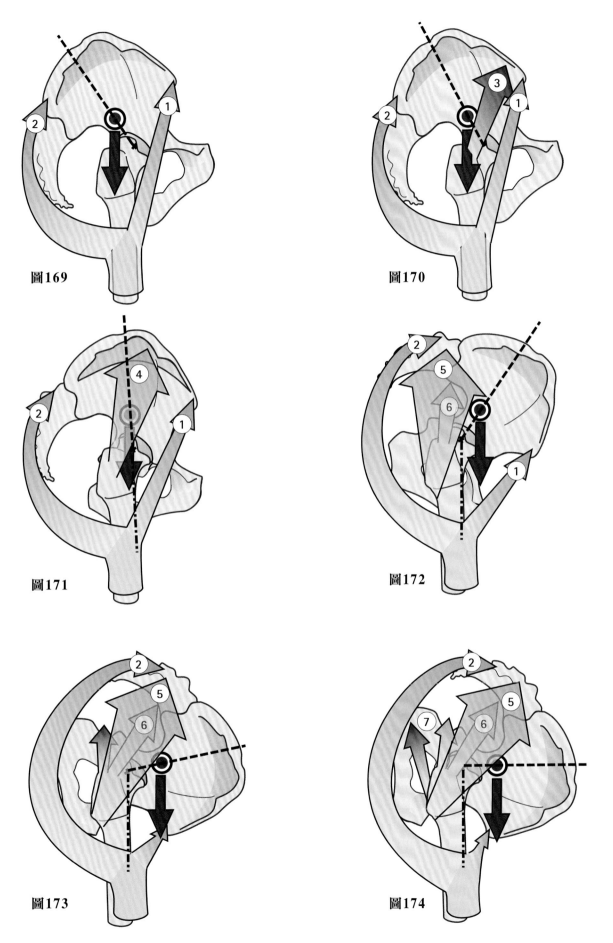

圖169

圖170

圖171

圖172

圖173

圖174

第2章

膝

膝是位於下肢**中間的關節（intermediate joint）**，主要由單個關節構成，具有**一個自由度**，可以屈曲和伸直，讓下肢末端**靠近或遠離**大腿根部，這個動作同樣能夠**控制軀幹與地面的距離**。膝動作大致上都是**軸向壓縮（axial compression）**，承受著重力影響。

膝具有一個**附加自由度，或稱為次要自由度**，也就是繞著腿軸轉動，但只有**屈膝**時才可以做到。膝**在力學上具有一項困難**，需要協調**兩項矛盾條件**：

- **完全伸展時擁有良好的穩定度**，膝大幅度承受體重，以及槓桿長度影響。

- **屈曲時展現良好的活動度**，跑步時就需要這點，路面不平時也需要如此來**適當調整足部方向**。

膝關節具有高度巧妙的力學結構，能夠一一解決上述難題，然而**膝關節表面互鎖度低**才能擁有自由度，卻也使得膝容易**扭傷、脫位**。

膝**屈曲（flexion）**時不穩定，**韌帶和半月板**非常容易受傷，但是膝**伸直（extension）**時反而最容易發生**關節面骨折、韌帶撕裂**。

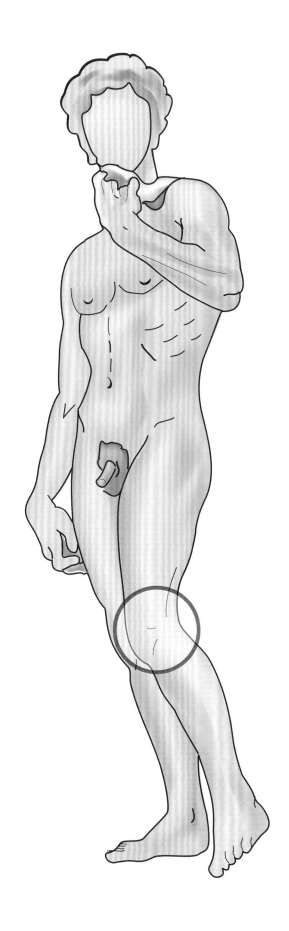

膝關節軸

　　膝的**第一個自由度**是**橫軸（transverse axis）XX'**（**圖 1**：半屈膝前內側視圖，**圖 2**：半屈膝前外側視圖），在矢狀切面上做出屈曲伸直動作。XX' 軸位於冠狀切面，水平通過股骨髁。由於股骨的長頸確實改變了股骨幹結構（**圖 3**：下肢骨骼概覽），股骨幹的長軸與小腿的軸沒有呈一直線，呈現 170-175°夾角朝外，意思就是膝具有**生理性外翻角（physio-logical valgus）**。

　　相反的，髖關節（H）、膝關節（K）、踝關節（A）的中心都位於一條直線上（HKA），這條線也是下肢的力學軸，與小腿的軸呈一直線，但是在大腿與股骨軸成 6°夾角。

　　另一方面，因為髖比踝還要寬，左右腳的力學軸稍微、不明顯地靠內，與垂直線呈現 3°夾角，角度與骨盆成正比，例如女人骨盆較寬，這個角度也較大。上述也說明了為什麼**女人的生理性外翻角比男人大**。

　　屈曲伸直軸 XX' 是**水平**線，因此沒有與外翻角的平分線（Kb）重合。XX' 與股骨之間角度是 81°，XX' 與小腿軸之間角度是 93°，因此完全屈曲時小腿軸不會馬上移動到股骨軸**後方**，而是**大致在後方又靠向雙腿中央**，所以腳跟會靠向內側，身體對稱平面的方向。如此一來，**屈曲至極限時腳跟便會碰到臀部坐骨隆起的地方**。

　　第二個自由度是小腿的長軸 YY'，能夠做出轉動（**圖 1**、**圖 2**），屈膝時可以清楚觀察這個動作。膝構造無法**在膝完全伸直時轉動軸**：小腿軸與下肢力學軸重合，因此**軸轉動不是用膝關節，而是發生在髖關節，這保護了膝關節**。

　　圖 1、**圖 2** 中，軸 ZZ' 呈現前後方向，與上述兩個軸呈直角。ZZ' 軸事實上不算是第三個自由度，而是作為副韌帶鬆弛時膝關節內動作的測量方法，它讓膝關節能夠做出小幅度的**外翻及內翻動作（valgus and varus movements）**，從腳踝可觀察到大約 1-2 公分的位移，但是完全伸膝時就無法做這兩個動作，因為副韌帶拉緊了。如果副韌帶繼續拉緊，應該被視為異常，也就是可能產生了副韌帶受傷的問題。

　　事實上，上述這些動作在屈膝時都會自然發生。因此要判斷是否異常，必須與另一側的膝比較，前提是另一側的膝沒有受傷。

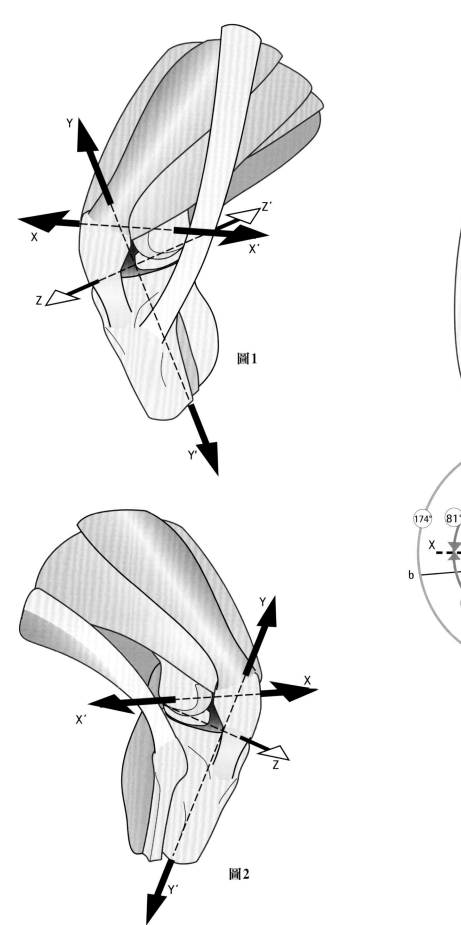

圖1

圖2

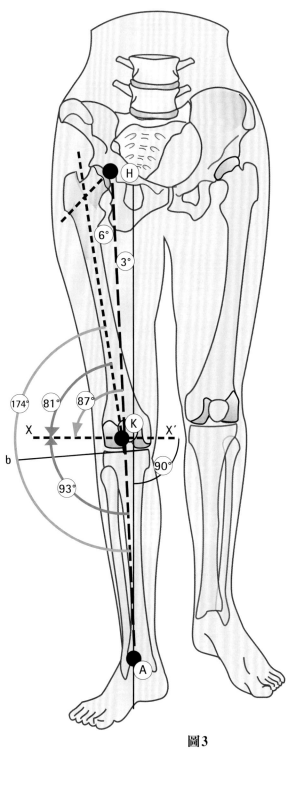

圖3

膝內翻和膝外翻

　　除了性別造成的生理差異，外翻角度也會因為個體的病理影響而有所不同（**圖 4**：下肢骨骼額狀面）。

　　外翻角度水平翻轉過來就成了**膝內翻**（**genu varum**）（**圖 4**：左膝 **Var**），也就是 **O 型腿**（**圖 6**），膝關節中心相較於脛骨髁間隆起、股骨髁間窩，位置比較靠外側。膝內翻有兩種測定方法：

- 測量**股骨幹與脛骨幹之間的夾角**，如果角度超過正常值（170°），例如 180-185°，或者鈍角反常變成朝內，就表示有膝內翻。
- 測量關節中心相較於下肢力學軸**向外位移**（**lateral displacement**）程度（**圖 5**，ld），例如 10-15 公釐或 20 公釐：向外位移（ld）15 公釐即是膝內翻。

　　反過來，外翻角碰在一起就成了**膝外翻**（**genu valgum，圖 4**），也就是 **X 型腿**（**圖 8**），測定方法有兩種：

- 測量**股骨幹與脛骨幹之間的夾角**：如果角度小於正常值（170°），例如 165°，就代表有膝外翻。
- 測量關節中心相較於下肢力學軸**向內位移**（**medial displacement**）程度（**圖 7**，md），例如 10-15 公釐或 20 公釐：向內位移（md）15 公釐即是膝外翻。

　　測量**向外位移及向內位移（lateral and medial displacements）**比外翻角更能準確判定，但是需要品質良好的**下肢全長 X 光片**（**comprehensive radiographs of the lower limb**），也稱為**測角** X 光片（**圖 4**）。圖中人物非常不幸地**右腳膝外翻，左腳膝內翻**。大多數情況左右腳變形會是同一種，但是嚴重度不一定相等，一隻腳會比另一隻嚴重。然而，極少數病例會像圖中一樣，兩膝往同一方向偏斜，這種混合型變形非常不適，因為膝外翻會造成穩定度喪失。截骨矯正手術過度矯正膝內翻時，也可能變成膝外翻，這時必須馬上再次進行截骨術，以修復成正常平衡狀態。

　　膝內翻（Var）或膝外翻（Val）具有傷害性，*時間一久可能導致退化性關節炎*。實際上，膝關節內側和外側兩個腔室承受的力學負載並不相等，造成關節表面過早發生磨損，最後出現**膝內翻併發內側脛股退化性關節炎（medial femorotibial osteoarthritis）**或**膝外翻併發外側脛股退化性關節炎（lateral femorotibial osteoarthritis）**。膝內翻治療需要脛骨（或股骨）內翻截骨術，膝外翻需要脛骨（或股骨）外翻截骨術。預防併發症很重要，所以**監測孩童膝內翻或膝外翻**越來越受重視。孩童雙側膝內翻確實很常見，會隨著年齡增長而減輕，儘管如此仍需要使用下肢全長 X 光片追蹤情況。假如長大後偏斜還是很明顯，膝外翻可能需要接受內側脛骨生長板融合術，膝內翻則是外側脛骨生長板融合術，手術能夠抑制膝較「凸」側的生長，較「凹」側則能繼續生長。

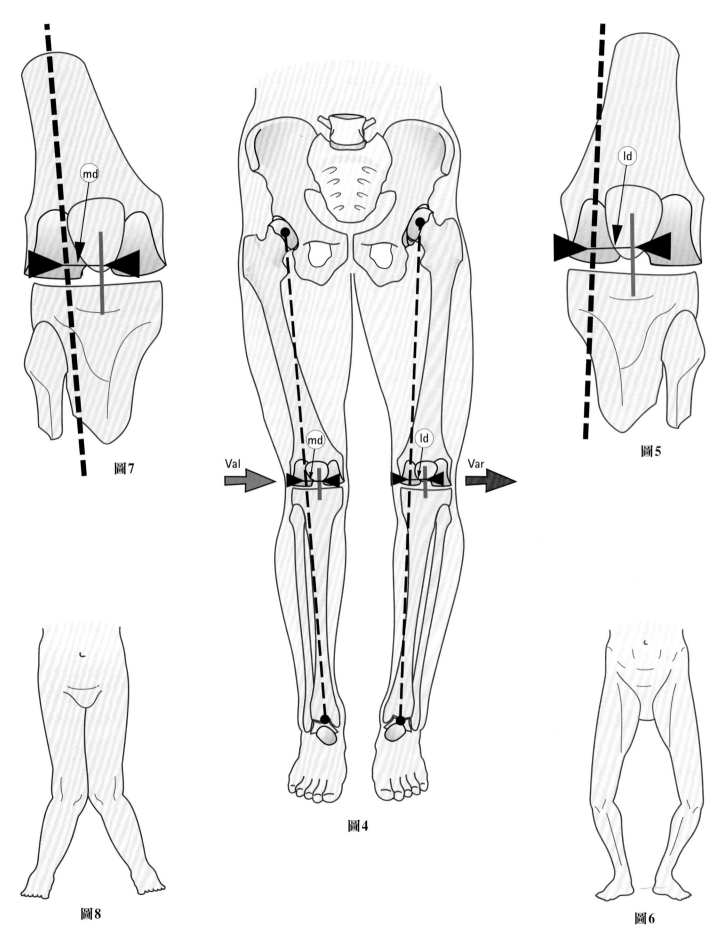

圖7

圖5

Val

md

ld

Var

圖4

圖8

圖6

膝關節屈曲伸直動作

膝的主要動作是屈曲伸直，其活動範圍可從以下標準所定義的基準位置來測量：**小腿與大腿的長軸共線**（圖 9，左腿）。從圖可以看出，股骨軸與小腿軸成一直線。在這個位置時下肢最長。

膝**伸直**定義為，小腿後方表面往遠離大腿後方表面的方向移動。嚴格來講，完全伸直並不存在，雖然圖中姿勢已經伸直到最大程度了，但是其實如果施加外力，還是能夠再增加 5-10°（**圖 11**），把這種狀態稱為「過度伸直」並不恰當，因為有些人具有**膝反屈**，伸直角度比一般人還大。

主動伸直（active extension）非常難超過參考點，即使能也只會超過一點（**圖 9**），而且還要看髖的位置而定。事實上，髖伸直時股直肌作為膝伸肌的效能會增加（見 P.144），也就是髖先伸直的話（**圖 10**：右腿位於後方），膝可以伸直更多。

相對伸直（relative extension）是指從任意屈曲位置把膝帶到完全伸直（**圖 10**：左腳位於前方），通常走路時就會做出相對伸直動作，**擺盪**下肢會向前伸再接觸地面。

膝**屈曲**定義為，小腿後方表面往靠近大腿後方表面的方向移動。屈曲可以是從基準位置產生的**絕對**屈曲，也可以是從任意屈曲位置產生的**相對**屈曲。

屈膝範圍依據髖部位置、運動形式而不同。

假如髖關節已經屈曲，膝的**主動屈曲**可以達到 140°（**圖 12**），髖伸直時只能 120°（**圖 13**），這個差異是因為髖伸直時膕旁肌群比較無法發揮功能（見 P.146）。但如果**膕旁肌群快速彈射式收縮**，就算髖伸直下膝還是是有可能可以屈曲超過 120°。膕旁肌群突然猛力收縮時，會推動小腿屈曲，直到被動屈曲範圍的最高點。

膝的**被動屈曲**範圍是 160°（**圖 14**），腳跟可以碰觸到臀部。這個動作與一項重要的臨床檢查有關，可以確認屈膝活動自由度。被動屈曲範圍可以測量腳跟與臀部的距離，正常來說只會受限於小腿肌肉能夠多靠近大腿肌肉。而病理學上，被動屈曲會受到伸肌群（特別是股四頭肌）縮短或是關節囊纖維性緊縮影響（見 P.102）。屈曲缺失一定可以測量出來，無論是用實際屈曲與預計屈曲（160°）的差值，或者測量膝與臀的距離。但**伸直缺失**則完全不同，因為角度是負值，舉例來講，伸直缺失是 –60°，與最大被動伸直和直立姿勢之間的角度一樣。圖 13 可以用來表示左腿膝屈曲 120°，或者如果沒有辦法伸直更多，也可以視為伸直缺失 –120°。

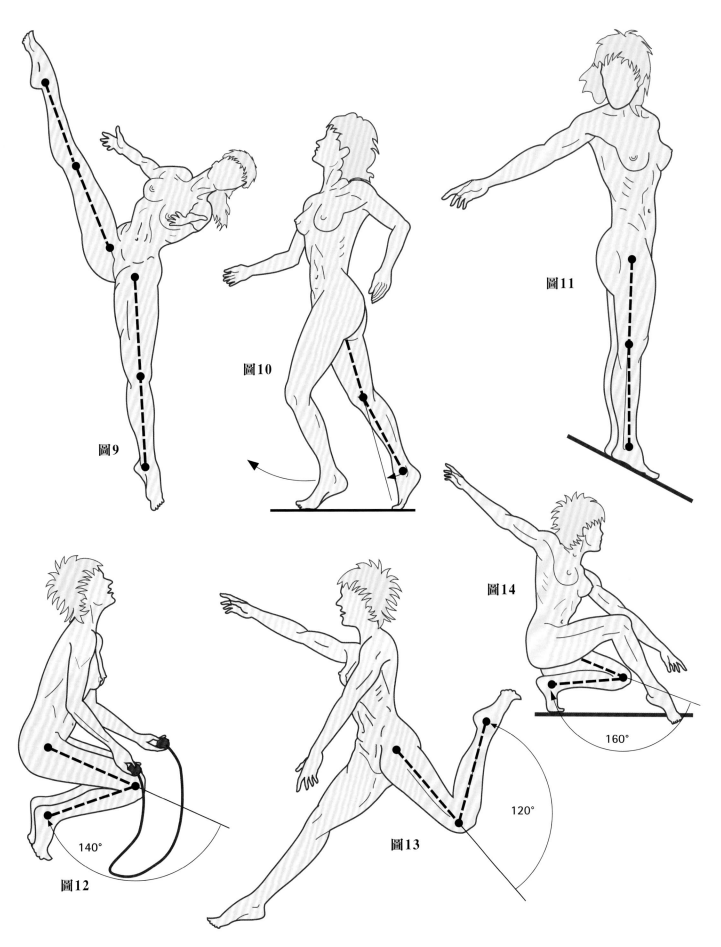

圖9

圖10

圖11

圖12

140°

圖13

120°

圖14

160°

膝關節軸向轉動動作

膝的長軸轉動只有在**屈膝**時才能辦到，因為伸膝時關節會互鎖，脛骨與股骨會彼此嵌合成為一體。

如果想測量**主動軸向轉動**，受測者要先坐在**治療床上雙腳懸空（圖15）**，然後必須屈膝90°，因為屈膝才不會出現髖關節轉動。**這個姿勢**的腳趾會略微朝外（見 P.78）。

向內轉動（圖16）會把腳趾變成朝內側，是足部的內收主要動作（見 P.158 及 P.180）。

向外轉動（圖17）會讓腳趾朝外，與足外展有關。

Rudolf Fick 指出，向外轉動範圍是 40°，向內轉動是 30°，不同屈膝程度轉動範圍也不同，屈膝 30°時可外轉 32°，屈膝 90°時可外轉 40°。

測量**被動軸向轉動（passive axial rotation）**時，受測者俯臥**屈膝 90°**，施測者用雙手握住受測者的足部，轉動直到腳趾朝外（圖18），或者轉動直到腳趾朝內（圖19）。如同預期，被動轉動的範圍，比主動轉動大。

此外，還有一種**自發性軸向轉動**，**屈曲伸直**時會無法避免，不由自主轉動。伸展到最後以及剛開始屈曲都會出現自發性軸向轉動。膝關節**伸展**時，足會**向外轉動（lateral rotation，也可以稱為 external rotation，圖20）**，輔助記憶時可以利用英文，伸直的英文（EXtension）和向外轉動的英文（EXternal rotation）開頭相同。屈膝時則相反，腿會**向內轉動（圖21）**。俯臥收膝時腳趾也會自動朝向內側，**胎兒姿勢**也一樣。

後方的章節會討論自發性軸向轉動的原理機制。

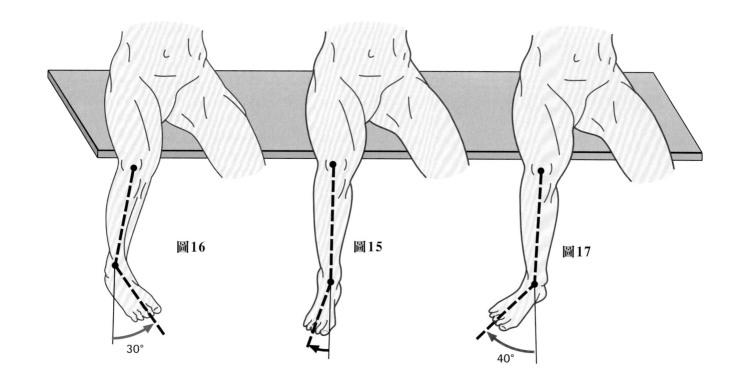

圖16　圖15　圖17

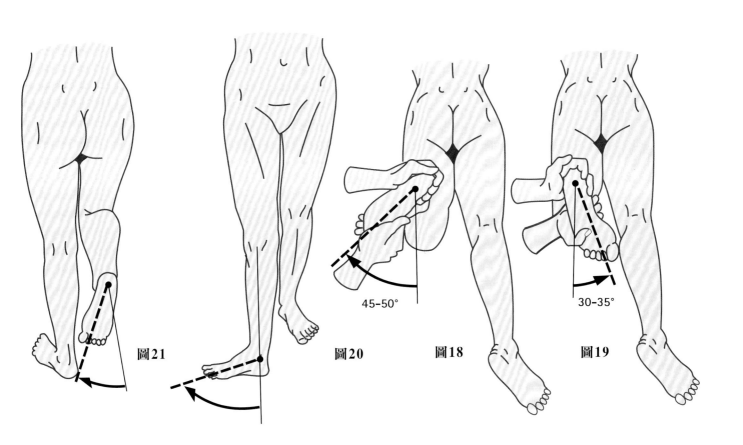

圖21　圖20　圖18　圖19

下肢整體結構及關節表面概況

股骨髁和脛骨關節表面的外觀有利於屈膝動作。如同 *Fick 的實驗*，下肢動作運用到兩塊骨頭（**圖 22**），需要彼此契合才能做出動作（**圖 23**）。然而，即使有兩塊骨頭，屈曲也無法達到 90°（**圖 24**），除非上方骨頭削去一小塊（**圖 25**），延緩跟下方骨頭碰觸的時間才能辦到。因此，這樣的一個缺陷區域會造就股骨幹較靠身體前側，而股骨髁向後方彎曲（**圖 26**）。相對的，脛骨後方變得較薄，前方較堅固，*使得脛骨平台向後彎曲*。因此，下肢極端彎曲時（**圖 27**：股骨脛骨屈曲），肌肉會被夾在股骨和脛骨之間。

整體的下肢骨骼彎曲現象，反映出所承受的壓力，符合**歐拉定律（Euler's laws），也就是偏心受壓柱體表現**，這點是由 Steindler 所提出。

假如柱體兩端各有連接（**圖 29a**：肢段中的活動柱體受壓），柱體會沿著整段產生彎曲，如同股骨幹向後彎曲產生凹窩（**圖 29b**：股骨輪廓）。

如果柱體下方固定，但是上方可以移動（**圖 30a**），會產生兩個相反的彎曲曲線，上方彎曲會佔柱體三分之二長度；彎曲符合股骨在冠狀切面上的彎曲（**圖 30b**：股骨前視圖）。

假如柱體兩端固定（**圖 31a**），兩端四分之一處會彎曲，與脛骨冠狀切面一樣（**圖 31b**）。

脛骨在矢狀切面上，會呈現出下列三項特性（**圖 32b**）：

- **後扭轉（retrotorsion）**（t）：向後彎曲。
- **後傾（retroversion）**（v）：脛骨平台呈現 5-6°向後傾斜（膝關節造形術需要考量到一點）。
- **後屈（retroflexion）**（f）：後方產生一個彎曲凹面，就像兩端可以活動的柱體被擠壓所看到的一樣（**圖 32a**），如股骨。

股骨和脛骨的凹面方向相反，可以提供更多空間容納**更多肌肉**（**圖 28**：股骨脛骨屈曲），*就像手肘的結構組合一樣*（見第 1 冊），關節骨頭末端彎曲在屈曲時，提供更多空間容納肌肉。

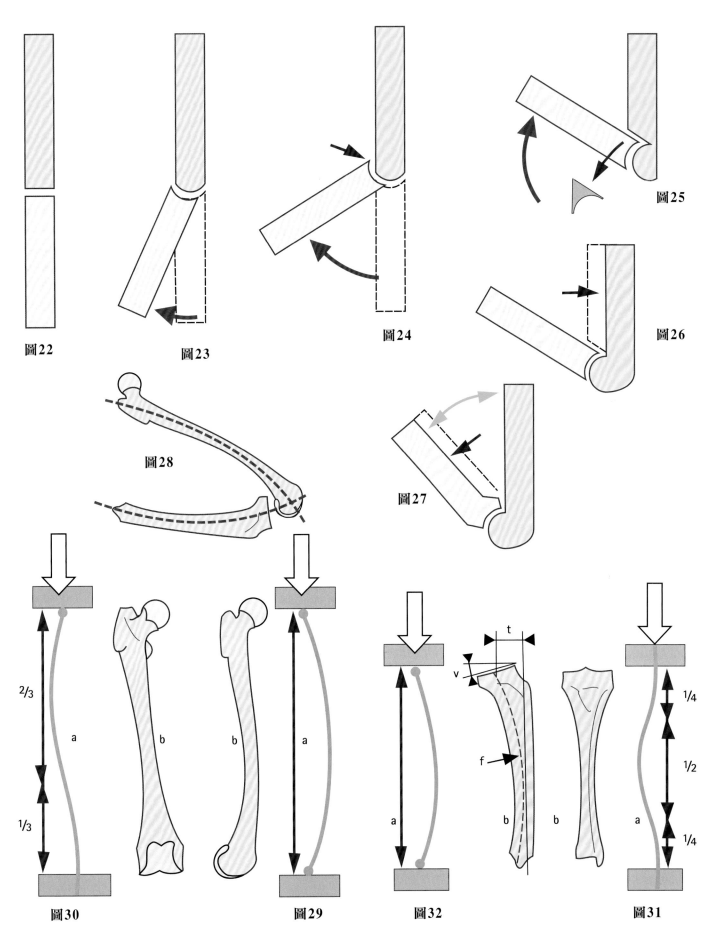

圖22

圖23

圖24

圖25

圖26

圖27

圖28

圖30

圖29

圖32

圖31

下肢整體結構及關節表面概況（*續*）

下肢骨骼的軸向扭轉請見下頁圖解，方法就如同「解剖學代數」。

圖片中以連續線段描述下肢，方向為俯視。

圖 33 使用股骨兩端說明**股骨扭轉**：

- 正常姿勢中（a），頸頭端包含股骨頭和股骨頸 A（藍色），下端則是股骨髁 B（紅色）。
- 扭轉時（b），股骨頸的軸與股骨髁平行，但是事實上股骨頸的軸在冠狀切面上呈現 30°（c）。
- 因此，股骨髁的軸保持在冠狀切面上時（d），股骨幹必須向內扭轉 −30°，以對應股骨頸的前傾角。

膝扭轉

膝是股骨髁（B，紅色）和脛骨平台（C，綠色）接觸的地方**（圖 34a）**，兩者似乎應該在冠狀切面上平行（b），但是實際上還有自發性軸向轉動（c），導致完全伸膝時脛骨在股骨下方外轉 5°。

脛骨扭轉

圖 35 將脛骨分為脛骨平台（C，綠色）及脛腓接合，後者包含距骨滑輪（D，棕色）。兩個關節表面的軸並非平行（b），但是因為脛骨扭轉，彼此在外轉影響下形成 +25°夾角。

扭轉結果

上述這些扭轉**（圖 36）**沿著下肢一一發生（a），於是也彼此抵消（−30°+25°+5°=0°），因此踝軸大致方向與股骨頸相同，也就是**外轉 +30°**。結果，直立姿勢時足軸外彎 +30°，兩腳跟和骨盆（紅色）左右平均支撐（b）。

行走時，擺盪肢往前移**使得同側髖向前**（c）；假如骨盆轉動 30°，**足軸就會直接面向前方**，也就是行走的方向。如此一來就更有利接續的腳承重期。

圖33

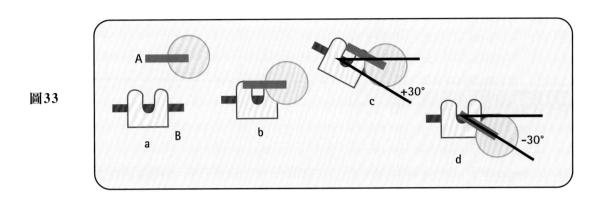

圖34

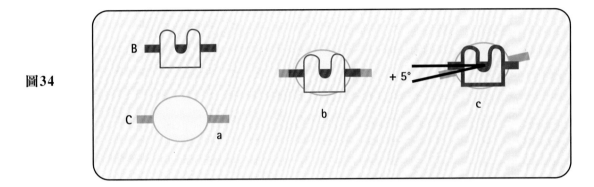

圖35

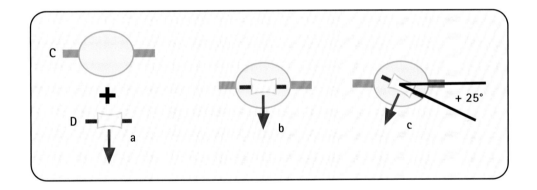

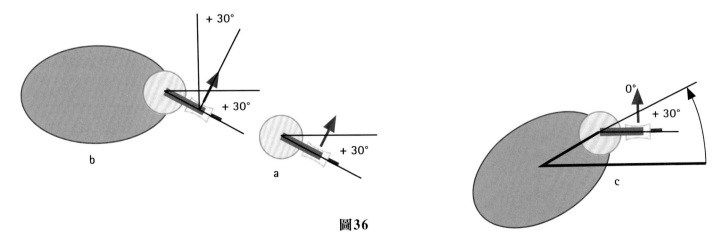

圖36

屈曲伸直時的關節表面

　　膝的主要自由度是屈曲伸直，這個動作發生在橫軸。因為膝屬於**樞紐關節（hinge joint）**才能做出這個動作。事實上，股骨遠端的關節表面形狀就像滑輪**（圖 37）**，這個結構某種程度上會讓人聯想到飛機的起落架**（圖 38）**。

　　股骨兩個髁都是凸面，形狀就像滑輪的兩個面板，也像起落架的兩個輪子；股骨髁前端彼此相連**（圖 39）**，接觸到股骨滑輪狀髕骨表面或髕骨滑車的兩個面板。股骨滑輪頸部的前方對應至髕骨滑車的中央槽，後方對應至髁間窩，後方章節會介紹髁間窩的力學重要性。有些著作把膝形容成雙髁狀關節，就解剖學來講這種說法並沒有問題，但是從力學角度而言膝毫無疑問是樞紐關節（見後文）。

　　脛骨上關節面（tibial superior articular surfaces）的形狀順著股骨表面，由兩道彎曲凹面溝槽組成，中間是髁間隆起，不鋒利且穿過前後**（圖 40**：上方內側透視圖）。**外側關節面**（LAS）和**內側關節面**（MAS）位於脛骨平台表面（S）的兩道溝槽上，由不鋒利的髁間隆起分開，髁間隆起有**兩個髁間結節**。就前側而言，脛骨髁間隆起的延長部位對應到**髕骨內側表面的垂直鈍嵴**（P），髕骨兩旁邊界則對應脛骨表面的兩個凹陷空間。整個脛骨表面具有一個橫軸（I），當整個膝關節組裝好時，會與髁間軸（II）重合。

　　因此，脛骨關節表面對應兩個股骨髁，脛骨髁間結節卡在股骨髁間窩；這些關節表面組裝起來，成為具有功能的**脛股關節（tibiofemoral joint）**。從前方來看，髕骨關節的兩個小平面對應到**股骨滑車的兩個面板**，髕骨垂直嵴嵌入**髁間窩**，這些關節面組成第二個具有功能的關節，也就是**股髕關節（femoropatellar joint）**。股脛關節和股髕關節雖然功能不同，但是彼此功能相關，**屬於同一個解剖學關節**，也就是膝關節。

　　打個比方，膝關節**只討論屈曲伸直**時，可以描述成滑車狀表面在兩道彎曲凹槽上滑動**（圖 41）**。然而，實際情況更加複雜，後方章節會進一步解說。

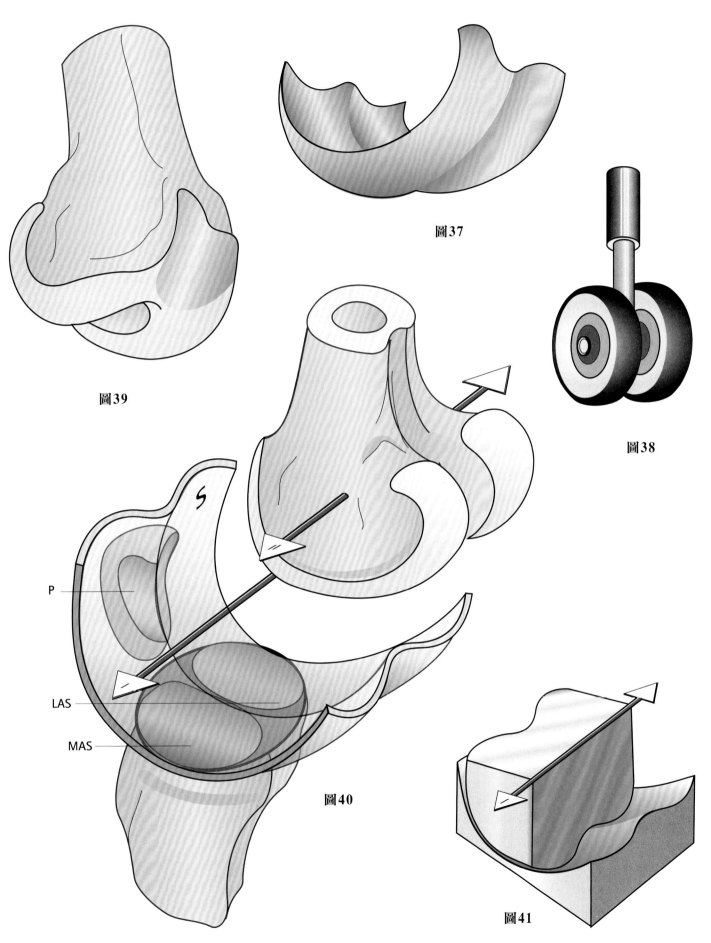

圖37

圖39

圖38

圖40

P

LAS

MAS

S

圖41

脛骨關節表面與軸向轉動的關係

如前面章節所述，膝關節只能做出屈曲伸直動作。事實上，脛骨位於股骨下方，不鋒利的脛骨髁間隆起緊緊嵌在整個股髁溝裡，阻礙了脛骨表面在股骨表面上做軸向轉動。

如此一來，**如果想要做出軸向轉動**，脛骨表面（**圖 42**）必須讓脛骨髁間隆起這個中央鈍嵴變短，作為樞紐，所以我們把中央鈍嵴的兩端變平（**圖 43**），留下中間的部分當作**樞紐**，緊緊卡在股髁溝裡，讓脛骨可以轉動。樞紐正對**髁間隆起及兩個髁間結節**，髁間隆起及兩個髁間結節外側接續內側脛骨關節表面，內側接續外側脛骨表面。垂直軸（R）負責垂直轉動，就通過上述中間樞紐，更準確來説，是通過中間髁間結節。某些著作把兩個十字韌帶當作中間樞紐，認為是膝縱向轉動的軸。這種表達方式並不恰當，因為**概念上**樞紐應該是個**實心支點（solid fulcrum）**，**中間髁間結節（medial intercondylar tubercle）**更符合作為**膝的真**

正力學樞紐。至於十字韌帶，用**中央連結**來形容似乎更適當。

本書提出的脛骨關節表面結構更容易理解，還有**力學模型**可以參考。

首先從兩個組件開始（**圖 44**），上面的組件有溝槽，下面的組件有榫，大小完全與溝槽契合。這兩個組件可以**彼此滑動**（箭號），但是不能轉動。如果把榫的兩端去掉，完整留下中間部分，直徑不超過溝槽（**圖 45**），就會得到一個**圓柱榫**，可作為**樞紐**，與溝槽完全吻合。

這樣一來（**圖 46**），這兩個組件就可以一起做出**兩種動作**：

- **滑動（sliding movement）**，中間樞紐在溝槽上滑動（上方箭號），就像是屈曲伸直動作。
- **轉動（rotational movement）**，中間樞紐在溝槽上轉動（下方箭號），如同小腿的軸向轉動。

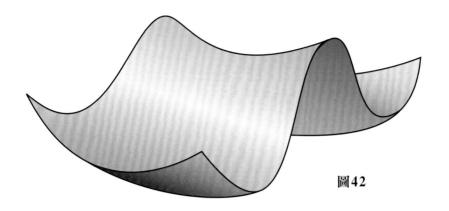

圖42

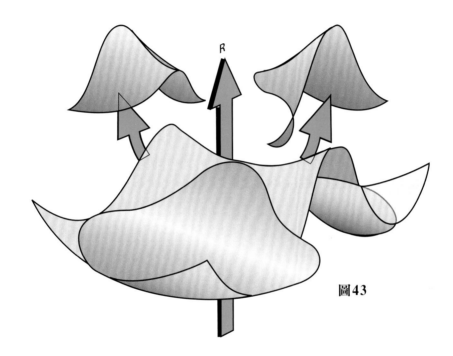

圖43

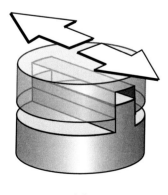

圖44

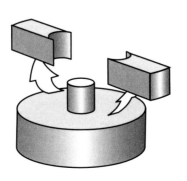

圖45

圖46

股骨髁和脛骨關節表面的輪廓

股骨髁的**下方表面（圖 47）**有兩個雙凸突起，前後比左右更長。股骨髁彼此並非完全一模一樣：前後長軸沒有平行，**後方沒有交會。**此外，內側髁（M）更加突出，也比外側髁（L）**狹窄**。滑車與髁關節表面之間有**內側和外側斜槽**（og），內側比較明顯。

滑車溝（tg）的軸和髁間窩（f）的軸成一直線。滑車的外側面板比內側更凸。

圖 48（**冠狀切面**）顯示，股骨髁的突出在水平切面上與脛骨關節表面的凹陷吻合。

要探討**矢狀切面上股骨髁及脛骨關節表面的彎曲**時，最好採用垂直矢狀切面 **aa'** 及 **bb'（圖 48）**。**圖 50 和圖 52**、圖 51 和圖 53 這兩組剖面是參考活體骨骼繪製而成，可以很準確地呈現股骨髁與脛骨關節表面的輪廓。我們可以清楚看到，股骨髁彎曲的半徑並不一致，呈現**螺旋**狀。

從幾何學來看，**阿基米德螺旋（spiral of Archimedes，圖 49）**是從中心點 C 出發，每一條半徑 R 夾角都是 R'，長度也隨之增加。

股骨髁的螺旋曲線則相當不同，雖然曲線半徑由後往前增加，如同內側髁從 17 公釐變成 38 公釐**（圖 50）**，外側髁從 12 公釐變成 60 公釐**（圖 51）**，但是兩個螺旋都不只有一個中心，而是數個中心，內側髁位於另一個螺旋 mm' 上，外側髁位於 nn' 上。如此一來，內側和外側股骨髁呈現**螺旋中有螺旋（spiral of a spiral）**，Rudolf Fick 將此命名為**漸曲線（evolute curve）**。

除此以外，從股骨髁剖輪廓的點 **t** 起，彎曲半徑往前逐漸變小，內側髁從 38 公釐變成 15 公釐**（圖 50）**，外側髁從 60 公釐變成 16 公釐**（圖 51）**。

脛骨關節表面的前後輪廓（圖 52 和圖 53）彼此不同：

- 內側關節面**（圖 52）**上方是**凹面**，曲線中央位於上方，半徑相當於 80 公釐。

外側關節面**（圖 53）**上方是**凸面**，曲線中央 O' 位於下方，半徑相當於 70 公釐。

內側關節面是雙凹，外側關節面的水平方向是凹面，矢狀方向是凸面（如同活體骨骼可見），因此內側股骨髁在內側脛骨表面上相對比較穩定，**外側股骨髁在「山丘狀」的外側脛骨表面上比較不穩定**，所以運動時的穩定性取決於前十字韌帶（ACL，**圖 84**，P.95）有無受損。

除此之外，股骨髁和脛骨表面的曲線半徑不相等，導致關節表面不契合：膝是典型的不契合關節，加上**半月板（menisci）**才能達到契合（P.97）。

同樣的，內側髁的曲面中心位於螺旋 m'm"上，外側髁則是在 n'n"上。在單一髁上，中心點連成的線呈現背對背螺旋，交會尖端非常銳利（m' 及 n'），對應到股骨髁輪廓上這兩段曲線的轉變點：

- 後方到點 t，這段屬於**股脛關節**。
- 前方到點 t，這段髁和滑車屬於**股髕關節**。

因此，轉變點是**股骨髁的最遠點**，能夠接觸到脛骨表面。

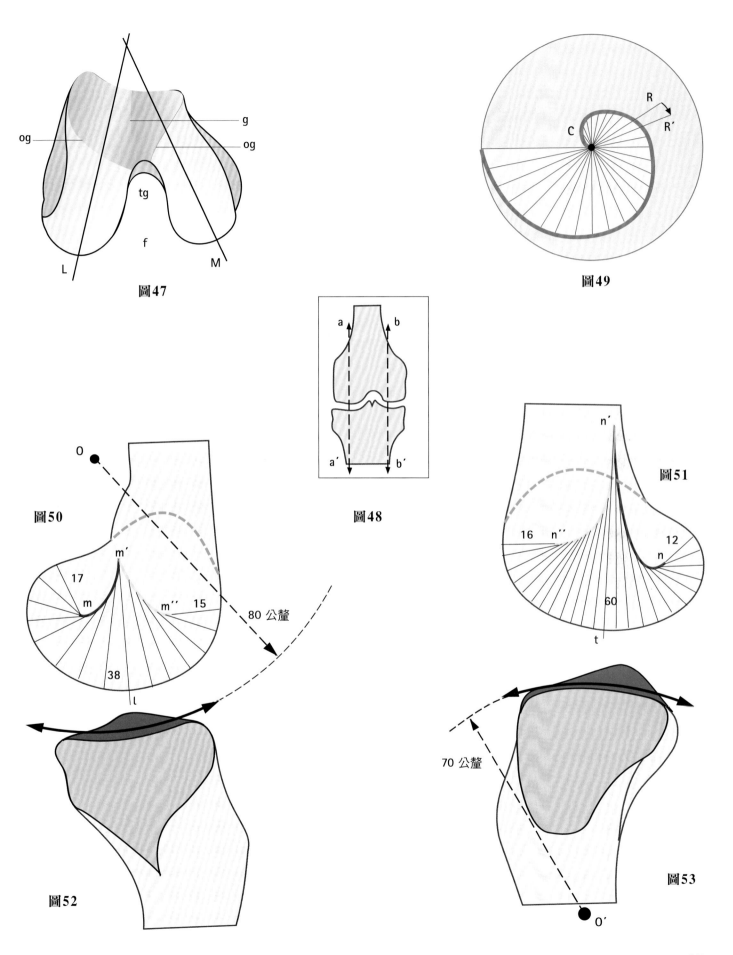

圖47

圖49

圖48

圖50

圖51

圖52

圖53

og

g

og

tg

f

L

M

R

R′

C

a

b

a′

b′

O

m′

17

m

m″   15

38

l

80 公釐

n′

圖51

16   n″

12

n

60

t

70 公釐

O′

髁滑車輪廓的決定因素

筆者用**力學模型（圖 54）**證明，股骨滑車和股骨髁的輪廓是由幾何表面決定（柯龐齊〔A.I. Kapandji〕，1966），除此之外，決定因素還有十字韌帶與股骨和脛骨附著處的關係，以及髕骨韌帶、髕骨、髕骨支持帶三者之間的關係（見本書末尾的模型 2）。**這個模型動起來時（圖 55）**，脛骨關節表面和髕骨的**包絡線（envelope）**勾勒出*股骨髁和股骨滑車的輪廓（圖 56）*。

後側髁滑車輪廓的脛骨部分（圖 57）由脛骨關節表面的連續軌跡（1–5）決定，脛骨如同僕從般讓股骨用前十字韌帶（紅色）和後十字韌帶（藍色）綁著；這兩條韌帶畫出的圓弧線，有個中心位於股骨連接處，半徑即是韌帶長度。因此，最大屈曲時，股脛關節前方有間隙，因為這時前十字韌帶放鬆，而後十字韌帶在這樣的屈曲末端時會被拉伸。

前側髁滑車輪廓的髕骨部分（圖 58）是由髕骨的連續軌跡（1–5，以及所有中間位置）所決定，髕骨由支持帶連接至股骨，由髕骨韌帶連接至脛骨。

髕骨和脛骨勾勒出的髁滑車輪廓有個**轉變點（transition point）**t（**圖 50 和圖 51**，P.85），是股脛關節和股髕關節的交界。

藉由十字韌帶連結順著股骨滑動，可以繪製出髁和滑車的一系列曲線，顯示出每個人的膝關節都有其特點。從幾何學看來，世界上沒有兩個膝一模一樣；因此*很難做出完美的膝關節義肢*，只能**大致接近原肢**。

十字韌帶接受整形手術或**置換成人工韌帶**時，也會遇到同樣的問題。舉例來說，假如前十字韌帶在脛骨上的附著處變得更靠近前方**（圖 59）**，與股骨連接並畫出的圓弧輪廓會變得更往前**（圖 60）**，髁輪廓也會與原本不同。如此一來，某些力學動作便可能會過度磨損關節軟骨。

維也納的 A. Menschik 博士早在 1978 年就使用純幾何分析法，再次驗證了上述論點。

幾何學決定髁滑車輪廓這項理論基礎明顯是根據**等距假設（isometry hypothesis）**，亦即**十字韌帶的長度不變**，但是這點尚未經過實際觀察驗證（見下文）。即使如此，這個論點還是能夠解釋許多現象，並且可以作為參考依據，用來研發新的十字韌帶手術。

不久前，Frain 等人解剖分析 20 個膝後建立數學模型，證實**包絡曲線**理論，強調十字韌帶與副韌帶之間具有常數函數關係。電腦繪製出股骨和脛骨間每個常數點的速度向量後，精準再現髁輪廓的包絡線。

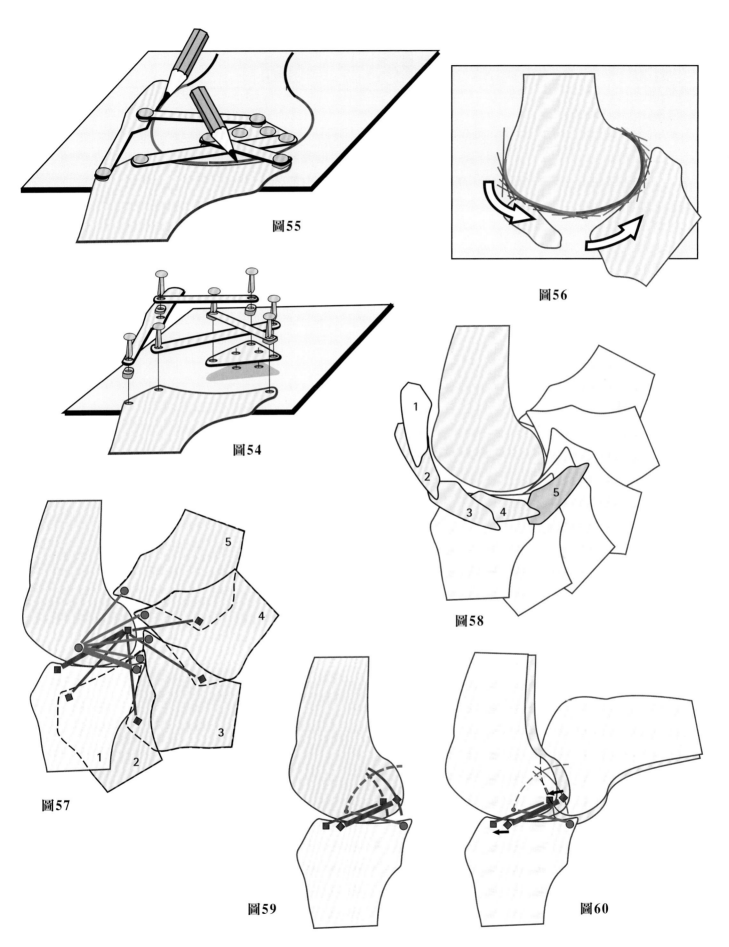

圖 55

圖 56

圖 54

圖 58

圖 57

圖 59

圖 60

屈曲伸直時股骨髁在脛骨平台上的動作

股骨髁的表面呈現圓弧形，可能讓人誤以為股骨髁在脛骨平台上只有滾動。現實世界中，**輪子在地面上只有滾動而沒有多加上自身轉動時（圖 61）**，地面接觸點都可以對應到輪圈上的點，因此地面上的距離（OO"）恰恰剛好等於滾動時接觸地面的部分圓周，也就是圖中三角形和菱形之間的圓周長度。假如屈膝某個程度以後（姿勢 II），**股骨髁只有滾動（圖 62）** 而已，股骨髁會向脛骨平台後方傾倒，這個動作等於關節脫位，如果不是這樣脛骨平台的後方會需要變得更長。如此一來股骨髁就不可能只有滾動，因為股骨髁的輪廓長度整個是脛骨表面的**兩倍**。

如果我們假設**輪子只滑動而不滾動（圖 63）**，那麼圓周長度就只對應到地面上單一個點。這個情況就像在冰上開車時，會一開始空轉一樣。假設**股骨髁在脛骨平台上只有滑動而已（圖 64）**，脛骨平台上的一個點會對應股骨髁表面上所有接觸點，但是這種情況會提前限制住屈曲動作，因為股骨髁會接觸到脛骨表面的後緣（箭號）。

我們也可以想像輪子**滾動同時又加上自身滑動（圖 65）**，也就是轉動加上向前移動。這麼一來，輪圈長度（藍色菱形與藍色三角的距離）相對就比地面接觸距離（OO'）還要更長，等於地面上是藍色菱形到白色三角形的距離。

西元 1836 年時，**Weber 兄弟已經用實驗證實（圖 66）**，生物的真實運作方式也是如此。實驗中測量許多介於伸直極限及屈曲極限之間的姿勢，在軟骨上標記股骨髁以及脛骨關節表面的接觸點。如此一來便可以觀察到，屈曲時脛骨的接觸點向後移動（伸展是藍色三角；屈曲是藍色菱形）；不僅如此，股骨髁上接觸點

的距離，也是脛骨表面上接觸點距離的兩倍。**這項實驗毫無疑問地證實股骨髁在脛骨平台上不僅滾動而且加上滑動。** 總歸來講，這是唯一的方法可以讓股骨髁做出更大幅度的屈曲，例如屈曲 160°（可以比較看看**圖 64 和圖 66** 的屈曲），但又不會發生後方脫位。請記得，本冊末尾的模型 3 可以用來再現上述實驗。

後來 Strasser 在 1917 年也有進行實驗，顯示屈曲伸直的整個動作中滾動與滑動的比例並非固定不變。股骨髁從伸直極限開始動作時，其實只有滾動而沒有滑動，接著滑動會越來越多，直到屈曲極限時就只剩滑動，沒有滾動了。最後，純滾動的長度也因股骨髁而異：

- 以內側髁來講（**圖 67**），滾動只有發生在屈曲一開始的 10-15°。
- 以外側髁來講（**圖 68**），直到屈曲 20° 都還有滾動。

因此，外側髁的滾動比內側髁還多，這也解釋為什麼外側髁在脛骨平台上的移動距離比內側髁還要更長。這項重要發現之後也會用來**解釋自發性轉動**（見 P.150）。

有一件有趣的事情也值得關注，就是開始轉動的 15-20°，其實就是**一般行走時的屈曲伸直範圍**。

Frain 等人指出，股骨髁的曲線輪廓勾勒出的路徑上，每個點可以對應到接觸圓的中心以及移動路徑的中心點。**接觸圓**的中心代表股骨髁曲面的中心。移動路徑的中心點代表股骨在脛骨上轉動的中心點。只有當這兩個圓重合時，才會出現純滾動；否則內側髁和外側髁在屈曲伸展到不同位置時，就會有不同的滑動與滾動比例。

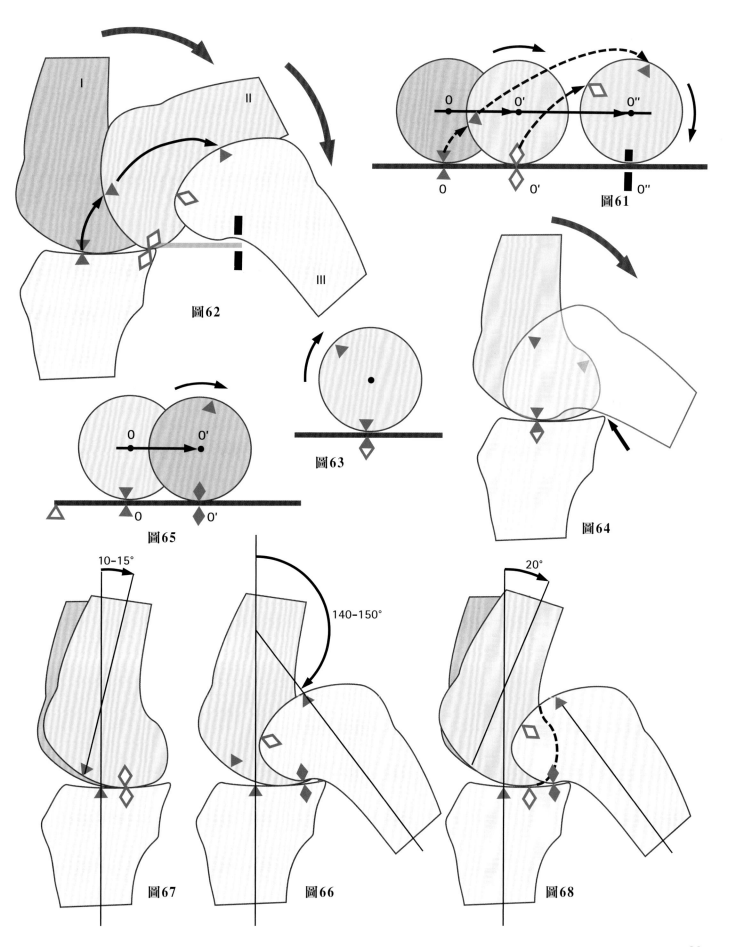

圖62

圖61

圖63

圖65

圖64

圖67

圖66

圖68

軸向轉動時股骨髁在脛骨平台上的動作

接著會説明為什麼只有屈膝時才可以做軸向轉動。在膝半屈而**軸向轉動位於正中位置時（圖 69）**，股骨髁的後側部位會碰觸到脛骨關節表面的中間。如圖所示（**圖 70**：股骨髁的俯視圖，疊加在脛骨關節表面上），股骨髁的透明輪廓位於深色輪廓的脛骨表面上。我們可以看到，屈曲時脛骨髁間隆起會移動到股骨髁間窩外，伸直時則不會。（這個原因也解釋了為什麼伸膝時會限制住軸向轉動。）

脛骨在與股骨接觸時外轉（圖 71），外側髁會在外側脛骨表面上前移，內側髁會在內側脛骨表面上後移**（圖 72）**。

脛骨在股骨上內轉時（圖 73），情況便會相反：外側髁在外側脛骨表面上後移，內側髁在內側脛骨表面上前移**（圖 74）**。事實上，股骨髁在脛骨表面上的前移和後移並不相同：

- **內側髁（圖 75）**在內側脛骨關節表面的雙凹處裡，相對小距離移動（ｌ）。
- **外側髁（圖 76）**在另一邊**外側脛骨表面的凸**

起處，則移動將近兩倍的距離（Ｌ）。外側髁前後移動時會先「爬」上脛骨表面凸起的前坡，到達「山丘」的頂端，在走下後坡。如此一來，股骨髁的「高度」就改變了：（ｅ）。

內側和外側脛骨關節表面的斜坡差異，也反映在髁間結節的輪廓上**（圖 77）**。髁間結節在 xx' 高度的水平切面（ａ）顯示，外側結節的外側（ｌ）前後凸起，就像外側脛骨關節表面；內側結節的內側表面（ｍ）則凹陷，就像內側脛骨關節表面；此外，內側結節明顯比外側結節高，如冠狀切面（ｂ）所示。因此，內側結節可以作為緩衝，減緩內側髁的衝擊，外側結節則可以讓外側髁通過。結果**軸向轉動真正的軸 yy'** 並沒有通過兩個髁間結節之間，而是**通過內側結節的關節表面**，也就是**膝關節的中心樞紐**。如上所述，膝關節軸的內移也導致外側髁移動距離更大。

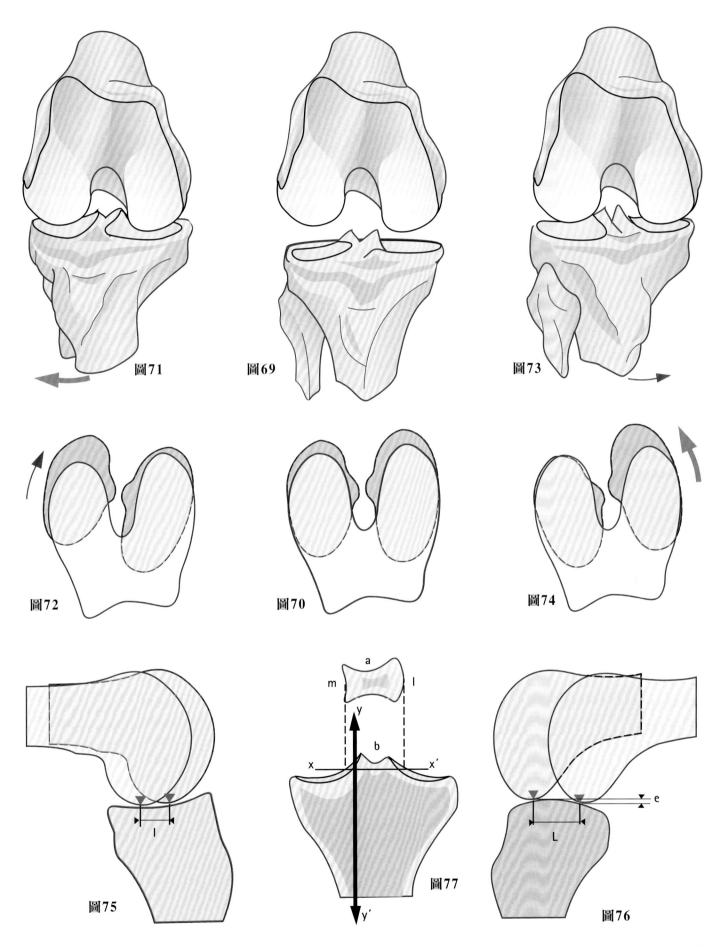

圖71

圖69

圖73

圖72

圖70

圖74

圖75

圖77

圖76

膝關節囊

膝關節囊是個**纖維套**，緊密接觸股骨遠端和脛骨近端，維持股骨和脛骨嵌合，形成膝關節間隙的無骨骼外壁，內側表面是滑膜。

膝關節囊的形狀（圖 78）可以簡單理解成一個後方內陷的圓筒（請見圖中箭號），如此一來矢狀方向便出現分隔，把關節腔分為**內側半部和外側半部**，但是彼此仍然相連。（後文會討論十字韌帶與關節腔分隔的關係；見 P.121。）膝關節囊圓筒的前方也有一個開口，可以容納**髕骨**。膝關節囊圓筒的上端與股骨接觸，下端則接觸脛骨。

膝關節囊與脛骨平台的接觸相對來講比較容易說明（圖 79）。膝關節囊附著於（1：綠色虛線）脛骨關節表面的前方、外側、內側邊緣。膝關節囊的後方內側與後十字韌帶（PCL）的脛骨附著處交織；後方外側則在後側髁間區域平面上繞著外側脛骨關節表面，然後接到後十字韌帶的脛骨附著處。膝關節囊並沒有因為十字韌帶（PCL 和 ACL）而延伸，**韌帶間縫隙**（2）會由韌帶的滑膜內襯填補，也可能是為髁間窩的**關節囊增厚**。

關節囊的股骨附著處則比較難說明：

* **從前方來看**（圖 80：股骨髁的下方前外側視圖），關節囊繞著滑車上窩（7），形成深凹**（圖 82 和圖 83）**，也就是髕骨上滑液囊

（5）。後文會討論髕骨上滑液囊的重要性（見 P.95 及 P.103）。

* **從內側和外側來看（圖 80 和圖 81）**，關節囊沿著滑車溝的邊緣形成髕骨旁凹（見 P.102），然後繼續沿著軟骨覆蓋的髁關節表面，形成**契弗爾（Chevrier）坡狀關節囊附著**（8）。

  在外側髁上，關節囊位於**膕肌肌腱關節囊內附著處**上方（P），因此也在關節囊內**（圖 80）**。

* **從後上方來看（圖 81）**，關節囊繞著髁關節表面的後上方邊緣，距離腓腸肌（G）的內側頭和外側頭起點有一段距離。因此，膝關節囊位於腓腸肌的內側表面，把腓腸肌與髁關節表面隔開；這個部位的關節囊會增厚，形成後**髁骨板**（6）（見 P.114 及 P.120）。

* 在**髁間窩**（圖 82 和圖 83：股骨呈現矢狀切面），關節囊附著於內外股骨髁的內側表面，沿著關節軟骨，然後到切跡深處，就像一座橋。關節囊附著於內側髁的內表面**（圖 82）**，與**後十字韌帶的股骨附著處**（4）交織。關節囊附著於外側髁的內表面**（圖 83）**，與**前十字韌帶的股骨附著處**（3）交織。

同樣的，十字韌帶的附著處也與膝關節囊交織並且強化結構。

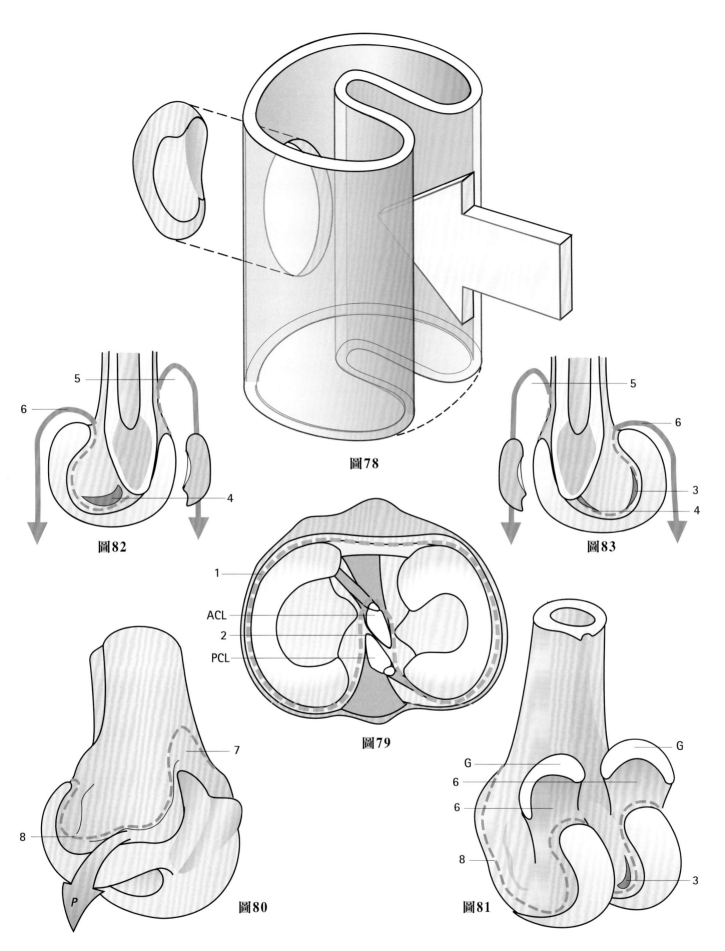

圖78

圖82

圖83

圖79

1

ACL

2

PCL

圖80

P

圖81

G

G

6

6

8

3

5

6

4

5

6

3

4

7

8

韌帶黏膜、滑膜皺襞與關節容量

死腔（dead space）的邊界是脛骨平台的前方髁間窩、髕骨韌帶、股骨的髕骨表面下方部分（**圖 84**：膝的後方內側視圖，去掉股骨內側半部）。死腔充滿**相當大塊的脂肪組織**，稱為**髕骨下脂肪墊（infrapatellar fat pad，1）**。脂肪墊的形狀像**四角錐**，底部接觸髕骨韌帶（3）的內側表面（2），然後向前方髁間窩延伸。從膝的前方看，並且把向下傾斜的髕骨拿開（**圖 85**），可以看到脂肪墊的淺層表面（4），藉由**纖維脂肪束（fibroadipose band）**附著，從髕骨尖延伸至髁間窩後側（**圖 84 和圖 85**），也就是**韌帶黏膜（ligamentum muco-sum，5）**，或者稱為**髕骨下皺襞（infrapatellar plica）**。韌帶黏膜向雙側延伸，形成**翼狀褶**（alar fold，6），附著於髕骨下半部的外側邊緣。脂肪墊的作用是「填補」膝關節的前側，這個部位在屈膝時會受到脛骨韌帶擠壓，然後**擠到髕骨尖的兩側**。

韌帶黏膜是**演化殘留的中膈構造**，會把膝關節分為兩半，但是在胎兒滿 4 個月後便失去作用。成人的膝通常可以看到一道**凹陷**（**圖 84**），位於韌帶黏膜與十字韌帶（箭號 I）形成的內側分隔之間。膝關節的外側和內側半部的中間，便是這道孔口，以及另一道位於髕骨後方的韌帶黏膜（箭號 II）上方的開口。部分成人仍然具有中膈，膝關節內外側半部只有在韌帶黏膜上方相連。

膝的滑膜具有**三個皺褶**（**圖 89**：矢狀切面的內半側膝），一般人都是如此 Dupont 指出有 85％的膝都是如此），但是有些人並不是這樣。如今藉由關節鏡，我們得以瞭解這些少數個案的情況，分別敍述如下：

- **髕骨下皺襞**，也就是**韌帶黏膜**（5）延伸自滑膜，也就是髕骨下脂肪墊的內襯（佔少數個案的 65.5％）。

- **髕骨上滑液囊**（6），有 55.5％的少數個案如此，會形成部分或完全髕骨上水平分隔，把髕骨上滑液囊從關節腔分開。滑液囊連接可能不正常地充滿液體，也就是「膝內有水」，導致膝上腫脹且充滿液體。

- **髕骨內皺襞**（mediopatellar plica，7），可見於 24％的少數個案，形成不完整的「板架」（shelf，屬於美式英語說法），從髕骨中隔水平延伸至股骨。這種情況下髕骨內皺襞的邊緣並沒有附著處，並且會摩擦內側髁的內緣，因而導致疼痛，需要盡快接受關節鏡切除手術治療。

關節腔的容量在正常和非正常情況下不同。關節內滲出滑膜液（**關節積水（hydrar-throsis）**）或滲血（**關節出血（haemarthro-sis）**）並且逐漸累積時，會使得關節腔容量變大。液體會累積在**髕骨上滑液囊**（Sb）和**髕骨旁凹**，也會在後方的髁後滑液囊（Rc），位置在髁骨板的內側深處。

關節內液體的分布會因為**膝關節姿勢**而不同。**伸膝時（圖 87）**，髁後滑液囊會受到腓腸肌擠壓，關節內液體會轉移到前側（白色箭號），聚集到髕骨上滑液囊及髕骨旁凹。**屈膝時（圖 88）**，前滑液囊會受到四頭肌擠壓，關節內液體會移動至後方（白色箭號）。動作介於完全屈膝與完全伸膝之間時，有個**姿勢具有最大的關節腔容量（圖 86）**，此時關節內液體壓力**最小**。膝滲液患者會做出這種半屈曲姿勢，因為疼痛感會大幅減低。

一般情況下，**滑膜液體**非常少，量只有幾 cc，但是屈曲伸直動作會讓**關節表面不斷浸泡在**新鮮的滑膜液中，以這種方式提供關節軟骨**充足養分**，並且潤滑彼此接觸的關節表面。

請留意圖 89 中股四頭肌（Q）和膝關節肌（AG）會支撐髕骨上滑液囊。

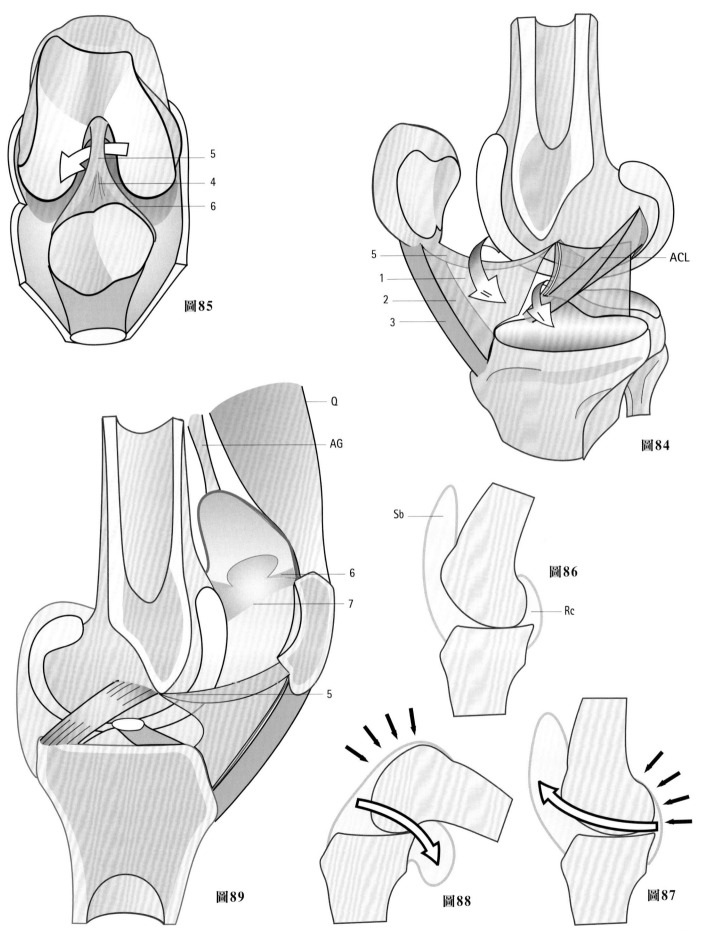

圖85

圖84

圖86

圖89

圖88

圖87

關節間半月板

　　膝關節表面並非完全契合（見 P.84），必須藉助中間**半月板（menisci），也就是半月軟骨（semilunar cartilage）**才能達到完全契合。半月板的形狀很容易理解**（圖 90）**，只要觀察球體（S）放在平面（P）上時，就會知道只有很少的部分彼此接觸，如果想要填補球體與平面之間沒有接觸的部分，只需要在兩者間放入一個環狀體。環形體具有三個面，分別位於球體（S）、平面（P），及以切線方式與球體接觸的圓筒面（C）。環狀體（3，圖中紅色）的形狀便與半月板完全一致，在切面上呈現三角形，具有下列三個面：

- **內側面，或稱中軸面**（1），與球體接觸。
- **外圍面**（2），位於圓筒上。
- **下方面**（4），位於平面上。

　　我們用分解圖的方式檢視半月板與韌帶組成的複雜構造**（圖 91）**，把半月板往上抬高與脛骨關節表面分開，讓**內側半月板（MM）**和**外側半月板（LM）**在同一個水平面上，分別位於**內側脛骨關節表面（MAS）**和**外側脛骨表面（LAS）**的上方。圖中也可以看到，半月板的**上方**凹陷表面（1），與股骨髁接觸（圖中沒有顯示）；**外圍面**（2）附著於關節囊內側面（背景中藍色部分）；**下方表面**沒有附著於關節囊內側面，而是位於脛骨關節表面的外側邊緣上，由髁間結節（3）分開。圖中只能看到內側髁間結節。

　　內側和外側半月板在**髁間結節**的面上沒有構成完整的圓形，看起來像兩個**新月形**，彼此都有**前角**及**後角**。外側半月板的前後角較靠近，內側半月板的前後角則沒有那麼接近彼此，因此外側半月板幾乎快要構成一個完整的圓，**就像英文字母 O 的形狀**，內側半月板則是半月形，**形狀就像英文 C（圖 92）**。

　　內外側半月板在兩個關節面之間並非自由滑動，而是具有**附著固定並且具有重要功能**。

- 圖 93（**膝的冠狀切面**）可以看到關節囊（c）在半月板外圍面的附著處。半月板在切面中以紅色顯示。

- 在脛骨平台上**（圖 91）**，半月板的前角和後角分別牢牢固定在前髁間區（6）及後髁間區（7），如下：
  - 外側半月板的前角（4）就在外側髁間結節的前側。
  - 外側半月板的後角（5）就在外側髁間結節的後側。
  - 內側半月板的前角（6）在前髁間結節的前方內側。
  - 內側半月板的後角（7）在後髁間結節的後方內側。

- 內外側半月板的前角由**橫韌帶**（8）相連。膝關節橫韌帶藉由髕骨下脂肪墊的組織束附著於髕骨。

- 纖維束從髕骨（R）外緣連接至半月板，形成髕骨支持帶（9）。

- 內側副韌帶（MCL）藉由自身**最後側纖維**（2）附著於內側半月板的內側緣。

- 外側副韌帶（LCL）與半月板隔著膕肌肌腱（Pop）。膕肌肌腱的**纖維延伸組織**（10）連接半月板的後緣，形成一般所稱的**膝關節後外角**。後文會討論膝關節後外角如何保護膝外側。

- **半膜肌肌腱（semimembranosus tendon，11）**也有纖維延伸組織連接至內側半月板的後緣，形成**膝關節後內角**。

- 後十字韌帶的纖維分別附著於外側半月板的後角，形成**半月股骨韌帶**（12）。此外也有一些前十字韌帶的纖維，附著在內側半月板

的前角（見 P.119 **圖 166**，圖中編號 5）。

- 冠狀切面**（圖 93）**、內側矢狀切面**（圖 94）**、外側矢狀切面**（圖 95）**可以看出，**半月板位於股骨髁表面與脛骨關節表面之間**，但是沒有接觸到脛骨關節表面的中央以及髁

間結節區域；也能看出半月板藉由髕骨支持帶（9）附著至髕骨，此外亦附著於關節囊 c；還能看出半月板怎麼把膝關節分為兩個腔室：半月板**上腔室**及半月板**下腔室（圖 93）**。

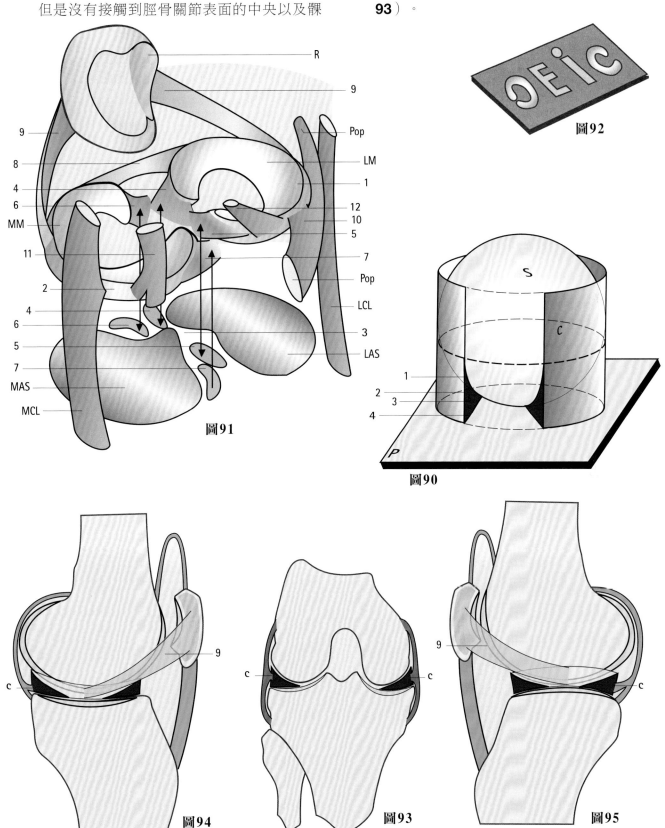

圖 92

圖 91

圖 90

圖 94　　　　圖 93　　　　圖 95

屈曲伸直時半月板位移

如前文所述（P.88），股骨與脛骨關節表面的接觸點，在屈曲時會往後移，伸直時前移。我們可以輕易地從觀察解剖標本上的韌帶和半月板，瞭解半月板在屈曲伸直時會如何移動。**伸直時**（圖96，後方內側視圖），內外脛骨關節表面的後側會顯露出來，**尤其是**外側關節表面（LAS）。**屈曲時**（圖97，後方內側視圖），內側半月板（MM）和外側半月板（LM）覆蓋脛骨關節表面的後側，尤其是**外側半月板**，會延伸到外側脛骨表面的後側。

圖片顯示上述半月板覆蓋脛骨關節表面，是從伸直位置開始（**圖98**），半月板已經位於前側位置，屈曲時會向後移動，但是內外側半月板的移動程度不一（**圖99**），外側半月板（LM）後退距離是內側半月板（MM）的兩倍，外側半月板移動距離達到 12 公釐，內半月板是 6 公釐。此外也有一點可以從圖中輕易看出，就是後退時**半月板會變形**，因為半月板的前後角附著在**固定位置**，其他部分則沒有固定且可以移動。外側半月板的變形和移動程度都比內側半月板大，因為外側半月板的前後角較靠近。半月板毫無疑問地非常重要，是具有彈性的連接組織，可以轉移股骨與脛骨之間的壓力（**圖 101 和圖 102**，黑色箭號）。值得注意的是，**伸直時**股骨髁在脛骨關節表面上曲線半徑最大（**圖 100**），半月板緊緊嵌合在股骨和脛骨的關節表面之間。這種情況下的半月板在完全伸膝時，會促使壓力轉移。相反的，**屈曲時**，股骨髁在脛骨關節表面上曲線半徑最短（**圖 103**），半月板只有部分與股骨髁接觸（**圖 105**）。此時的半月板以及放鬆的副韌帶（見 P.108），**會更方便關節做出動作，雖然穩定性會下降**。

半月板移動的機制可以分為**兩類**：被動和主動。

被動機制只有一個，與半月板平移有關：股骨髁**推擠半月板**，就像用兩個手指把櫻桃核往前推一樣。解剖標本上可以完整觀察到這個單純的機制，半月板除了**前後角附著處**以外的其他部分都會如此（**圖 96 和圖 97**）。膝關節表面非常光滑，半月板就像「楔形物」，股骨髁就像「輪子」，脛骨就像「地面」，輪子可以輕易在光滑的地面上把楔形物**彈開**（非常沒有效果的阻擋機制）。

主動機制有許多種：

- **伸直時**（**圖 101 和圖 102**），髕骨支持帶（1）會把半月板往前拉。髕骨向前移動時會使得髕骨支持帶拉長（見 P.103），因為會沿著橫韌帶拖移。此外，半月板股骨韌帶（2）會把外側半月板的後角（**圖 102**）往前拖（見 P.123）。

- **屈曲時**，**半膜肌肌腱延伸組織**（3）會把內側半月板（**圖 104**）往後拉。半膜肌肌腱延伸組織附著在內側半月板後緣。**前十字韌帶的纖維組織**會把前角往前拉。前十字韌帶的纖維組織也附著在內側半月板（4）。**膕肌延伸組織**（5）會把外側半月板向後拉（**圖 105**）。

半月板能夠抵消股骨與脛骨之間壓力這點非常重要，但是卻一直沒有受到重視，直到有一位患者接受「常規」半月板切除術後提早出現關節炎，比未接受手術的人更早發生。自從有關節鏡以後，這方面的瞭解有個長足的進展。第一點，關節鏡可以更完善評估關節造影影像上有爭議的半月板病灶（假陽性），這種病灶可能導致診斷結果是患者需要接受常規半月板切除術。（切除半月板看看是不是半月板異常，真是種不符合邏輯的做法！）第二點，關節鏡可以**「量身打造」半月板切除術或部分半月板切除術**，只移除會導致機械性窄迫或導

致關節軟骨受損的半月板組織。第三點，關節鏡能夠教會我們一件事：偵測半月板病灶只是診斷的一部分，**因為半月板和軟骨的病灶往往潛藏著韌帶問題。**

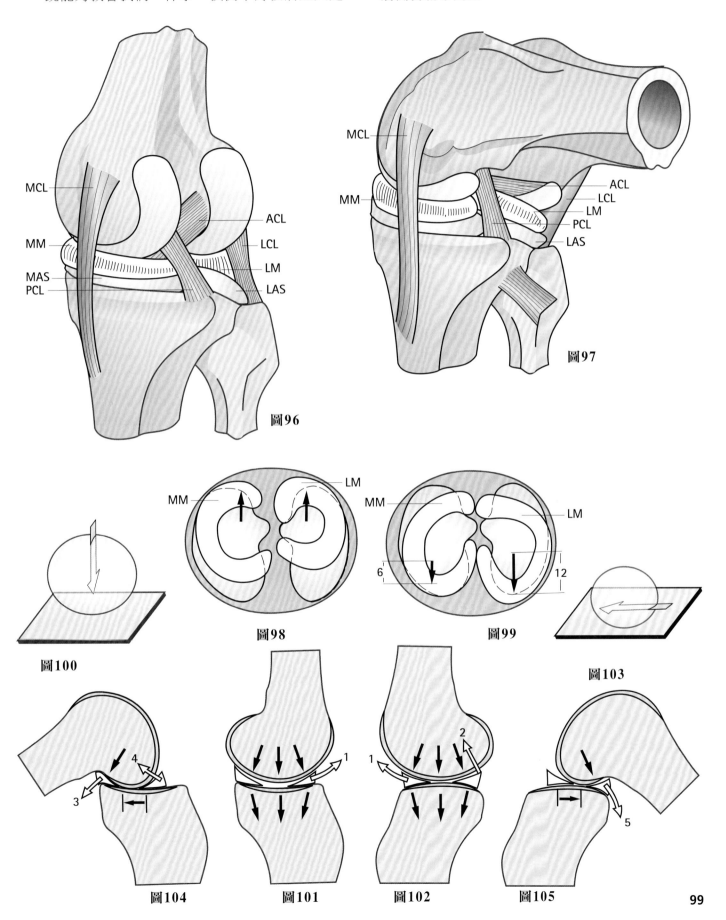

MCL
MM
MAS
PCL
ACL
LCL
LM
LAS

圖96

MCL
MM
ACL
LCL
LM
PCL
LAS

圖97

MM
LM

圖98

MM
LM
6
12

圖99

圖100

圖103

圖104

圖101

圖102

圖105

軸向轉動及半月板損傷時的半月板位移

軸向轉動時半月板會跟著股骨髁在脛骨平台上移動（見 P.99）。膝關節處於**軸向轉動的正中位置**時（圖 106：右脛骨平台），外側半月板（LM）和內側半月板（MM）會分別好好待在外側和內側脛骨關節表面中央。膝關節轉動時，可以看到半月板彼此往相反方向移動：

- 脛骨在股骨下**外轉時**（圖 107：紅色箭號是脛骨平台的轉動方向），外側半月板（LM）在脛骨關節表面上會往前移動（1），內側半月板（MM）會往後移動（2）。
- 內轉時（圖 108：箭號顯示脛骨逆時針轉動），內側半月板（MM）前進（3），外側半月板（LM）後退（4）。

同樣的，半月板移動也伴隨著固定點旁**變形**。固定點就是半月板前後角附著處。**外側半月板的移動距離是內側半月板的兩倍。**

膝關節軸向轉動時，半月板移動**大多屬於被動**，是由股骨髁拖動，但是也有部分屬於主動，像是脛骨上方髕骨移動時**髕骨支持帶的張力**（見 P.107），會把其中一個半月板往前拉。

假如膝動作時半月板沒有跟著股骨髁在脛骨平台上移動，半月板可能會受傷，會看到半月板出現在不正常的位置，然後半月板就會像「在打鐵砧台上給鐵鎚敲碎」。舉例來講，這種情況會發生在**膝關節過度伸直**時，像是大力踢足球，伸膝會使脛骨施力於股骨，結果其中一個半月板來不及往前移動（**圖 109**），**卡在股骨髁與脛骨關節表面中間**（兩個白色箭號）。這種事情經常發生在足球選手身上（**圖 116**），會導致（**如圖 114**）橫向撕裂（a）及**前角脫落**（b），然後半月板出現摺疊。

還有另一種情況會導致半月板受損，是**外翻**（1）加上**外轉**（2）導致**膝扭轉（圖 110）**：內側半月板會往膝關節中心拖移，就在內側髁凸面的下方，因為人體會想要修正這種膝扭轉，結果半月板會來不及反應，卡在股骨髁與脛骨關節表面之間，然後可能導致三種後果：第一種是**半月板縱裂**（圖 111），第二種是**半月板完全脫離關節囊**（圖 112），第三種是**半月板複雜型撕裂**（圖 113）。半月板病灶屬於縱向時，半月板可以自由移動的中心部位會翹起來卡在髁間窩，造成「**水桶提把狀病灶**」（bucket-handle lesion，圖 111）。足球選手彎著腳跌倒時，還有深坑礦工在狹窄的煤礦中蹲著工作時（**圖 117**），都很容易出現這種問題。

半月板受損還可能有一種情況，是**發生在十字韌帶斷裂後**，例如前十字韌帶斷裂（**圖 115**）。內側股骨髁會失去連結支撐，往前移動導致內側半月板的後角受到破壞並且斷開，導致內側半月板的後方附著點往關節囊旁邊移動或者水平分離（圖 115 的放大圖）。

只要一個半月板撕裂，受損的部位就會無法正常移動，卡在股骨髁與脛骨關節表面之間：膝關節就會因此在某個屈曲姿勢時**卡住**，半月板病灶越靠近後方情況就會越嚴重，**即使想要用外力做出完全伸直也辦不到。**

此外，還有一點值得留意，就是受損的半月板由於沒有血管供應，會**無法形成疤也無法自行修復**。

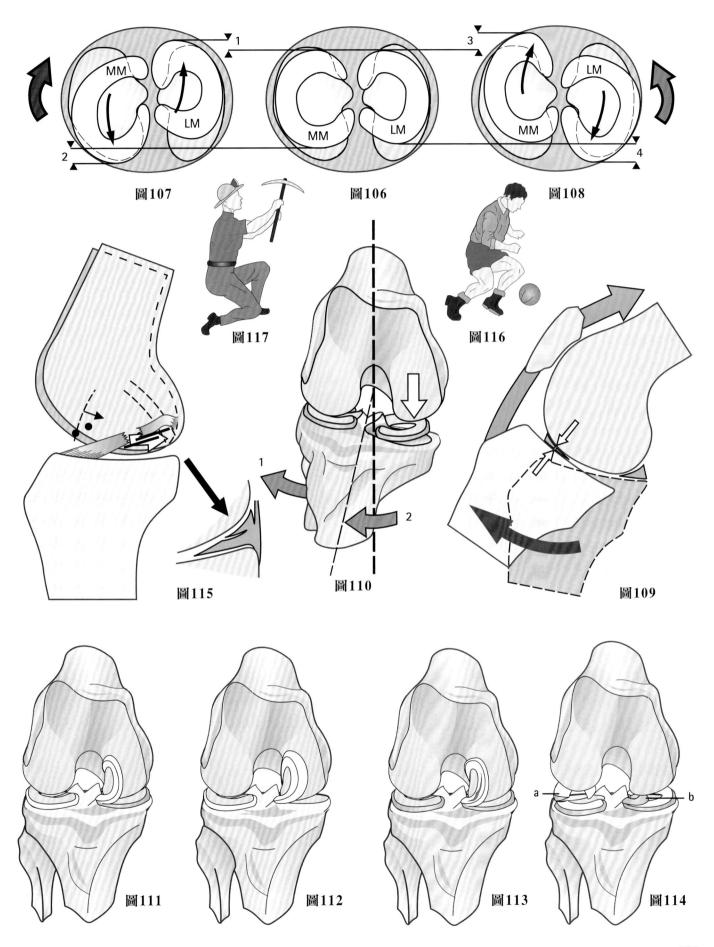

圖107

圖106

圖108

圖117

圖116

圖115

圖110

圖109

圖111

圖112

圖113

圖114

與股骨相關的髕骨位移

膝伸肌的運作方式是在股骨遠端滑動，**就像繩子在滑輪上（圖 118a）**，但是股骨滑車是固定的滑輪（**圖 118b**），並且有髁間窩（**圖 119**），形成垂直凹槽（**圖 118b**），可讓髕骨滑動。股四頭肌的力量是朝向斜上方稍微外側，但是受到結構影響，方向會變成非常垂直。

因此**屈膝時髕骨在股骨上的正常移動**，是垂直沿著股骨滑車的中央槽滑動，往下可以到髁間窩（**圖 120**，依據放射線造影）。如此一來髕骨的移動距離是本身長度（8 公分）的兩倍，因為髕骨是繞著橫軸轉動。事實上，髕骨的後方表面在伸膝時會直接朝向後方（A），完全屈膝的最後會變成直接朝向上方（B），靠向股骨髁。因此，髕骨所做的是**圓周移動**。

這個重要的移動動作，只有在髕骨**連接至股骨，並且附著物長度足夠**才能完成。膝關節囊有三個深凹在髕骨旁（**圖 120**），也就是上方深入股四頭肌的髕骨上滑液囊（SPB），以及兩側的髕骨旁凹（PPR）。髕骨在股骨髁下從 A 滑到 B 時，這三個凹的皺褶會不見；因為**髕骨上滑液囊的形狀改變**，XX' 會變成 XX"（四倍長度）；因為**髕骨旁凹的形狀改變**，YY' 會變成 YY"（兩倍長度）。這三個凹的滑膜層發炎沾黏時，會無法打開皺褶以及伸長，**髕骨會卡在股骨上**。髕骨無法沿著凹槽下滑，XX' 和 YY' 無法延伸長度。**關節囊縮短**也會造成創傷後或感染後伸膝僵硬。

髕骨「**下滑**」時，**韌帶黏膜也會移動（圖 121）**，從 ZZ' 變成 ZZ"，方向改變了 180°。髕骨「**上爬**」時，髕骨上滑液囊會位於髕骨與股骨滑車之間，但是是由**膝關節肌（AGM）**拉上來。膝關節肌是髕骨上滑液囊的張肌，起點是股中間肌的深層表面。

髕骨一般只會上下移動，不會左右移動。事實上，股四頭肌會讓髕骨緊密貼合溝槽（**圖 122**），屈膝時貼合的力量更大。伸膝到最後時（**圖 123**），施力會變小，甚至過度伸直時水平施力方向會反過來（**圖 124**），使得髕骨**與股骨滑車有段距離**。這時（**圖 125**），髕骨**會往外側拉動**，因為股四頭肌肌腱和髕骨韌帶形成鈍角朝外。只有股骨滑車的外側面板可以組織髕骨往外側移動，剛好股骨滑車的外側也的確比內側更凸（**圖 126**），兩者高度相差為 e。假如股骨滑車外側有先天缺陷（**圖 127**），變得跟股骨滑車內側一樣高甚至比較低，髕骨在完全伸膝時就會脫位，這種情況也會導致**髕骨反覆脫位**。

脛骨在股骨下方外轉，以及膝外翻導致股四頭肌肌腱和髕骨韌帶之間的角度閉合，會導致**髕骨外側穩定**力量的外側向量變大。這些情況會導致外側脫位、半脫位髕骨軟骨軟化症、外側股髕退化性關節炎。

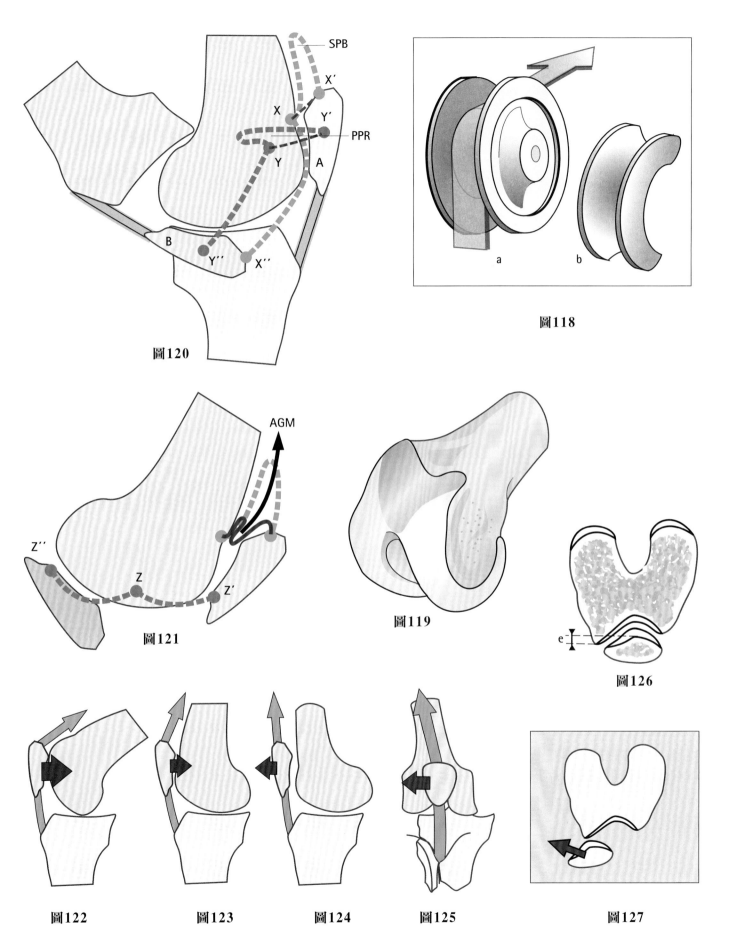

圖120

圖118

圖121

圖119

圖126

圖122

圖123

圖124

圖125

圖127

股骨髕骨關係

髕骨的後方表面（圖 128：左腳髕骨的後視圖），尤其在中央垂直嵴（1），整個是由**最厚的一層軟骨**覆蓋（4-5 公釐厚），因為屈膝時股四頭肌收縮會施加很大的壓力（300 公斤）在髕骨上，例如下樓梯或從蹲踞姿勢站起來時都是如此。試想舉重運動選手舉起 120 公斤時，髕骨要承受多大的壓力！

中央嵴分開**兩個雙凹關節小面**：

- **外側小面**（2）接觸外側滑車面板。
- **內側小面**（3）接觸內側滑車面板。

內側小面上有個不清楚的斜嵴，可以把內側小面再分成主小面及副小面（4），副小面也稱為奇小面，位於髕骨的上方內側，**深蹲時**會接觸到髁間窩的內緣。

屈膝時（圖 129）髕骨在滑車垂直移動，完全伸膝時會接觸到滑車的下方（1），屈膝 30°時會接觸滑車的中間（2），完全屈膝時會接觸到滑車的上方（3）和上外側。我們可以用局部解剖學分析軟骨病灶，找出**屈曲關鍵角度**，然後反過來用**屈曲疼痛的角度**推測出病灶的位置。

目前探討股髕關節的特性時，是使用髕骨的**軸向**放射線影像，或者穿過關節間隙的**外側股髕放射線影像**，利用一連串屈膝 30°（圖 130）、60°（圖 131）、90°（圖 132）的位置觀察左右髕骨，以便可以看到整個關節。

從股髕關節的放射線影像可以觀察到以下：

- **髕骨置中**（尤其是在屈曲 30°的放射線影像上）的評估方式是髕骨嵴與滑車溝的接觸程度，也可以評估髕骨相對於滑車溝外側面板的**外側角的凸出**。這個方法也能用來診斷**外側半脫位**。
- **關節間隙變小**，尤其是外側，評估方法是使用彎角規測量，然後與正常膝關節比較。這個方法可以檢查出嚴重退化性關節炎的軟骨受損。
- **軟骨下骨硬化（subchondral eburnation，也就是 bone sclerosis）**，可能發生在髕骨的外側小面，是嚴重過度承重的徵兆。
- **脛骨粗隆外移**，相較於滑車溝，只能在屈膝 30°和 60°的放射線影像上觀察到，顯示股骨下脛骨**外轉**伴隨半脫位，以及具有嚴重的外側過度承重。

目前可以用電腦斷層（CT）和核磁共振（MRI）掃描股髕關節，觀察完全伸膝甚至過度伸膝，這是放射線造影所辦不到的事情。姿勢附加力為零或負時，這些掃描可以發現下髕骨外側半脫位，因此可以偵測出**股髕關節小幅不穩**。

關節鏡如今已經為不可或缺的檢查工具，可以偵測出軸向放射線造影所發現不了的股骨和髕骨的**軟骨病灶**，以及膝關節的**動態失衡**。

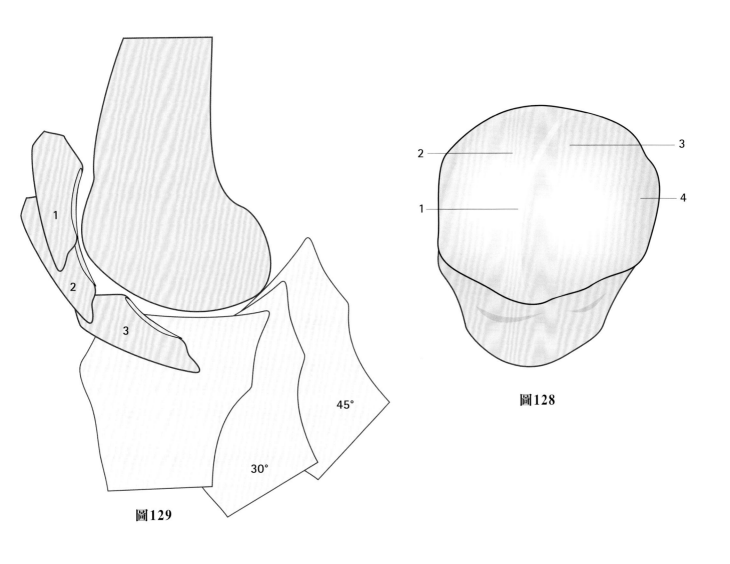

圖129

圖128

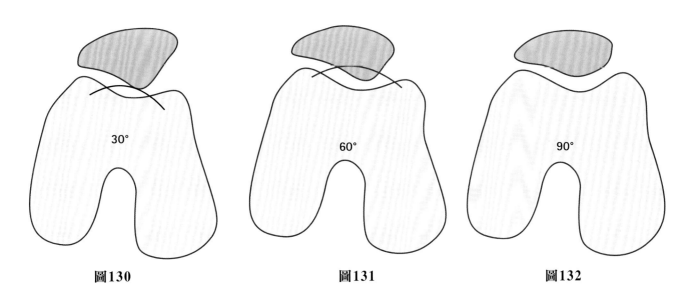

圖130

圖131

圖132

與脛骨相關的髕骨動作

如果我們把髕骨想像成焊接在脛骨上，就像手肘的**鷹嘴突（olecranon process，圖133）**。這麼一來，髕骨就沒有相對於脛骨的移動，大幅減少髕骨的活動能力，甚至無法軸向轉動。但事實上，**髕骨相較於脛骨有兩種移動方式**，一種是在屈曲伸直時，另一種是在軸向轉動時。

屈曲伸直時（圖134），髕骨會**在矢狀切面移動**，從伸直位置 A 開始往後退，沿著圓弧狀軌跡，**中心在脛骨粗隆 O，半徑等於髕骨韌帶長度**。後退過程中，髕骨會傾斜約 35°，使得髕骨後側表面從一開始的朝向後方，到**伸直極限（B）**時變成朝向下後方。如此一來，髕骨也同時做出了**軸向轉動**，也就是圓心在脛骨上的**圓周移動**。髕骨向後移動的原因有兩項：

- 股骨髁與脛骨平台的接觸點後移 D。
- 髕骨與屈曲伸直軸（+）的距離，從 R 縮短為 r。

軸向轉動時（圖135 至圖137），髕骨相較於脛骨的移動發生在**冠狀切面**。在**轉動的正中位置（圖135）**時，髕骨韌帶會從下方斜向外側。**內轉（圖136）**時，股骨相較於脛骨是外轉（假設脛骨不動），會拉動髕骨**往外**，髕骨韌帶此時會**從下方斜向內側**。外轉（圖137）時則相反：股骨**把髕骨往內側拉**，髕骨韌帶**從下方斜向外側**，傾斜程度比正中位置時還要大。

如此一來，屈曲伸直和軸向轉動時都一定會有髕骨與脛骨的相對移動。

前文已說明如何使用力學模型（見本書末尾的模型 2），展示髕骨如何塑形股骨滑車及股骨髁前側。髕骨移動時，事實上會**藉由髕骨韌帶連接至脛骨，並且由髕骨支持帶連接至股骨**（見下頁）。屈膝時，股骨髁會在脛骨平台上移動，髕骨韌帶會拉動髕骨後方表面，沿著股骨髁的前側輪廓移動，勾勒出髕骨後方表面的連續移動軌跡。這些輪廓主要是由髕骨的力學附著結構物以及這些結構的移動所塑形，就像股骨髁的後側輪廓是由十字韌帶塑形一樣。

前文曾說明（P.86），脛骨和髕骨如何塑形髁滑車輪廓，以及脛骨是由十字韌帶連接至股骨，髕骨則由髕骨韌帶及髕骨支持帶連接。

某些手術會**把脛骨粗隆往前移**（Maquet）或**往內移**（Elmslie），改變髕骨與股骨滑車的關係，尤其是關節接合的作用力向量，以及外側半脫位的作用力向量，因此具有潛在價值可以治療髕骨症候群。

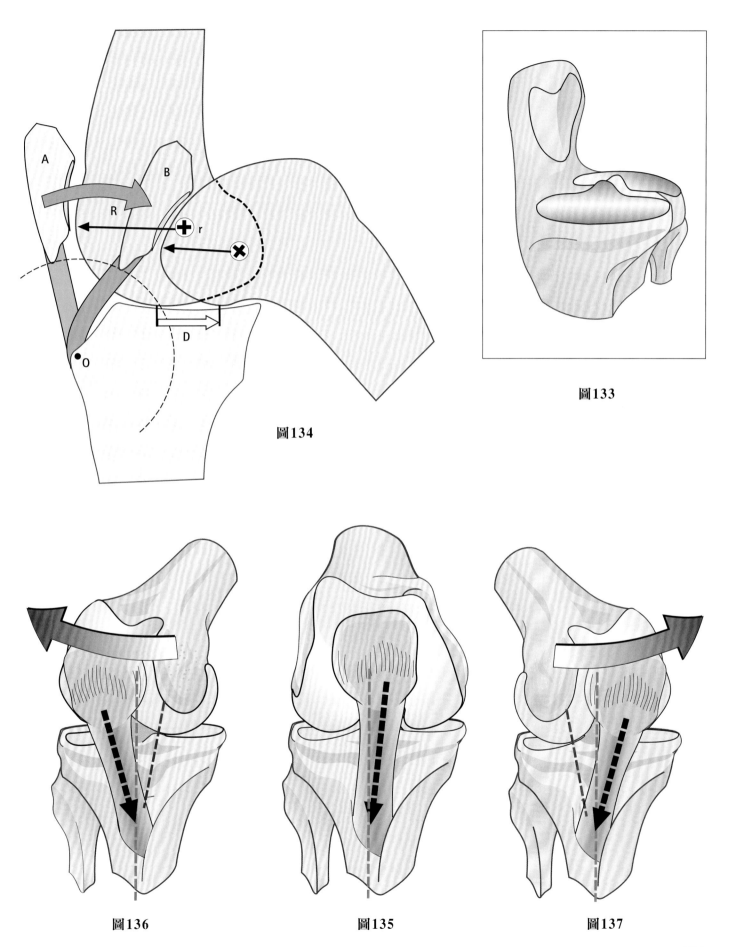

圖134

圖133

圖136

圖135

圖137

膝的副韌帶

膝關節穩定性仰賴兩組有力的韌帶：十字韌帶及副韌帶。

副韌帶可以從**內側和外側**穩固關節囊，並且**在伸膝時維持關節橫向穩定性**。

內側副韌帶（圖 **138**，MCL）從內側髁的韌帶延伸到脛骨上端：

- 內側副韌帶的股骨附著處是位於內側髁的後上方，下方是內側髁曲線中心線（xx'見 P.85）。
- 內側副韌帶的脛骨附著處在鵝足肌群附著處的後側（P.113），位於脛骨內側表面。
- 內側副韌帶延伸向前下方，從側面看就像是與外側副韌帶（箭號 A）交叉。

外側副韌帶（圖 **139**，LCL）從外側髁的外側表面延伸向腓骨頭：

- 外側副韌帶的**股骨頭附著處**，位於外側髁曲線中心線 yy'（P.85）的**前上方**。
- 外側副韌帶的**腓骨附著處**位於腓骨莖突的上方，比股二頭肌附著處更深入。
- 外側副韌帶整個都**遠離關節囊**。
- 外側副韌帶與外側半月板的外側表面隔著膕肌肌腱。膕肌肌腱會形成膝關節後外角的一部分（見 P.155 圖 **267**）。
- 外側副韌帶**斜向前後方**，從側面看就像是**與內側副韌帶（箭號 B）交叉**。

兩張圖（**圖 138 和圖 139**）都可以看到**半月板髕骨韌帶**（1 和 2）及**髕骨支持帶**（3 和 4）。髕骨支持帶可以讓髕骨和股骨滑車維持接合狀態。副韌帶**在關節伸直時會被延展（圖 140 和圖 142），屈曲時放鬆（圖 141 和 143）**。從圖 140 和圖 141 可以看出，內側副韌帶在伸膝和屈膝時長度有差（d），並且傾斜程度也有稍微增加。圖 142 和圖 143 可以看出，外側副韌帶的長度變化（e），並且從斜向下後方變得比較垂直。

副韌帶張力變化可以簡單用**楔形機械構造**來解釋，也能用力學模型表達（**圖 144**）。楔形 C 在板子 B 上從**位置 1 滑到 2** 時，卡入一條帶子（ab）。帶子連接板子 B 與 a。當楔形 C 從 1 滑到 2 時，帶子（具有**彈性**）會變長成 ab'，長度差 e 與楔形在點 1 和點 2 時的厚度差異有關，呈現出帶子的**延展程度**，也就是韌帶的延展。

膝逐漸伸直時，股骨髁會像楔形在脛骨平台與副韌帶的股骨髁附著處之間滑動：股骨髁之所以像楔形是因為**曲線半徑從後側向前逐漸增加**，副韌帶附著在股骨髁曲線連線的凹處。屈曲 30°時副韌帶會放鬆，這個位置是韌帶修復手術後的固定位置。

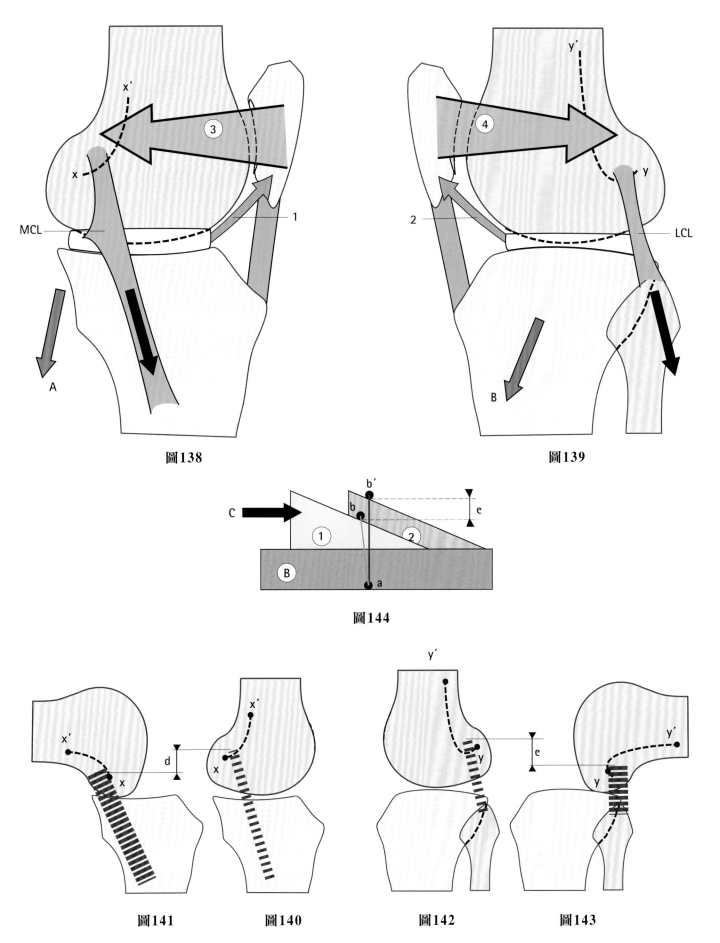

圖138

圖139

圖144

圖141　　圖140　　　　圖142　　圖143

膝的橫向穩定性

膝承受相當大的內翻和外翻力學應力，反映在**膝關節骨骼的骨小樑結構上**（**圖 145**，膝冠狀切面）。膝關節上方的股骨具有**不同類型的骨小樑系統**，與**以下力線**有關：

- **股骨遠端**有兩組**骨小樑**。第一組從內側骨皮質擴散到同側股骨髁，作為耐壓縮小樑，然後延伸到對側股骨髁，作為耐牽引小樑。第二組從外側骨皮質對稱擴散，路徑與第一套類似。**水平骨小樑**也分布至內外側股骨髁。

- **脛骨近端**具有類似的骨小樑結構，都有兩組**斜向系統**，一組起點是外側骨皮質，擴散至同側脛骨關節表面下方，作為耐壓縮骨小樑。另一組起點是內側骨皮質，擴散至對側脛骨關節表面下方，作為耐牽引骨小樑。水平骨小樑會連接起脛骨關節表面。

生理性外翻角（**圖 146**：膝關節前視圖），關係到股骨軸的傾斜，一般股骨軸是朝向下方內側。作用力（F）由股骨施加在脛骨上端，嚴格來講並不是垂直，可以分解為**垂直分力** v 以及**橫向分力** t，作用方向分別是向下及向內。橫向分力 t 把膝關節往內側拉時，**會加大外翻**，造成**膝關節間隙內側角** a **變大**。這種脫位一般是由內側韌帶系統來避免發生。

外翻角對**膝關節橫向穩定性**很重要。橫向分力 t 的大小直接與外翻角成正比（**圖 147**：不同外翻角度的作用圖解），如下：

- 生理性外翻角是 170°（藍線），橫向分力是 t1。
- 假如外翻角度異常（也就是變成 160°），作用力 F2 會有更大的橫向分力 t2，比生理性外翻角（170°）大兩倍。因此，病理性膝外翻越嚴重，會越用力拉扯內側韌帶，導致情況更加嚴重。

膝內側或外側創傷會導致脛骨近端骨折。如果創傷位置在**膝內側**（**圖 148**），會使得生理性外翻角變小，首先造成**內側脛骨平台發生撕除性骨折**（1），如果破壞力仍未消耗殆盡，還會接著導致**外側副韌帶斷裂**（2）。假如韌帶一開始就斷裂，脛骨平台就不會骨折。

創傷發生在**膝外側**（**圖 149**）時，例如受到保險桿撞擊，**外側股骨髁會稍微往內側位移**，然後**陷入外側脛骨平台**，最後粉碎外側骨皮質，如此一來會導致**混合型骨折**，也就是外側脛骨平台**衝擊（i）脫位（d）骨折**。

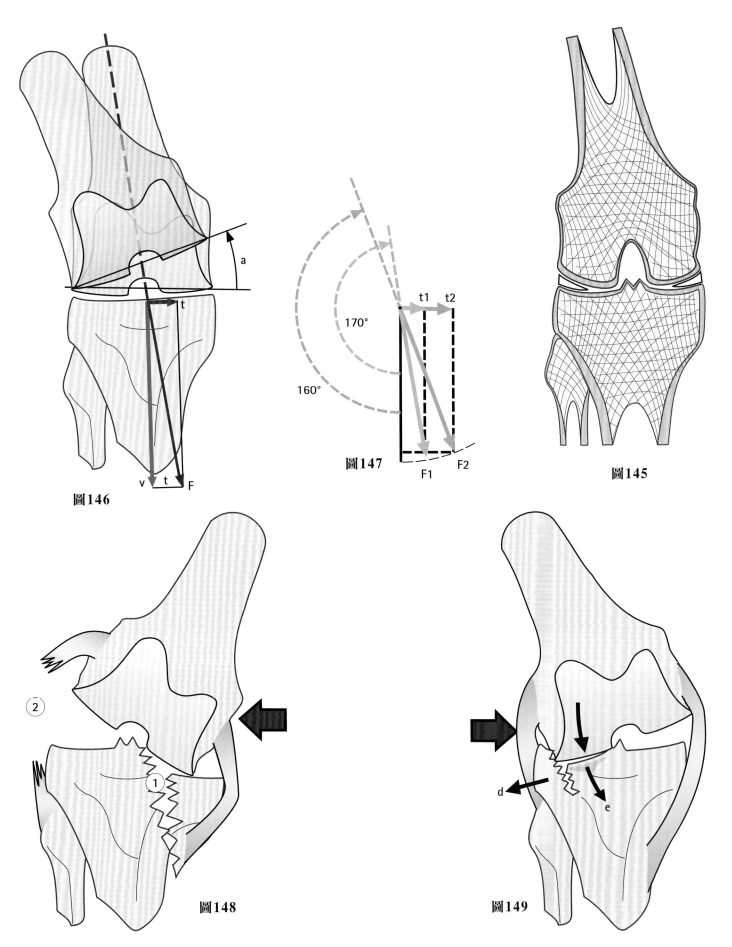

圖146

圖147

圖145

圖148

圖149

膝的橫向穩定性（*續*）

走路和跑步時，膝會持續承受橫向應力。身體擺出某些姿勢時，會處於**支撐膝的內側不平衡**，增加生理性外翻角和加大內側關節間隙。假如橫向應力太大，內側副韌帶會斷裂（**圖151**），導致**內側副韌帶嚴重 * 撕裂**，伴隨內側關節間隙變大（a）。然而，有一點必須強調的是，嚴重撕裂往往不只是因為不平衡，而是同時**猛烈撞擊膝關節**。

相反的，人體處於**支撐膝的外側不平衡**（**圖152**）時，生理性外翻角會變小。假如這時膝關節內側承受巨大的力量，外側副韌帶可能因此撕裂（**圖153**），導致**外側副韌帶嚴重扭傷**，伴隨外側關節間隙變大（b）。

膝嚴重扭傷時，可以看到**外翻或內翻動作**出現在前後軸附近。檢查時必須完全伸膝或者只能稍微屈膝，然後必須**與另一腳膝關節比較，一般來講另一腳的膝應該沒有受傷**。

伸膝時（**圖155**）或者甚至是過度伸直時，大腿淨重會導致張力過大，此時施測者用雙手把膝左右移動，可以發現下列情況：

- 朝**外翻**方向**外移**，顯示**混合型斷裂**（**圖151**）發生在**內側副韌帶**及後方纖維韌帶結構，也就是內側髕骨板及後內角。
- 朝**內翻**方向**內移**，顯示外側副韌帶斷裂，以及後方纖維韌帶結構斷裂，大致上是外側髕骨板。

膝關節**屈曲 10°**（**圖156**）時，因為初始屈曲動作會讓髕骨板變鬆，用外翻或內翻動作可以顯示出單一內側副韌帶（MCL）斷裂或單一外側副韌帶（LCL）斷裂。我們無法確定用哪種位置拍放射線影像可以確診，因此不可以光靠外力做外翻位置時出現內側關節間隙、也不能單靠外力做內翻位置時出現外側關節間隙來進行診斷。

事實上，膝關節疼痛時很難讓肌肉放鬆以便確切檢查，勢必要使用全身麻醉。

膝關節嚴重扭傷會讓膝關節變得不穩定。其實單一副韌帶斷裂時，膝關節會無法繼續承受橫向應力（**圖 151 及圖 153**）。

跑步或走路時承受巨大的橫向應力，副韌帶不是唯一穩定膝關節的結構；肌肉也會參與其中，構成名副其實的**主動關節韌帶**，能夠維持膝關節穩定（**圖 154**）。

外側副韌帶（LCL）很大部分是由**髂脛束**（1）支持。闊筋膜張肌則會拉緊髂脛束，如圖 152。

內側副韌帶（MCL）同樣是由**鵝足肌群**支持，也就是縫匠肌（2）、半腱肌（3）、股薄肌（4）。**圖 150** 中顯示的是縫匠肌收縮。

於是副韌帶由厚實的肌腱加固，此外**股四頭肌**也會穩固副韌帶，包括**直向（S）和十字（C）延伸組織**，在膝關節前側形成**主要由纖維構成的罩子**。直纖維組織可以防止同側關節間隙變大，十字纖維組織可以防止對側關節組織變大。因此，每條股肌由於有兩種延伸組織，所以能夠影響膝關節內側及外側穩定。**股四頭肌沒有受損非常重要**，因為能夠穩定膝關節。相反的，膝關節處於休息姿勢時股四頭肌張力小，膝關節就會比較不穩定，例如可能產生**脫膝感**。

* 嚴重的意思是韌帶斷裂，然而韌帶僅只是處在單純扭傷而過度牽拉下。

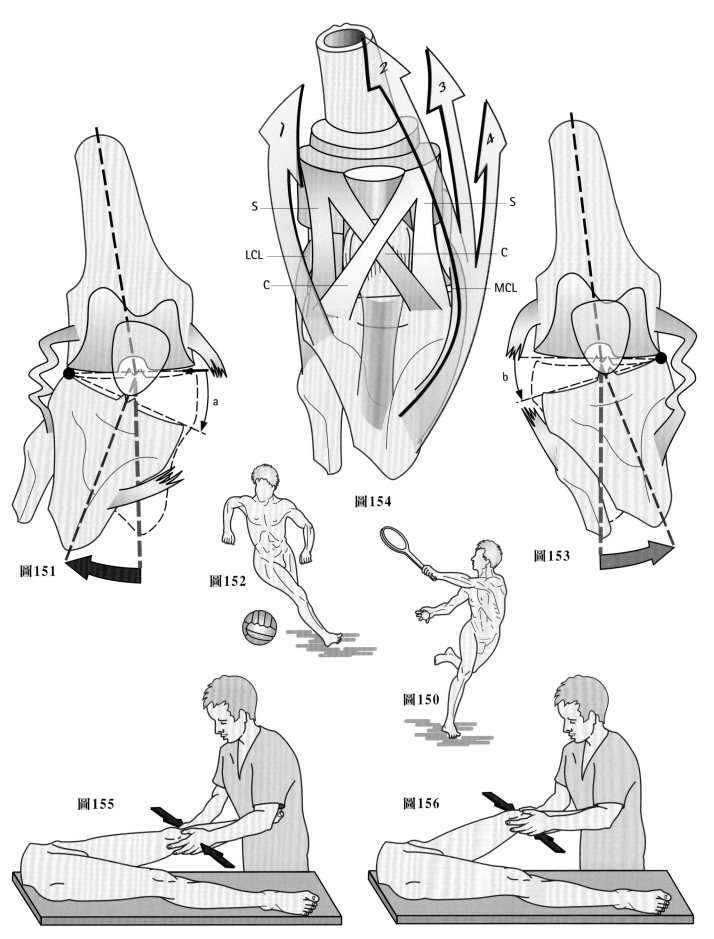

圖151

圖152

圖150

圖154

圖153

圖155

圖156

S

S

LCL

C

C

MCL

a

b

1

2

3

4

膝的前後穩定性

稍微屈膝和過度伸直時，膝關節穩定機制完全不同。**伸直膝關節後再稍微一點點屈曲時（圖 157）**，體重會施加在膝關節屈伸軸的後方，這時除非股四頭肌做出對應的收縮（紅色箭號），否則膝關節會因為重量而再進一步屈曲。因此，**_股四頭肌對於維持直立姿勢很重要_**。

相反的，膝關節**過度伸直（圖 158）**時，後方關節囊和其他韌帶（綠色）會自然馬上停止過度伸直的繼續增加；如此一來，**_不需要股四頭肌_**也能維持直立姿勢，也就是關節位於**鎖定位置**。這解釋了為什麼**_股四頭肌癱瘓_**時，患者會讓膝反屈變大來站立甚至走路。

膝關節過度伸直時（圖 159），大腿軸斜向下後方，作用力 f 可以分為垂直向量 v，以及**_水平向量 h_**。垂直向量把身體重量傳遞到腿，水平向量的方向朝向**後側**，因此會增加**過度伸直**。作用力越是傾斜向後，水平向量 h 就會越大，就會更大幅度徵召膝關節後方纖維層組織。因此如果膝反屈非常嚴重時，最終將會過度拉伸韌帶，而使得**_膝反屈又變得更加嚴重_**。

膝關節骨骼雖然阻止過度伸直的方式不同於手肘的鷹嘴突，但是仍然可以**有效發揮作用**，例如雜要姿勢**（圖 160）**，**_女特技員的體重原本可能會使左膝脫臼_**，但是實際上卻沒有發生。

阻止膝關節過度伸直的大部分是**關節囊和相關韌帶**，其次是**肌肉動作**。如圖 162，相關韌帶包括副韌帶（7-8），後十字韌帶（9）。

膝關節囊後側（圖 161）有強壯的纖維束加固。關節囊在兩側股骨髁後方變厚，形成**髁骨板（1）**，是腓腸肌的附著處。膝關節**外側**有扇狀纖維韌帶源自腓骨莖突，也就是**膝關節弓形韌帶**，有**_兩個韌帶束_**：

- **_外束_**，也稱為瓦洛短外韌帶（the short lateral ligament of Valois），纖維終點是外側髁骨板（3）及種子骨（sesamoid bone 或 **_fabella_**，3，位於腓腸肌外側頭的肌腱）。
- **_內束_**（2）朝向內側，最下方纖維形成**弓形膕肌韌帶（4）**，在**_膕肌肌腱_**（紅色箭號）上方。膕肌肌腱從此處進入關節通往關節囊。

膝關節**內側**的纖維囊由**斜膕肌韌帶**（5）強化；斜膕肌韌帶是由迴返纖維組成，源自半膜肌肌腱（6）的外緣，延伸向上方外側，然後附著於**外側髁骨板及種子骨（若有）**。

這些纖維韌帶構造全部都位於膝關節的後側，過度伸直時都會拉長**（圖 162）**，尤其是**髁骨板**。我們已經知道外側副韌帶（7）和內側副韌帶（8，以透視方式呈現），在伸膝時會拉長。後十字韌帶（9）也會在伸膝時拉長。我們很容易可以看到這些韌帶的**上方附著處** A、B、C，在過度伸直時會繞著中心 O 轉動。然而，近期研究顯示，**前十字韌帶**（圖中未顯示）是過度伸直時拉長最多的韌帶。

最後，屈肌群**（圖 163）**可以有效限制伸膝，也就是**鵝足肌群**（股薄肌 10、半腱肌 13、半膜肌 14，通過內側髁後方），以及股二頭肌（11）、腓腸肌（12）。腓腸肌也稱為小腿三頭肌，需要在踝關節屈曲時並且呈現拉伸狀態時，才能限制伸膝。

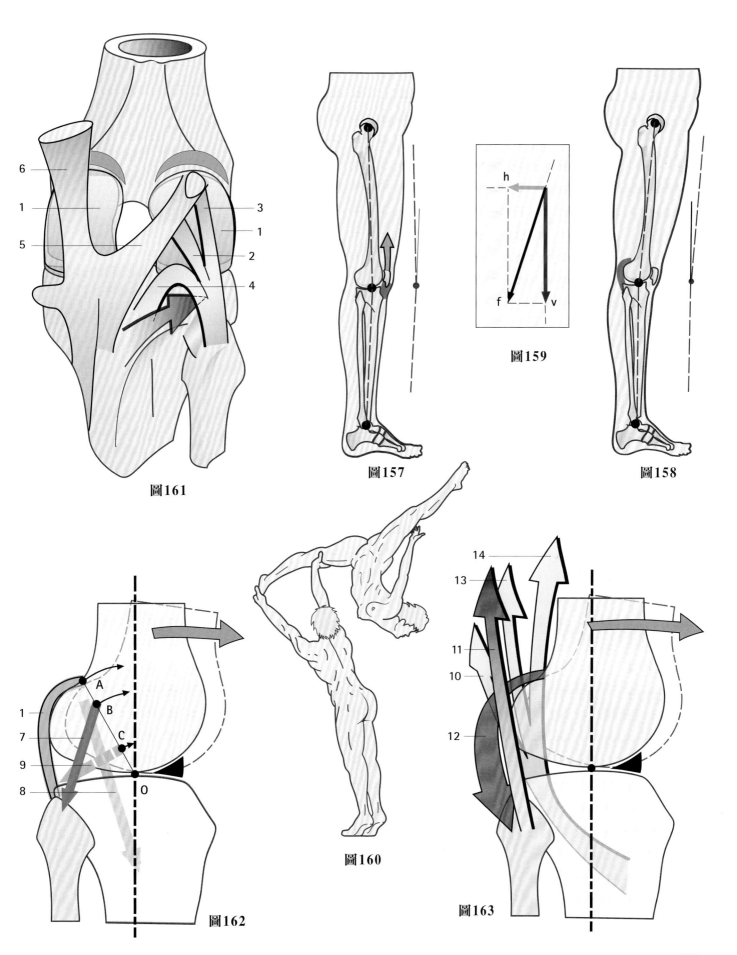

圖161

圖157

圖159

圖158

圖160

圖162

圖163

115

膝的關節周圍保護系統

關節囊和各種相關韌帶構成一個整體連貫的系統，也就是膝關節周圍保護系統（**圖 164**）。

膝關節間隙的橫切面可以看到：

- 關節囊附著處（1，綠色虛線）。
- 內側有**內側脛骨關節表面**（2）及內側髁間結節（3）、**內側半月板前角**（4）、**內側半月板後角**（5）。
- 外側是**外側脛骨關節表面**（6）及外側髁間結節（7），由**橫韌帶**（10）連接的**外側半月板**（8 和 9）與內側半月板。
- 前側是**髕骨**（11），下方是前脛骨粗隆（12），髕骨由**內側半月板髕骨韌帶**（13）和**外側半月板髕骨韌帶**（14）連接至半月板，**前十字韌帶**（15）的前方附著處以及**延伸組織**（16）連接至內側半月板的前角。
- 後側是**後十字韌帶**（17）的後方附著處及**偉斯伯格半月板股骨韌帶束（menisco-femoral band of Wrisberg**，18）。

膝關節周圍保護系統是由**三個主要構造**組成：內側副韌帶、外側副韌帶、後關節囊韌帶複合體。

- **內側副韌帶**（19）可以提供（由 Bonnel 提出）115 公斤／平方公分的力量，並且可以延伸12.5％後才斷裂。
- **外側副韌帶**（20）可以提供 276 公斤／平方公分的力量，並且延伸 19％後才斷裂。外側副韌帶出乎意料比內側副韌帶還要更加有韌性及彈性。
- **後關節囊韌帶複合體**是由內側髁骨板（21）、外側髁骨板（22）及種子骨（23）組成，還有其他強化組織，例如斜膕肌韌帶（24）、弓形膕肌韌帶（25）。

另外，有**四個附屬纖維肌腱片**，具有不同的力量大小及重要性：

- **後內角的後內層組織**數當中最重要，Bonnel 稱之為纖維肌腱核，附著於後內纖維，但是沒有接觸其他結構。G. Bousquet 稱之為後內角，這個說法比解剖學概念更符合實際手術情況。後內角位於內側副韌帶的後方，可分為以下結構：

  —內側副韌帶（26）的最後側纖維。

  —內側髁骨板（27）的內緣。

  —半膜肌（28）的兩個延伸組織（29-30），也就是**反折束**（29，繞著脛骨關節小面）及**半月板延伸組織**（30，附著於內側半月板後緣）。

- **後外角的後外層組織**明顯比後內層組織不堅固，因為**膕肌肌腱**（31）從外側髁（32）延伸到此處後，就把外側半月板與關節囊、外側副韌帶隔開。膕肌肌腱也有**半月板延伸組織**（33），繫著外側半月板的後側。**外側副韌帶的短突**（20）和外側髁骨板的外緣會強化纖維肌腱片。

- **前外角的前外層組織**包括**髂脛束**（35）及股四頭肌肌腱（37）的直向及十字延伸組織。髂脛束的**延伸組織**（36）附著至髕骨外緣。

- **前內角的前內層組織**包括股四頭肌肌腱的直向和十字纖維組織（38），由**縫匠肌肌腱**（41）的延伸組織（39）加固。縫匠肌肌腱則附著至髕骨內緣。

關節周圍肌肉群也屬於膝關節保護系統。關節周圍肌肉群**由大腦皮質調節**控制，可以隨著動作完美同步收縮，抵抗關節力學變形，提供韌帶不可或缺的幫助，尤其韌帶只能被動反應。這些肌肉中最重要的是**股四頭肌**，對膝關節穩定幫助很大。股四頭肌的力量和精密協調，可以在某個限度內補償韌帶失能。任何手術想要成功，都必須要有狀態良好的股四頭

肌。由於股四頭肌萎縮很快且恢復很慢，因此需要外科醫師和物理治療師特別留意。

膝關節外側是**髂脛束**（35），可以視為臀「三角肌」的末端肌腱。後內側是半膜肌（28）及鵝足肌群，也就是縫匠肌（41）、股薄肌（42）、半腱肌（43）。後外側有兩條肌肉：膕肌（31）和股二頭肌（44）。後文會探討膕肌的特殊生理學功能。股二頭肌具有強壯的肌腱，附著至腓骨頭（45），可以加固外側副韌帶（20）。

最後，後側是腓腸肌，源自股骨髁及髁骨板。腓腸肌的肌腱從內側頭（46）延伸跨過半膜肌肌腱，中間經過**滑液囊**（半膜肌滑液囊，通常與關節腔連接）。腓腸肌肌腱從外側頭（47）延伸跨過二頭肌肌腱，但是沒有經過滑液囊。膝整個包覆在**腱膜筋膜**（49）中。

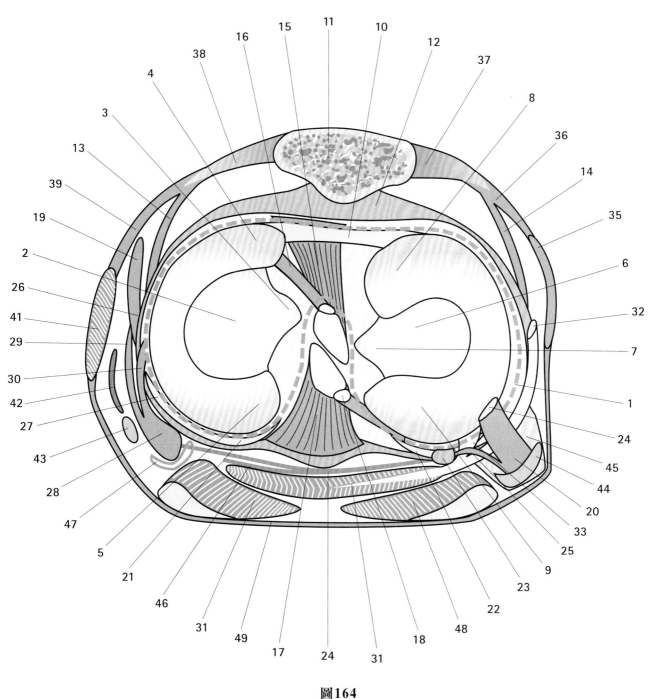

圖164

117

膝的十字韌帶

假如把膝關節從前方打開（**圖 165**，靈感來自 Rouvière），就可清楚看到**十字韌帶位於關節非常中央的位置**，幾乎整個在髁間窩裡。

接下來首先要看的是**前十字韌帶**（1），附著於**脛骨前髁間區域**，沿著內側關節小面邊緣（12），介於**內側半月板前角**附著處（7）與**外側半月板前角**（8）之間（同時可以參考 P.93 **圖 79**）。前十字韌帶是一條狹窄位於關節後側的帶子，斜向延伸向外側附著至（**圖 167**，靈感來自 Rouvière）外側股骨髁（1）的內緣，向上垂直經過且沿著關節軟骨邊緣延伸（見 P.93 **圖 81** 和**圖 83**）。

前十字韌帶可以分為**三束**：

- **前內束**最大、位置最高也最容易受傷。
- **後內束**前方有遮蓋物，韌帶部分撕裂時仍可保持完整。
- **中間束**。

整體來看，前十字韌帶**呈現扭轉**，最前側的脛骨纖維附著至股骨最前方內側，最後側脛骨纖維附著至股骨最上方。因此，**前十字韌帶的纖維長度並不相等**。根據 F. Bonnel 的說法，平均長度是 1.85 公分至 3.35 公分，也就是不同位置長度差異很大，所以也不會在同時間被延展。

後十字韌帶（2）位於髁間窩深處，**在前十字韌帶後側**（**圖 165**），附著至（**圖 166**）後方髁間區域的最後側（6），甚至（**圖 167** 和**圖 168**，靈感來自 Rouvière）到脛骨平台後緣（同時參考 P.93 **圖 79**）；因此脛骨附著處位於外側半月板（9）和內側半月板（10）後角附著處的後方。後十字韌帶**斜向內側前上方**（**圖 168**：屈膝 90°），然後沿著股骨髁間窩深處的關節表面附著（2，**圖 169**，靈感來自 Rouvière），並且（**圖 168**）沿著關節面水平延伸至內側股骨髁的外側表面下緣（同時參考 P.93 **圖 79**）。後十字韌帶可以分為**三束**：

- **後外束**，脛骨附著處最靠後側，股骨附著處最靠外側。
- **前內束**，脛骨附著處最靠前側，股骨附著處最靠內側。
- **半月板股骨韌帶**（3），附著至外側半月板後角（**圖 166** 和**圖 167**），接著馬上沿著主韌帶（2）的前方表面延伸，然後附著至內側髁的外緣。有時候，內側半月板會有個類似的韌帶（**圖 166**）：前十字韌帶的一些纖維（5）會附著至內側半月板前角，靠近橫韌帶（11）附著處。

前後十字韌帶彼此接觸（**圖 169**：十字韌帶在靠近股骨附著處切開），沿著軸緣，前十字韌帶（1）位於後十字韌帶（2）外側。前後十字韌帶並非沒有接觸其他組織，周圍包著**滑膜**（4），與關節囊關係密切，這點會在後文討論。膝關節動作時，前後十字韌帶會靠著彼此的軸緣滑動。

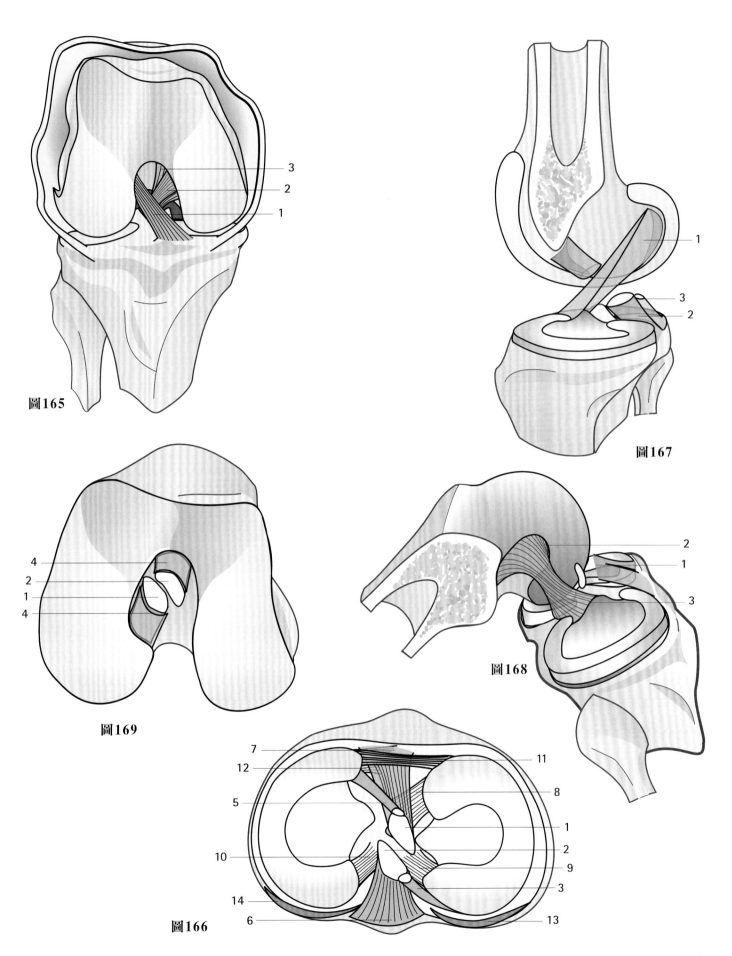

圖165

圖167

圖169

圖168

圖166

關節囊與十字韌帶的關係

十字韌帶與關節囊關係緊密，可以想成是關節囊的增厚組織，並且視為一體。我們已經知道（P.93 圖 78），關節囊如何深入髁間窩，沿著關節軸形成雙層分隔。前文曾為了方便只用最近似的方式呈現，讓關節囊的脛骨附著處去掉了關節腔的十字韌帶附著處。事實上，**關節囊附著處通過十字韌帶附著處**，於是十字韌帶形成關節囊增厚組織，突出關節囊表面，也就是位於雙層分隔之間。圖 171（後方內側視圖，去除內側髁和部分關節囊）顯示，**前十字韌帶**明顯「黏」在關節囊分隔的外層（圖中沒有後十字韌帶）。從前方可以看到，髕骨上滑液囊和髕骨的凹陷。

圖 172（後方內側視圖，去除內側髁和部分關節囊）顯示，**後十字韌帶**「黏」在關節囊分隔的內層。

請留意，十字韌帶的所有纖維組織，長度和方向都不同，因此不會膝關節動作時同時被縮短（見 P.124）。

圖中也可以看到，外側髁（**圖 171**）和內側髁（**圖 172**）的面上被部分切除的**髕骨板**。

垂直冠狀切面（圖 170）穿過股骨髁後側並且把股骨和脛骨拉開後，可以看到關節腔「分隔開來」：

- **在中間**，十字韌帶使得**關節囊分隔**，把關節腔分成外側半部和內側半部。**關節囊分隔**也會由髕骨下脂肪墊向前延伸（見 P.94）。
- **關節腔內外半部**分別由半月板再分成兩層，也就是上層或稱為**半月板上**層，對應股骨半月板關節間隙，以及下層或稱為**半月板下**層，對應脛骨半月板關節間隙。

因為有十字韌帶，所以才大幅改變樞紐（滑車）關節的構造。**雙髁關節**這個說法對於這個現象沒有特殊意義，因為力學上來講，兩個髁連起來就會變成一個滑車。前十字韌帶（**圖 173**）從它的起始正中位置（1）開始，在屈曲至 45-50°時**水平躺在**（2）脛骨平台上，接著屈膝極限時爬到它的最高點（3）。前十字韌帶往下移時，會把自己卡進溝槽，就像麵包刀一樣「鋸」穿髁間結節之間的肢髁間隆起（**圖 174**：麵包刀切開髁間結節的圖像呈現）。

麵包刀從伸直位置 A 移動到屈曲極限位置 B 時，後十字韌帶（**圖 175**）「劃過」比前十字韌帶更大的範圍（幾乎超過 60°），並且「劃出」股骨髁間窩，分開生理上及理論上滑車的兩個面板，形成兩個股骨髁。

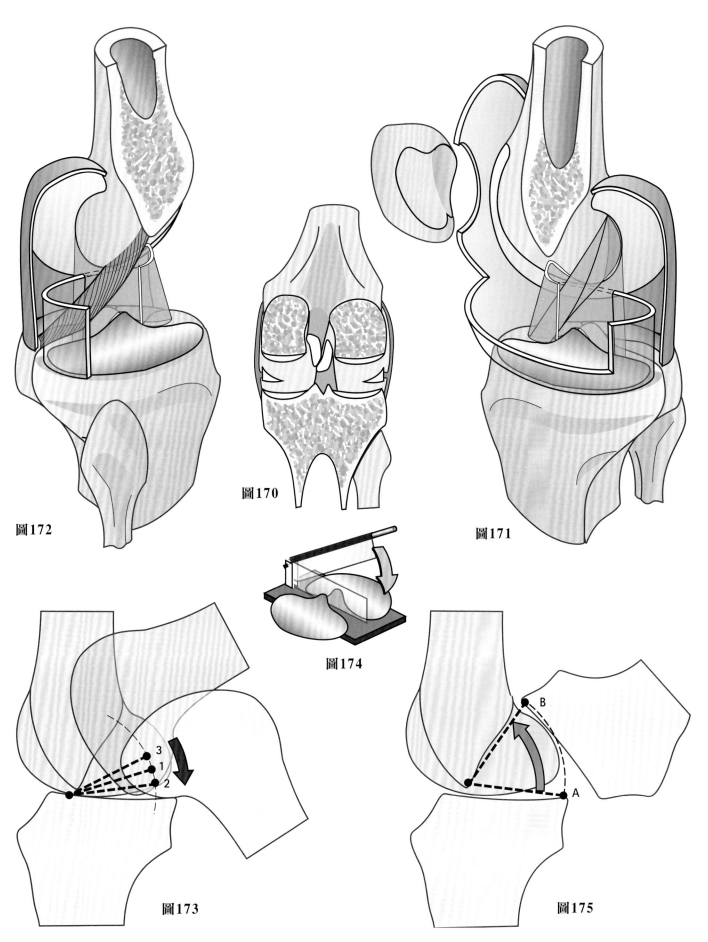

圖172

圖170

圖171

圖174

圖173

圖175

十字韌帶的方向

　　從後外側透視圖（**圖 176**）可以看到，**被延展**的十字韌帶**在空間中彼此交錯**。**矢狀切面**（**圖 177**：外側髁的內側視圖）上明顯可以看到，前十字韌帶（ACL）從上方斜向後側，後十字韌帶（PCL）從上方斜向前側。

　　如果只看這兩條十字韌帶，可以發現**伸膝**（**圖 178**）和**屈膝**（**圖 179**）時，前後十字韌帶都會彼此交錯，軸面上一條在另一條上滑動。前後十字韌帶**在冠狀切面上也呈現出彼此交錯**（**圖 180**，後視圖），因為脛骨附著處（黑點）與股骨附著處距離 1.7 公分，並且與前後軸平行（箭號 S）。因此，後十字韌帶**從上方斜向內側**，前十字韌帶**從上方斜向外側**。

　　水平切面上情況則不同（見 P.131 **圖 205**），前後十字韌帶呈現彼此平行，只有軸緣接觸，各自**與同側的副韌帶交錯** *。如此一來，前十字韌帶與**外側副韌帶**（LCL）交錯（**圖 181**，外側視圖），後十字韌帶與**內側副韌帶**（MCL）交錯（**圖 182**，內側視圖）。這四條韌帶的交錯**往往依視角而定**，要看是從外側內側，還是從其他角度（**圖 183**：脛骨平台上的四條韌帶）。

　　十字韌帶也會**有不同的傾斜程度：伸膝**時（**圖 177**），前十字韌帶（ACL）會**比較垂直**，後十字韌帶（PCL）**比較水平**。上述也適用於十字韌帶的股骨附著處（以透視呈現）：後十字韌帶呈現**水平 b**，前十字韌帶呈現**垂直 a**。

　　屈膝時（**圖 184**：從內側看外側髁），後十字韌帶（PCL）會立起來變成垂直（**圖 179**），與脛骨成 60°角（紅色箭號）；前十字韌帶（ACL）則幾乎沒有變化。

　　十字韌帶的長度比因人而異，但是如同十字韌帶的脛骨與股骨附著處距離，**每個膝關節都有固定的數值**。如同前文所述，這個數字也是股骨髁輪廓的決定因素之一。

---

* 作者將前十字韌帶看做前外側十字韌帶，後十字韌帶視為後內側十字韌帶。

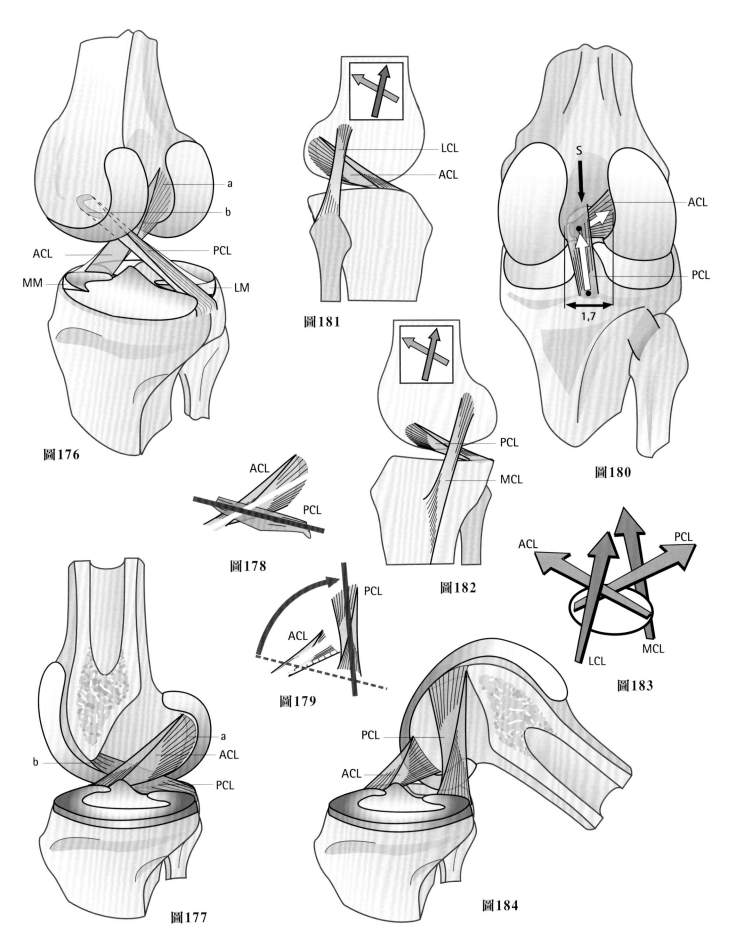

圖176

圖177

圖178

圖179

圖180

圖181

圖182

圖183

圖184

十字韌帶的力學功能

　　一般會把十字韌帶簡化成直線繩索，附著處則是個點，這種敍述方式的優點是，可以展示韌帶的整體動作，但卻無法說明功能上的微妙差異。如果想要說明清楚，還必須考量三個因素：

1. 韌帶厚度

　　韌帶的厚度和體積，直接與強韌度成正比，與彈性成反比，韌帶的每條纖維可以視為單一彈性較小的彈簧。

2. 韌帶結構

　　韌帶附著處的大小會影響韌帶纖維長度，由於韌帶纖維**長度不一**，因此不會同時全部徵召。如同肌肉纖維一樣，不同關節動作會徵召不同韌帶纖維，使得韌帶的韌性和彈性也隨之不同。

3. 韌帶附著處的大小及方向

　　除此之外，韌帶纖維也並非全部彼此平行，而是位於扭轉的平面上，呈現「扭曲」狀態，因為每個韌帶纖維附著處也不是彼此平行，經常是互相呈現傾斜或垂直。另外，關節做出動作時，韌帶附著處的相對方向會影響纖維徵召，改變韌帶動作的整體方向。韌帶動作方向差異不只會發生在矢狀切面上，也會發生在**其他三個切面**，這點完全解釋了為什麼**韌帶纖維會同時對膝關節的前後、橫向、轉動平衡造成複雜的影響**。

　　因此，十字韌帶的幾何學，如同前文所述，會決定矢狀切面及其他切面的**髁滑車輪廓**。

　　整體來講，十字韌帶可以確保膝關節的**前後穩定**，讓膝可以做出**樞紐動作**的同時保持關節表面接合。十字韌帶的功能可以輕易用**力學模型**（**圖 185**：水平切面模型）說明。

　　兩條木板 A 和 B 用兩條紙繩 **ab** 和 **cd** 連起來，一條連接一個木板的頭與另一個木板的尾，另一條則相反，如此一來就可以用**兩個樞紐**讓整個構造動起來。樞紐 **a** 可以接近 **c** 點，樞紐 **b** 可以靠近 **d** 點，但是**兩條木板不能彼此滑動**。

　　模型與十字韌帶具有類似的解剖學特性和功能，但是其實除了兩個樞紐以外，十字韌帶還有許多其他樞紐在股骨髁曲線上，所以模型**無法做出前後滑動**。

　　我們繼續看模型，用兩條繩子代表前十字韌帶（ACL）及後十字韌帶（PCL），也就是 **ab** 和 **cd**，如圖 186 及圖 188。圖 187 和圖 189 中可以看到，最外面以及中間的韌帶纖維，還有附著處。

　　從直立位置（**圖 186**）開始，或者從屈曲 30°（**圖 187**）開始，十字韌帶一開始具有相同的緊繃程度，然後屈曲會使「**股骨板**」**cb***（**圖 188**）傾斜，此時前十字韌帶 **cd 抬高**，後十字韌帶 **ab 變水平**。更詳細的圖（**圖 189**：屈曲 60°）可以看出，ACL 的附著處（紅色）和 PCL 的附著處（綠色）分別如何上移和下移。然而，目前尚未有研究，探討十字韌帶的纖維在關節動作下如何連續拉伸，尤其這些纖維拉伸的程度並不相同，並且受到自身位於韌帶內何處影響（**圖 190**：PCL 纖維的空間示意圖）。

---

* 兩條十字韌帶附著處之間的線性空間。

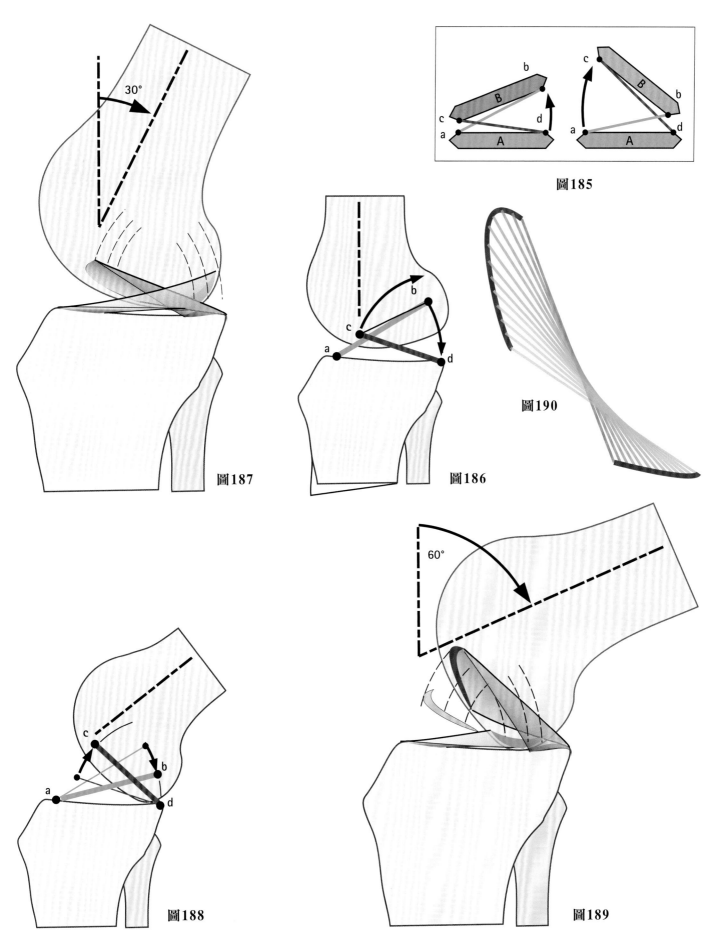

圖185

圖187

圖186

圖190

圖188

圖189

十字韌帶的力學功能（*續*）

屈曲（flexion） 增加到 90°**（圖 191）** 再到 120°時**（圖 192）**，後十字韌帶（PCL）**會往上抬到垂直位置**，越往上抬越比前十字韌帶（ACL）緊繃。用一張更清楚的圖**（圖 193）** 說明，ACL 的中間和下方纖維放鬆（－），只有前上方纖維拉緊（＋），PCL 的後上方纖維稍微放鬆（－），前上方纖維拉緊（＋）。屈曲時後十字韌帶拉緊。

從起始位置**（圖 195 和圖 196）** 到**伸直**和**過度伸直**時**（圖 194）**，前十字韌帶的所有纖維會拉緊（＋），後十字韌帶只有後上方纖維拉緊。此外，過度伸直時**（圖 197）**，髁間窩（c）的底部會擠壓前十字韌帶，使得前十字韌帶**變長**，就好比一個弧的弦。因此，伸直時前十字韌帶拉緊，也**限制了過度伸直**。

Strasser（1917）藉由力學模型提出，前十字韌帶在伸直時拉緊，後十字韌帶則在屈曲時拉緊，Bonnel 近期也證實這項概念。然而，更完善的力學分析也顯示，Roud（1913）認為**十字韌帶的部分纖維永遠都會拉緊**也是正確，因為十字韌帶的長度不均。如同生物力學常見情況，**兩種相反的想法可以同時都是正確的，不一定會彼此排斥**。

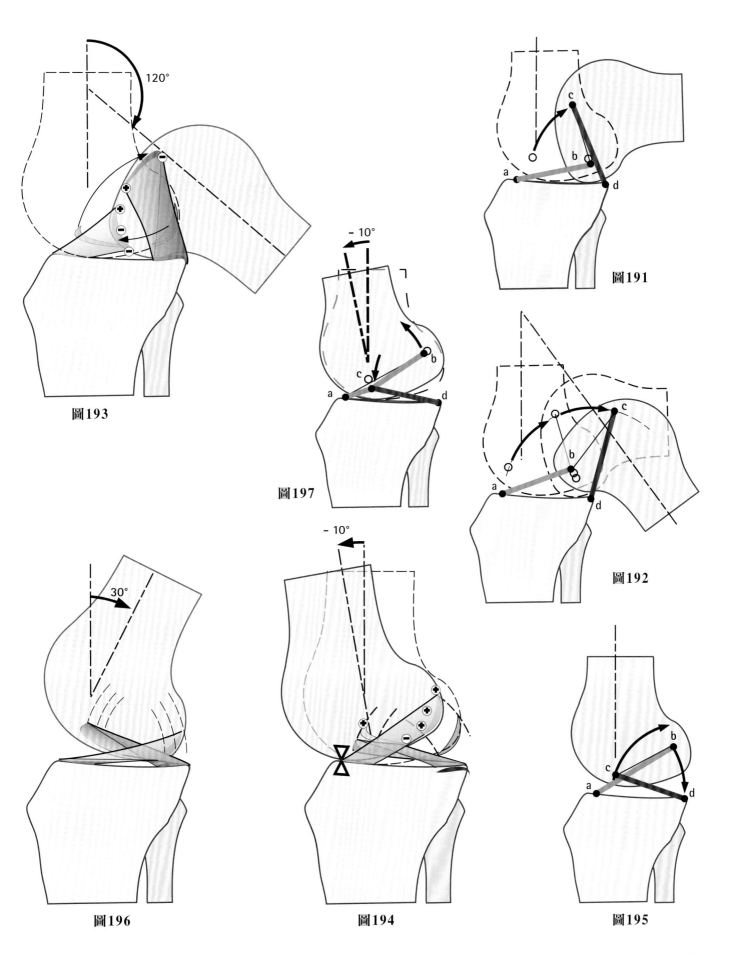

圖193

圖191

圖197

圖192

圖196

圖194

圖195

127

十字韌帶的力學功能（*結尾*）

股骨髁在脛骨平台上移動，包括滾動和滑動（見 P.88），這兩種動作很容易理解，但是互鎖而不緊密的膝關節是怎麼滑動呢？**肌肉扮演很重要的角色**：伸膝時**伸肌群**把脛骨往前拉，**屈肌群**則相反，會在屈膝時讓脛骨平台往後移動。不過，在大體上研究這些動作時，會更容易觀察**十字韌帶**這種**被動結構**。十字韌帶會拉動股骨髁，也就是在脛骨平台上滑動，方向與滾動相反。

從（**圖 198**）伸直位置（I）開始，假如股骨髁只有滾動沒有滑動，就會變成位置 II，前十字韌帶 **ab** 的股骨附著處 **b** 移動到 **b"**，移動距離等於 **bb"**。這種移動方式，如 P.89 的圖 62，會對內側半月板的後角造成傷害。假如點 **b** 只能以 **a** 為中心轉動，所以半徑是 **ab**（假設韌帶沒有彈性）；這麼一來 **b** 的移動路徑不是 **bb"**，而是 **bb'**，代表股骨髁是移動到位置 III，比位置 II 更靠前方，距離差了 **e**。屈曲時，前十字韌帶會參與並且把股骨髁往前拉，因此可以說**屈曲時，前十字韌帶會使得股骨髁往前滑動**，加上股骨髁本身會往後轉動。

伸直時**後十字韌帶的功能**類似，如圖 199。股骨髁從位置 I 滾動到位置 II 時，後十字韌帶 **cd** 會**從後側把股骨髁往後拉**，後十字韌帶的股骨附著處 **c**，不是移動到 **cc'** 而是 **cc"**，也就是繞著中心 **d** 轉動，半徑是 **dc**。因此股骨髁會向後滑動距離 **n**，到達位置 III。**伸直時，後十字韌帶會使得股骨髁向後滑動**，股骨髁本身則會往前轉。這些觀察結果可以用力學模型再次檢驗（使用本冊末尾的模型 3），使用彈性帶作為十字韌帶，呈現出張力變化。

抽拉動作（drawer movements）是**股骨下方脛骨不正常的前後移動**，可以在兩個位置

下觀察：

1. 屈膝 90°。
2. 完全伸膝。

屈膝 90°（圖 202）：患者仰躺在治療床上，施測者將其膝關節彎曲成上述的 90°，腳掌貼在床面上，接著自己半坐在患者的足部上以固定住它，**用雙手手掌**握住患者的小腿上端，然後把小腿**往前拉向自己的方向，或往後拉向遠離自己的方向**，依序觀察出現的**往前或往後的抽拉動作**。施測者進行這項檢查時，患者的腳掌必須處在正中位置，沒有轉動，才能做出**單純的抽拉動作**。假如患者的腳掌外轉，會變成**抽拉動作加上外轉**，腳掌內轉就會變成**抽拉動作加上內轉**。我們可以用另一種比較常見的說法：「外轉或內轉抽拉動作」（lateral or medial rotational drawer movement），也就是抽拉動作加上轉動。

後抽拉動作（圖 200）是股骨下方的脛骨**向後**（紅色箭號）移動；起因是**後十字韌帶斷裂**（黑色箭號）。因此我們可以這樣子幫助記憶：往「後」抽拉是「後」十字韌帶。

前抽拉動作（圖 201）是股骨下方的脛骨**向前**（綠色箭號）移動；起因是**前十字韌帶斷裂**。因此我們可以這樣子幫助記憶：往「前」抽拉是「前」十字韌帶。

患者伸膝時，施測者一手支撐患者的大腿後側（**圖 202**），另一隻手握住小腿上端，由前往後或由後往前移動（**拉赫曼特里拉（Lachmann-Trillat）檢查**）。只要有往前移動（一般稱為拉赫曼前移），就代表有**前十字韌帶斷裂**，尤其可能同時伴隨後外角受損（由 Bousquet 提出）。這項檢查**很難執行**，是因為移動不大。

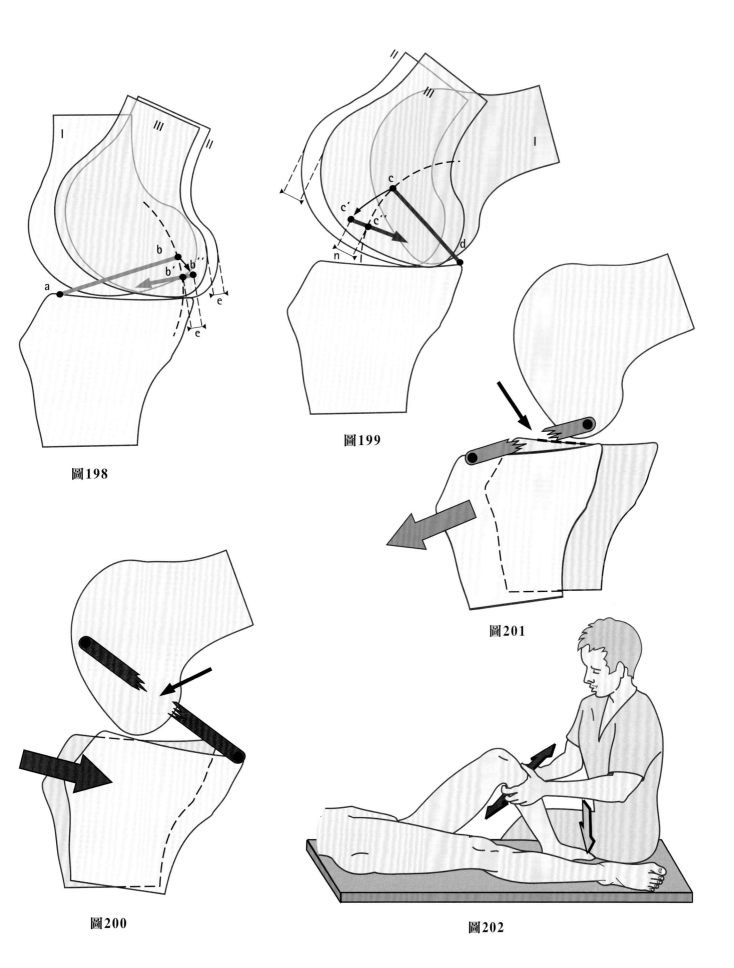

圖198

圖199

圖200

圖201

圖202

伸膝的轉動穩定性

目前已知屈膝時才能做出軸轉動。另一方面，**完全伸膝時無法軸轉動**，是因為**副韌帶和十字韌帶拉緊而受限**。

膝位於軸向轉動正中位置時（**圖 203**：關節表面前視圖，假如把韌帶拉伸而分開上下關節表面），韌帶明顯彼此交叉，單獨只看韌帶時非常清楚可以看到傾斜（**圖 204**）。然而從**水平切面**（**圖 205**：俯視圖，髁以透視方式呈現），十字韌帶兩條彼此平行且接觸。

脛骨在股骨下方向內轉動時（**圖 206**，前視圖），韌帶明顯從***額狀切面來看交叉更對稱***（**圖 207**），***水平切面***（**圖 208**，俯視圖）上兩條韌帶邊緣彼此接觸。因此，這兩條韌帶彼此纏繞且拉緊，就像止血帶，**立刻限制住內轉**。

脛骨在股骨下方向外轉動時（**圖 209**，前視圖），十字韌帶***在冠狀切面上***呈現平行（**圖 210**），在***水平切面***上（**圖 211**，俯視圖）只有邊緣一點點接觸到彼此，所以就沒有像「止血帶」那麼緊繃。因此**十字韌帶拉緊對外轉完全沒有影響**。

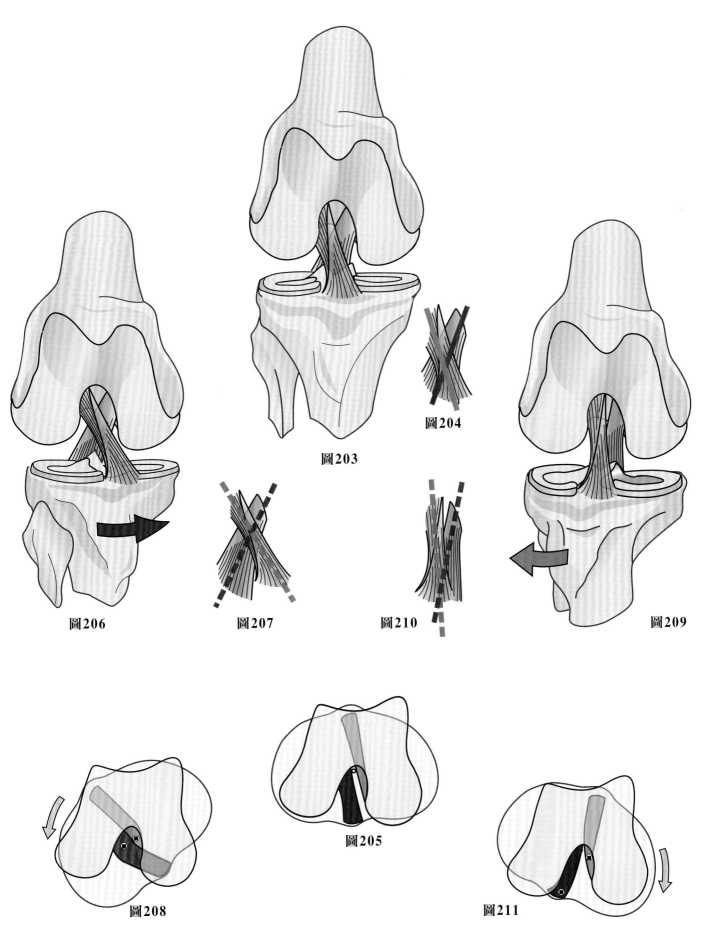

圖206　　　　　　　圖207　　　　　　　圖210　　　　　　　圖209

圖203

圖204

圖205

圖208　　　　　　　　　　　　　　　　　圖211

伸膝的轉動穩定性（續）

直立時膝關節的轉動穩定性，如何受到股骨下方的脛骨外力轉動影響呢？完全伸膝時，**用外力讓股骨下方的脛骨內轉**（**圖 212**：詳細俯視圖，股骨髁以透視的方式呈現），不是繞著脛骨髁間結節之間髁間窩，真正的中心在內側髁間結節內緣（叉號）。

同時可以注意到，轉動中心（**圖 212** 叉號）並不是關節中心（白色圓圈），這種偏心轉動會放鬆（−）**後十字韌帶**（**紅色**），拉緊（+）**前十字韌帶**（**綠色**），以及連接內側半月板前角的延伸組織，然後把內側半月板往後拉。

前後十字韌帶彼此接觸面積逐漸增加（**圖 213**：單獨只看前後十字韌帶），交叉角度越來越接近直角。如果內轉動作繼續（**圖 214**：脛骨**外力內轉** 180°），前後十字韌帶會彼此纏繞並且變短，把股骨跟脛骨拉近彼此（黑色箭號）。這個現象也會發生在現實中：十字韌帶彼此纏繞，導致股骨和脛骨的距離縮短，因此**限制住內轉**。內轉會拉緊前十字韌帶，放鬆後十字韌帶。**伸膝時十字韌帶會限制內轉動作。**

相反的，完全伸膝時**用外力讓股骨下方的脛骨外轉**（**圖 215**：俯視圖，股骨髁以透視方式呈現），會使得脛骨繞著中心（叉號）轉動，這種偏心轉動會**拉緊（+）後十字韌帶**（**紅色**），**放鬆（−）前十字韌帶**（**綠色**）。前後十字韌帶會彼此變成比較平行（**圖 216**），假如繼續外轉（**圖 217**：只有轉動 90°），前後十字韌帶會彼此平行，使得股骨和脛骨的關節表面能夠稍微分開（黑色箭號）。**伸膝時十字韌帶不會限制外轉動作。**

Slocum 和 Larson 詳細研究過運動員屈膝時的轉動穩定性，尤其是足球選手。足球選手在支撐腳即將離開地面時，用力外轉膝關節，這個動作與內側關節囊非常有關，解說如下：

- 屈膝 90°又遇上外翻外轉創傷時，內側關節囊前三分之一非常容易破裂。
- 伸膝時內側關節囊後三分之一很容易受傷。
- 內側關節囊中間三分之一與內側副韌帶的深層纖維交織，假如屈膝 30°至 90°之間時受到創傷，便會斷裂。
- 屈膝 90°以上時，前十字韌帶會在外轉一開始 15-20°時放鬆，接下來則是變緊。假如繼續外轉，前十字韌帶會扭轉，就像繞著外側髁的內側表面。
- 最後一點是，由於內側關節囊附著至脛骨，因此內側半月板的後側部分可以限制住屈膝時的外轉動作。

整體來講，視受傷程度而定，**屈膝遇上外翻外轉創傷**可能接連導致以下後果：

- 內側副韌帶斷裂，首先是深層纖維，然後是淺層纖維。
- 前十字韌帶斷裂。
- 內側半月板脫落。

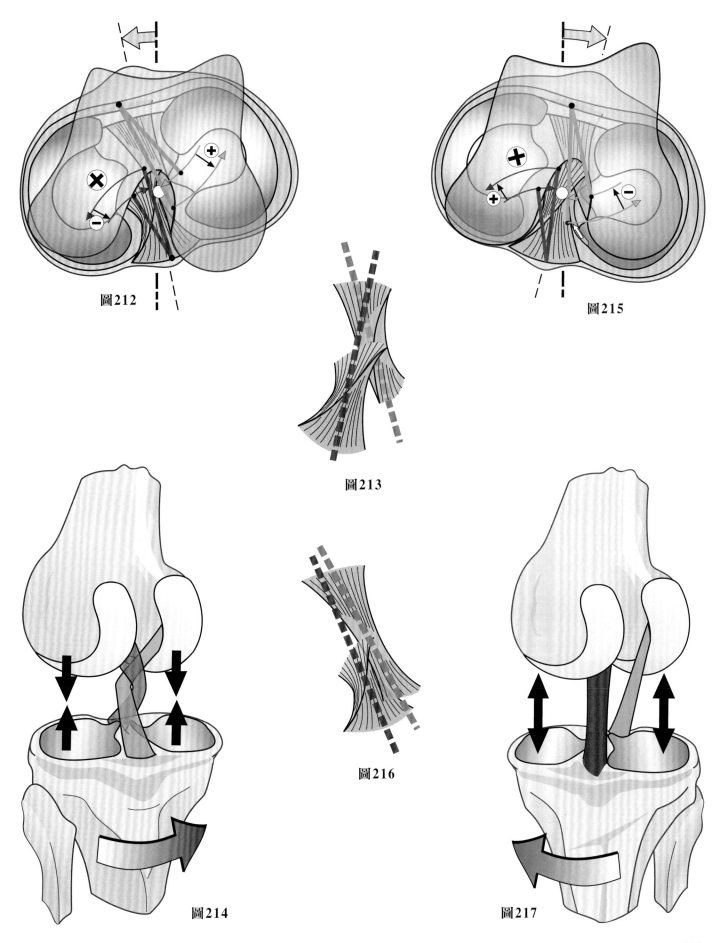

圖212

圖213

圖214

圖215

圖216

圖217

伸膝的轉動穩定性（*結尾*）

副韌帶穩定膝關節轉動的能力，可以從對稱這點說明。

無轉動（null rotation）時（**圖218**，俯視圖，髁以透視呈現），外側副韌帶的傾斜，也就是外側副韌帶向前下方移動，以及內側副韌帶向後下方移動，會讓這兩條韌帶**繞著脛骨上端**。

內轉（圖219）時不會出現上述動作，兩條韌帶的傾斜會使得彼此更加不**平行**（**圖220**：內側後方視圖，關節表面「分開」），

關節表面**較無法由副韌帶緊密接合**，而是**更加由十字韌帶緊密接合**。因此上述種種都是由於**副韌帶放鬆**，但也藉著**十字韌帶拉緊而抵消**。

相反的，**外轉（圖221）**會增加纏繞，讓關節表面彼此更靠近（**圖222**，內側後方視圖），限制了動作，同時**十字韌帶放鬆**。

整體來講，可以說副韌帶限制了外轉，十字韌帶則限制內轉。因此，**伸膝時副韌帶確保外轉穩定，十字韌帶確保內轉穩定**。

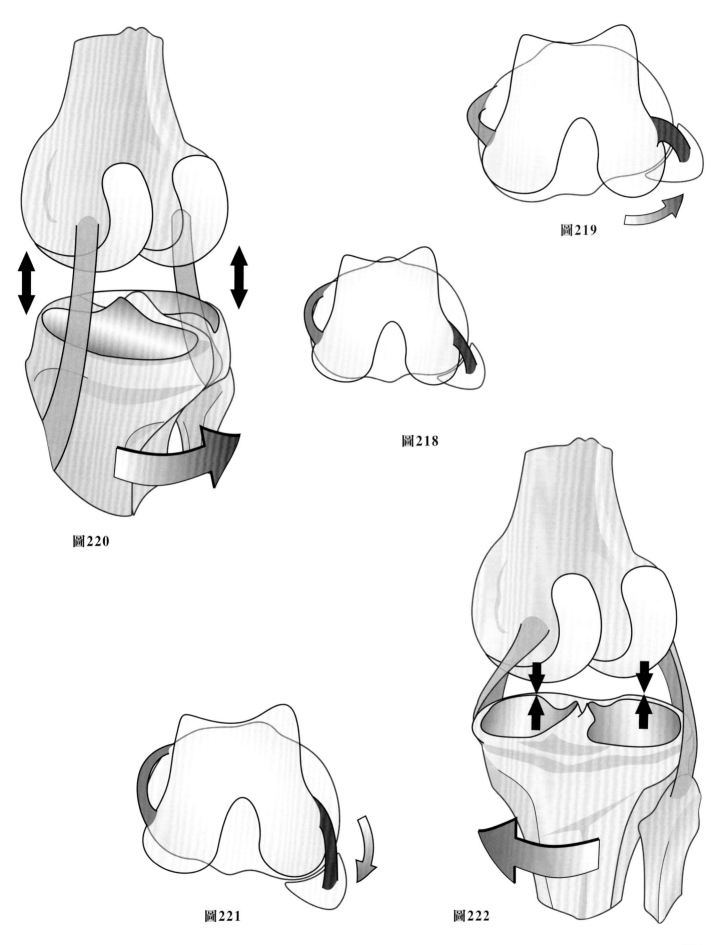

圖219

圖218

圖220

圖221

圖222

膝在內轉下的動態檢查

膝關節穩定性除了可以用靜態檢查，確認是否有**不正常內翻外翻及前後移動**以外，現在我們即將要說明的是廣為人知的**膝關節穩定性動態檢查**（也可以說是檢查不穩定性），觀察**檢查期間膝關節是否出現不正常的動作**。膝關節不穩定性的動態檢查有許多種（不同膝關節手術學派在各個研討會上都提出了新方法），所以需要依照重點分類，大致可以分為兩類：

● 結合外翻與內轉的檢查。
● 結合外翻與外轉的檢查。

第一類包括以下：

外軸移檢查，也稱為 MacIntosh 檢查，是**最為人所知也最常使用的方法**。檢查時，患者仰躺（**圖 223**）或者呈現 45°角（**圖 224**）。患者仰躺時，施測者一隻手放在腳底蹠面支撐，然後往內側轉，此時整條下肢的淨重會加大膝關節外翻。患者呈現 45°角時，施測者一隻手從腳踝下方穿過後握住腳背，然後伸直手腕使得患者的足內轉。膝關節一開始的位置是伸直（**圖 223**），施測者另一隻手把患者的膝往前推，使得膝關節屈曲，往後推加大膝的外翻。屈曲過程中（**圖 224**），施測者一開始感覺到阻力，但是屈曲大約 25-30°時會突然有種**打開**的感覺，會觀察且感受到外側股骨髁真的跳到外側脛骨平台前。

MacIntosh 檢查陽性會在內轉時出現外側跳動，顯示**前十字韌帶斷裂**。事實上，由於前十字韌帶限制了伸膝時內轉（MR，**圖 225**），在後側脛骨關節表面凸面的**後側下坡**（1），**外側股骨髁會變成後側半脫位**（PSL）的狀態，並且由**闊筋膜**（FL）的張力維持在這個位置，以及呈現外翻，使得股骨和脛骨緊密相鄰。只要闊筋膜位於脛骨關節表面前方，股骨髁會一直處於後方半脫位的狀態，但是闊筋膜不在那個位置時，**也就是繼續屈曲時會發生的事（圖 226）**，股骨髁會越過凸面最高處（A），卡在脛骨關節表面**前側**（2），由後十字韌帶（**圖 226** 中粉紅色）固定住位置。重點是，患者自己也能察覺到跳動（J）。

Hughston 急拉檢查與 MacIntosh 檢查反過來。檢查時，患者仰躺（**圖 227**）或者呈現 45°角（**圖 228**），施測者的手擺放位置類似，但是一開始的位置是屈曲 35-40°，膝關節往後移動變成伸直姿勢，然後施測者把患者的足內轉，加大外翻。如此一來，外側股骨髁（**圖 225**）一開始是從「比較靠前」的位置（輕觸），接觸到外側脛骨表面的前側（2），然後突然「一跳」（1）到後方半脫位位置，因為膝關節伸直過程中外側股骨髁不再由前十字韌帶固定住。**急拉檢查結果陽性，表示前十字韌帶斷裂**。

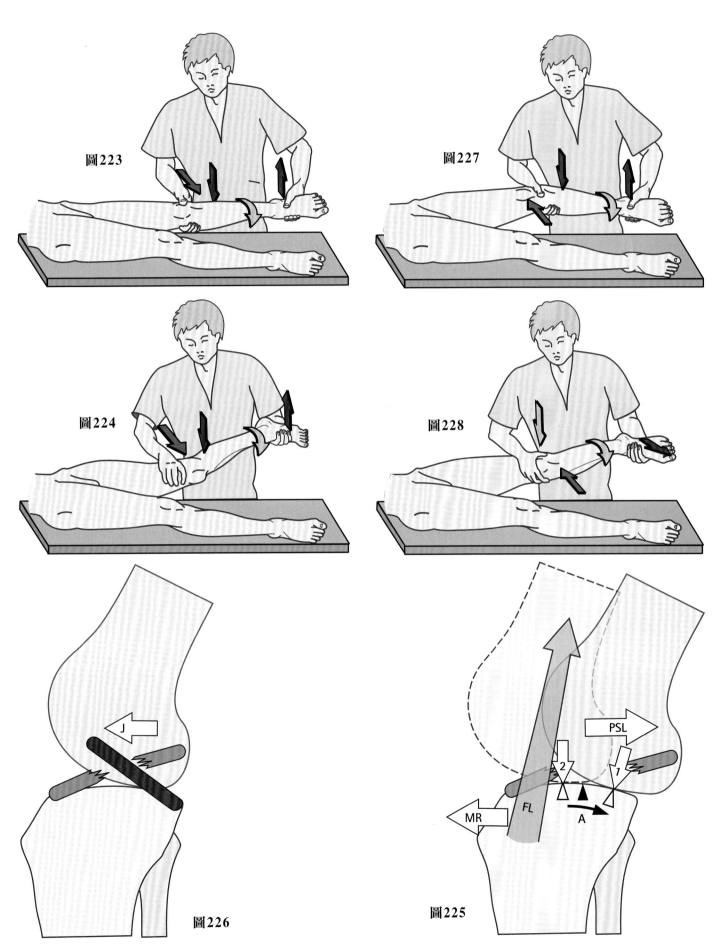

圖223

圖227

圖224

圖228

圖226

圖225

前十字韌帶斷裂的動態檢查

雖然最常用的是 MacIntosh 和 Hughston 檢查，這兩種方法也是最方便可靠的檢查方式，但是還有其他三種方法也能檢查前十字韌帶是否斷裂：

Losee 檢查（圖 229）時，患者需要仰躺，施測者一手支撐患者的腳跟，並且讓患者**屈膝 30°**，另一隻手握住患者膝關節前側，用拇指固定住腓骨頭，然後支撐腳跟的手**把膝關節外轉**，以免外側股骨髁發生後側半脫位，另一隻手**加大外翻**。施測者接著讓患者做出**伸膝**動作，同時**減少膝關節外轉角度**（這個雙重動作是這項檢查的關鍵）。患者的膝關節逐漸伸直時，施測者握著患者膝關節的拇指把腓骨往前壓。假如患者完全伸直時，近端關節表面**向前一動**，那就代表檢查結果是**陽性**。

Noyes 檢查（圖 230），也稱為**屈曲轉動抽拉檢查（Flexion Rotation Drawer test）**，也需要患者仰躺，屈膝 20-30°，膝關節無轉動。施測者的手只用來支撐患者的小腿，大腿的淨重會使得外側髁**後方半脫位**（兩個紅色箭號），並且股骨外轉。假如想要減少半脫位，可以把脛骨上端往後推（黃色箭號），這個動作也像在做後抽拉動作（盎格魯–撒克遜人是用這種方式形容），這樣也能判斷前十字韌帶有無斷裂。

Slocum 檢查（圖 231）時，患者需要仰躺並且稍微轉身背對施測者，單側躺在治療床上。伸膝時，腿的淨重**會自然而然讓膝關節呈現外翻且內轉**。這種檢查方式不需要施測者支撐患者的腳，所以可以用來檢查體重較重的患者。施測者用一隻手放在膝關節上，逐漸讓膝關節做出屈膝動作，增加外翻。如同 MacIntosh 檢查，**屈曲 30-40° 時突然出現跳動**就是陽性，也如同 Hughston 檢查，伸膝時 **30-40° 出現一跳**，就代表 Slocum 檢查的結果是陽性，**前十字韌帶有斷裂**。

上述五種重要的檢查方法可以判斷前十字韌帶是否斷裂，但是在兩種情況下會**失效**：

- 如果年輕女性關節過度鬆弛，檢查可能會呈現陽性，但是其實卻沒有韌帶斷裂；因此**需要檢查另一個膝關節**，因為另一個應該也會過度鬆弛。
- 膝關節後內角受過嚴重的傷後，外側髁會不受外翻動作限制，這會讓急拉的檢查動作變得困難。

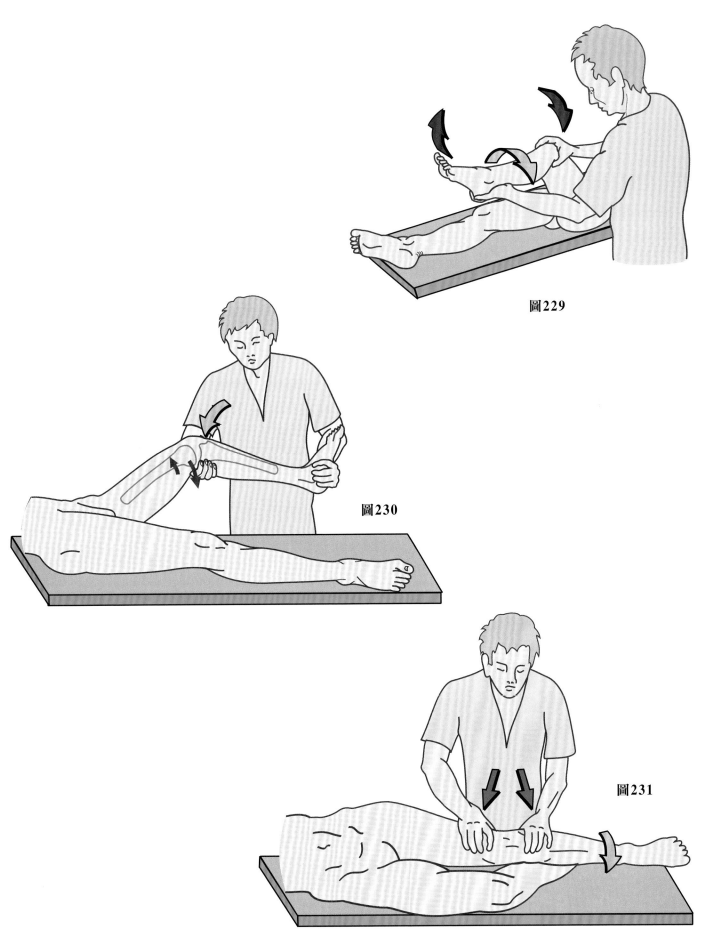

圖229

圖230

圖231

膝在外轉下的動態檢查

如果沒有**膝在外轉下的動態檢查**，就不算是完整的膝關節檢查。膝在外轉下的動態檢查是用來觀察膝外轉時否有外側跳動。

軸移反向檢查（Pivot Shift Reverse test），或稱為外轉外翻伸直檢查（圖 232），方法與 MacIntosh 檢查類似，不過施測者用手支撐腳並且做出外轉動作，而不是內轉。一開始，患者的位置是屈曲 60-90°，然後逐漸伸直，並且膝關節外側表面持續受壓，使得**（圖 233）**在伸展 −30°時出現**外側股骨髁突然跳動**，朝向外側脛骨關節表面的後側下坡。

膝關節外轉並且屈曲時（圖 235），只要把膝關節向外轉動（LR），外側髁就會無法由後十字韌帶（紅色）的張力維持住位置，並且在外側脛骨表面凸面（箭號 1）的前側下坡出現前方半脫位（ASL）。假如膝關節繼續伸直**（圖 234）**，**髂脛束**（ITT）會移動到股骨脛骨接觸點的前方；因此，外側股骨髁會拉到後方**（圖 235）**正常位置（虛線），一下子越過後側脛骨關節表面凸面的最高處（A），落到脛骨後方表面的斜面上（2）。施測者在上述過程中觀察到的跳動，在膝關節不穩定時，患者自己也會感覺到膝關節發生同樣的跳動，那一下跳動是因為**外側股骨髁前方脫位突然復位**，原因在於**後十字韌帶斷裂**（紅色）。

外轉外翻屈曲檢查（圖 236）的方法相同，但是患者的膝關節**一開始是完全伸直**狀態。屈曲 30°**（圖 235）**時出現跳動，是因為外側股骨髁前方半脫位（ASL），外側髁突然跳過外側脛骨表面凸面最高處（A），從脛骨表面後方斜面的正常位置（箭號 2），變成脛骨表面前方斜坡的不正常位置（箭號 1）。這種現象可能是因為後十字韌帶斷裂。

另外還有三項檢查能診斷出後十字韌帶沒有斷裂時，**膝關節後外角及外側韌帶的撕裂**。

Hughston 後外抽拉檢查：患者腳掌貼在治療床上，髖關節屈曲 45°，雙膝屈曲 90°。施測者半坐在床上稍微壓住患者的腳背（見 P.129 圖 202），便可以讓膝關節在接下來的動作時維持鎖定在正中位置、外轉 15°以及接著內轉 15°。施測者用雙手緊握住脛骨上端，**嘗試在上述三個姿勢做出向後抽拉動作**。檢查結果陽性的定義是，外側脛骨平台出現後外側半脫位，而內側脛骨平台保持在原位。足部外轉時，以做出**明確的外轉抽拉動作**，但是足部移動到沒有旋轉的正中位置時動作幅度就會減小，等到足部內轉時就完全無法做出，這是因為後十字韌帶沒有受損並且具有正常張力的關係。

Bousquet 外側過動檢查時，需要屈膝 60°。施壓在脛骨上端，使得脛骨表面移動到股骨髁後下方，如果加上足部外轉就可以感受到跳動。這是另一種典型**名副其實的外轉抽拉動作**。

反屈外轉檢查需要股四頭肌具有良好的放鬆狀態，檢查方法有兩種：

- **伸直時**：施測者握住雙腳的足部，抬高變成伸直狀態，受傷的那一隻腳會呈現膝反屈並且外轉，顯示出前側脛骨粗隆向外位移。

- **屈曲時**：施測者一隻手支撐患者腳掌，然後緩緩伸直患者的膝關節，另一隻手握在患者膝關節，可以感受到脛骨後方外側半脫位，同時表現出膝反屈、膝內翻、脛骨粗隆向外位移。

上述檢查可能會比較難使用在清醒時身體緊繃的患者身上，但是假如患者先接受全身麻醉，那就可以看到明顯的結果。

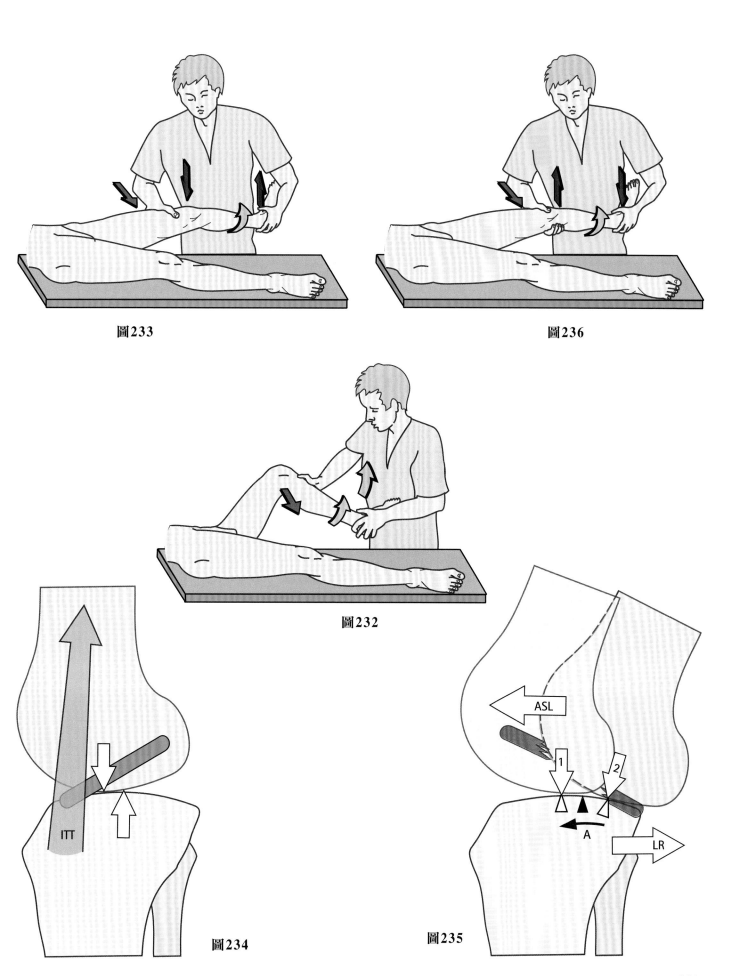

圖233

圖236

圖232

ITT

圖234

ASL

1

2

A

LR

圖235

141

膝關節伸肌群

股四頭肌是**膝關節伸肌**，事實上也**只有股四頭肌**可以伸直膝關節。人體中股四頭肌的**力量第二大**，僅次於臀大肌，有效截面積為 148 平方公分，**收縮 8 公分**可以產生 42 公斤力量。股四頭肌**比膝關節屈肌群還要更強壯三倍**，因為股四頭肌需要隨時抵抗重力。不過，前文已經說明過，膝關節過度伸直時，不需要股四頭肌就能維持直立姿勢（見 P.114），但是**只要開始屈曲**，股四頭肌就會變得不可或缺，具有非常大的能力可以避免屈膝時跌倒。

股四頭肌（**圖 237**）如同其名，是由**四條肌肉**組成，藉由一條共同的伸肌肌腱附著至脛骨粗隆（TT）：

- 三條單關節肌肉：股中間肌（1）、股外側肌（2）、股內側肌（3）。
- 一條雙關節肌肉：股直肌（4）。股直肌具有非常獨特的生理性功能，後文會進一步討論。

三條單關節肌肉**只有膝伸肌功能**，但是也具有外側分力。更重要的是，股內側肌的力量比股外側肌大，並且**更加斜行向下**，主要功能在於**限制住髕骨向外側移動**。一般而言，股內側肌、股外側肌、股中間肌收縮平衡時，會形成一股往上的力量，方向順著大腿軸，但是假如收縮不平衡時，例如股內側肌功能有缺陷，股外側肌力量比股內側肌強時，髕骨就會「脫位」跑到外側。這是其中一種機制導致**髕骨反覆脫位，總是發生在外側**。反過來想，**選擇性強化股內側肌**具有預防髕骨外側脫位的效果。髕骨屬於一種**種子骨**，包埋在**膝伸肌**中，**上方是股四頭肌肌腱，下方是髕骨韌帶**。

髕骨是**重要結構**，可以把股四頭肌的拉動方向變成前方，增加股四頭肌的效能。這點可以輕易地用**力平行四邊形**解釋，不管有沒有標示出髕骨都可以。

股四頭肌向髕骨施加的力（Q，**圖 238**：圖中有畫出髕骨），可以分解為兩個向量：

- 作用力 Q1，方向朝向屈曲伸直軸，把髕骨壓往股骨滑車。
- 作用力 Q2，方向朝向髕骨韌帶延長線。Q2 如果是作用在脛骨粗隆上，就可以再分成兩個正交向量，也就是作用力 Q3 和作用力 Q4。作用力 Q3 朝向屈曲伸直軸，可以讓脛骨與股骨保持接合；Q4 與 Q3 成直角（切線）是**唯一可以讓股骨下方的脛骨往前滑動**的**伸肌分力**。

我們假設把髕骨移除掉（**圖 239**：圖中**沒有畫出髕骨**），就像做了髕骨切除手術，然後再重複上面的分析方法。作用力 Q 的方向變成股骨滑車的切線，**直接作用在脛骨粗隆上**，可以分成兩個向量：作用力 Q5，維持脛骨與股骨穩固接合；作用力 Q6，與 Q5 成直角（切線），可以有效發揮伸肌功能，明顯變得比較小，因為向心接合分力 Q5 變大。

如果我們現在拿上述兩種情況比較（**圖 240**：結合圖），可以明顯看出 Q4 比 Q6 大了 50％；因此，**髕骨就像把股四頭肌肌腱架高一樣，增加了股四頭肌的作用**。由此也可以看出，沒有髕骨時接合的力量更大，但是同時也會縮小屈曲範圍，因為縮短了伸肌，並且增加受傷的風險。**由上述可知，髕骨是非常有用的結構**，非常珍貴，也解釋了為什麼**髕骨切除術不受歡迎**。

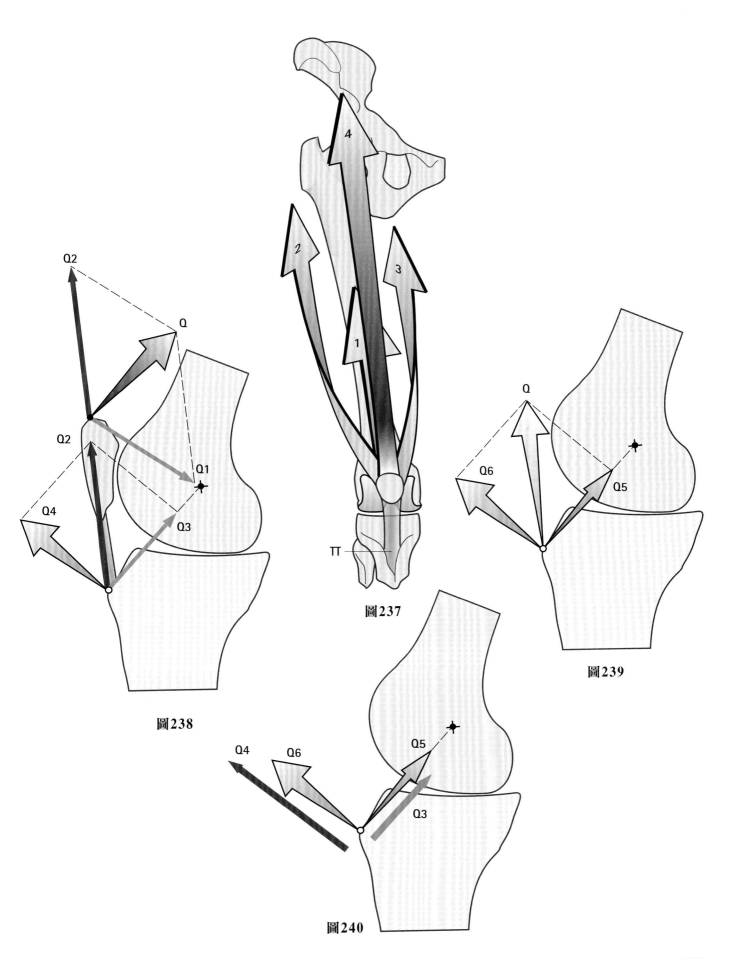

圖237

圖238

圖239

圖240

TT

143

股直肌的生理性動作

股直肌只能產生**股四頭肌的五分之一力量**，不能單靠自身讓膝關節完全伸直，但是股直肌是雙關節肌肉，具有**特殊意義**。

股直肌（紅色箭號）位於髖和膝的屈曲伸直軸前側，同時是髖屈肌也是膝伸肌（**圖241**：圖中有四個姿勢），但是**髖關節姿勢**會影響股直肌的膝伸肌功能，而**膝關節位置**也會影響**股直肌的髖屈曲功能**（**圖242**），因為髖關節屈曲呈現位置 II 時，髂前上棘（a）與**股骨滑車上緣**的距離會變短（ac），直立位置 I 時則比較長（ab）。兩者長度差異是因為，髖關節屈曲加上膝關節因為小腿淨重而被動屈曲時，肌肉會**相對**變短。這種情況下，**股肌群**會**比較難伸直膝關節變成位置 III**，股直肌反而比較容易做到，因為股直肌在髖關節屈曲時呈現放鬆狀態。

另一方面，假如髖關節從直立位置（I）變成伸直位置（IV），股直肌從起點到附著點的距離（ad）會增加 f，使得股直肌更加緊繃。這段**相對延展**會等比增加股直肌的功能。這種情況會發生在跑步或走路的時候，也就是**後肢提供推進力**（**圖245**）：膝關節和踝關節伸直時，**臀肌收縮**使得髖關節**伸直**。股直肌的作用提升時，**股四頭肌的力量達到最大**。**臀大肌因此同時是股直肌的拮抗肌及協同肌**，也就是對於髖關節是拮抗肌，對於膝關節是協同肌。

走路時單腳支撐時期**下肢擺盪向前時**（**圖244**），股直肌會收縮，使得髖屈曲，同時膝伸直。股直肌能夠同時屈曲伸直髖關節及膝關節，因此**在走路的兩個時期都很有用**，也就是後肢推進時，以及下肢擺盪往前時。

從坐姿站起來時股直肌很重要，因為股四頭肌中只有股直肌可以在整個過程中**持續發揮作用**。事實上，伸膝時臀大肌也會伸直髖關節，臀大肌會再度拉緊起點的股直肌，因此在收縮早期可以維持肌肉長度。這是另一個例子可以說明一條強壯的肌肉位於肢體根部時（臀大肌），**力量**可以透過雙關節肌肉（股直肌）傳遞到較遠處關節。

相反的，**膕旁肌群屈曲膝關節，則會透過股直肌使得髖關節屈曲**，這個機制對於屈膝跳躍很有幫助（**圖243**），股直肌可以有效屈曲左右髖關節。同時，上述例子中膕旁肌群（膝屈肌及髖伸肌）和股直肌也是拮抗協同肌肉，股直肌可以屈曲髖關節並且伸直膝關節。

圖241

圖242

圖245

圖244

圖243

膝關節屈肌群

膝屈肌位於**大腿後側**（**圖 246**），分為**膕旁肌群**、**鵝足肌群**、**膕肌**（請見後文），以及**腓腸肌**的**外側頭**（6）和**內側頭**（7）。膕旁肌群包括**股二頭肌**（1）、**半腱肌**（2）、**半膜肌**（3）。一般所稱的鵝足肌群包括**股薄肌**（4）、**縫匠肌**（5）、**半腱肌**（也屬於膕旁肌群）。腓腸肌的外側頭和內側頭是力量不大的膝屈肌，但是很強壯的踝關節伸肌（見 P.212）。下肢上端臀部還有臀大肌（8）。

除此之外，腓腸肌也是重要的**膝關節穩定肌肉**。腓腸肌的起點在股骨髁上方，走路的推進期時會收縮，也就是膝和踝都伸直時，把股骨髁往前移。因此，腓腸肌是股四頭肌的拮抗肌及協同肌。上述肌肉中只有股二頭肌的短頭和膕肌不是雙關節肌肉。股二頭肌的短頭以及膕肌都是單關節肌肉（見後文）。雙關節屈肌群會一起**伸直髖關節**，而**髖的位置會影響**這些肌肉對膝關節的作用。

縫匠肌（5）是髖關節屈肌、外展肌、外轉肌，同時可以屈曲和內轉膝關節。

股薄肌（4）是主要的髖關節內收肌以及附屬屈肌，也是髖關節的屈肌及內轉肌（見 P.148）。

膕旁肌群同時是**髖伸肌**（見 P.44）及**膝伸肌**，作用會受到髖位置影響（**圖 247**）。髖屈曲時，膕旁肌群的起點到附著點距離 **ab** 會增加，股骨轉動時以髖關節為中心 O，但是膕旁肌群轉動時並非以 O 為中心。因此，隨著屈曲

增加，膕旁肌群會變得相對更長且**拉伸更多**。髖關節屈曲 40°時（位置 II），膕旁肌群的相對延長仍然可以由被動屈膝抵消（ab = ab'），但是髖關節屈曲 90°時（位置 III），膕旁肌群會明顯相對延長（f），延長程度大到無法抵消。髖關節屈曲超過 90°時（位置 IV），膕旁肌群會非常難以維持膝關節完全伸直（**圖 248**），膕旁肌群的相對延長（g）也會幾乎被本身的彈性吸收。膕旁肌群的彈性會因為缺乏運動而大幅下降。（位置 IV 屈膝時，會放鬆膕旁肌群，把脛骨附著處從 d 帶回 d'。）髖關節屈曲時拉緊膕旁肌群，會增加膕旁肌群的屈膝能力，就像**攀爬**（**圖 249**）時，一隻腳往前移動，**髖關節屈曲也使得膝關節屈曲**。反過來，膕旁肌群會使得**伸膝時髖關節伸直**：這種情況會發生在想要挺直軀幹往前彎時（**圖 248**），也會發生在**攀爬**時，也就是剛剛說的那隻腳變成在後側的時候。

髖關節完全伸直時（**圖 247**，位置 V），膕旁肌群會**相對縮短**（e），導致膝屈肌的功能減弱（見 P.73 圖 13）。上述的觀察結果更加顯現出單關節肌肉的功用（膕肌及二頭肌的短頭），因為無論髖關節位置為何，單關節肌肉的功能都不會受到影響。膝關節屈肌的力量加起來總共是 15 公斤，剛剛好些微超過股四頭肌的三分之一。

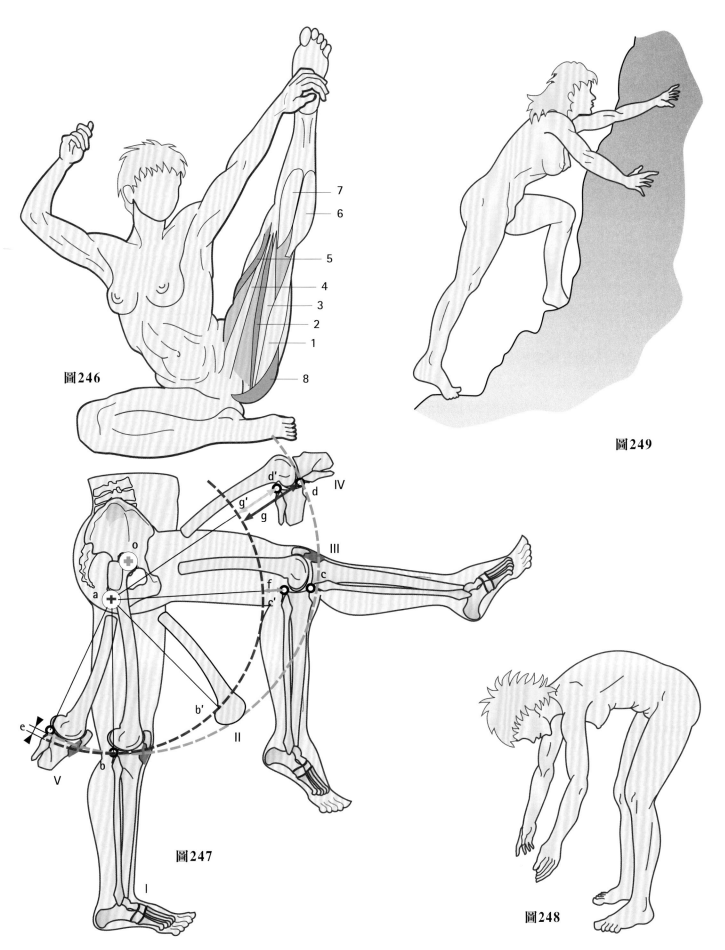

圖246

7
6
5
4
3
2
1
8

圖249

IV
d'
d
g'
g
III
o
f
a
c
c'
b'
II
e
V
b
I

圖247

圖248

膝關節旋轉肌群

膝屈肌也是膝旋肌，可以依據腿骨附著處分為兩類（**圖 250**：屈膝後方內側視圖）：

- 第一類附著在膝轉動**垂直軸 XX' 外側**，也就是**外轉肌**（LR），包括（**圖 253**）股二頭肌（1）及**闊筋膜張肌**（2）。這些肌肉（A）把脛骨平台外側往後拉時（**圖 251**：脛骨平台俯視圖），會轉動脛骨平台，使得腳尖**更直接朝向外側**。**闊筋膜張肌**只有在屈膝時才會變成屈曲旋轉肌；完全伸膝時，會**無法轉動，變成伸肌**，而將**膝關節鎖在伸直狀態**。**股二頭肌的短頭**（1，**圖 254**：屈膝外側視圖），是**膝唯一的單關節外轉肌**，因此功能不會受到髖屈曲伸直影響。

- 第二類附著在膝轉動**垂直軸 xx' 內側**，也就是**內轉肌**（MR），像是（**圖 253**）縫匠肌（3）、**半腱肌**（4）、**半膜肌**（5）、**股薄肌**（6）、**膕肌**（7）（**圖 254**）。這些肌肉（B）把脛骨平台內側往後拉時（**圖 252**：脛骨平台俯視圖），會轉動脛骨平台，使得腳尖**朝內**。這些肌肉也是**屈膝時外轉的煞車**，可以保護關節囊及韌帶，避免大力轉向支撐腳另一側時受傷。**膕肌**（7，**圖 256**，後視圖）是這些肌肉中的唯一例外。膕肌的起點是外側股骨髁的外側表面上膕肌溝下端肌腱，接著

很快穿過膝關節囊（**仍在滑膜外面**），通過外側副韌帶與外側半月板之間（**圖 254**）。**膕肌的纖維延伸組織連接至外側半月板後緣**，然後出現在關節囊，上面是弓形膕肌韌帶（同時參考 P.115 **圖 161**），然後才到達脛骨上端後方表面的附著處。膕肌是**膝唯一的單關節內轉肌**。因此，膕肌的功能不會受到髖關節位置影響，可以從脛骨平台後側輕鬆觀察到（**圖 255**，膕肌是**藍色箭號**）；膕肌會把脛骨平台的後側拉向後外側。

雖然膕肌在膝關節後方，卻是屬於**膝伸肌**。屈曲時，膕肌會從股骨髁往上方內側移動（**圖 254**），並且拉伸肌肉，因此作為內轉肌的力量變大。相反的，屈膝且**想當然的**外轉時，膕肌收縮會使得肌肉起點往更**下方後側**移動，造成**外側股骨髁滑向伸直方向**。如此一來，膕肌就同時兼具**膝關節伸肌和內轉肌**的功能。

這些內轉肌群的力量加起來（2 公斤）**僅僅稍微大於**外轉肌群一點（1.8 公斤）。

如果拿膝跟肘比較（上肢的類似構造），會發現膝與肘不同，膝不但是屈曲發生的所在處，而且也是軸向轉動發生的所在處，這也解釋了為什麼腳趾的運動肌肉沒有任何一條源自於股骨，也就是沒有「經過」膝關節。

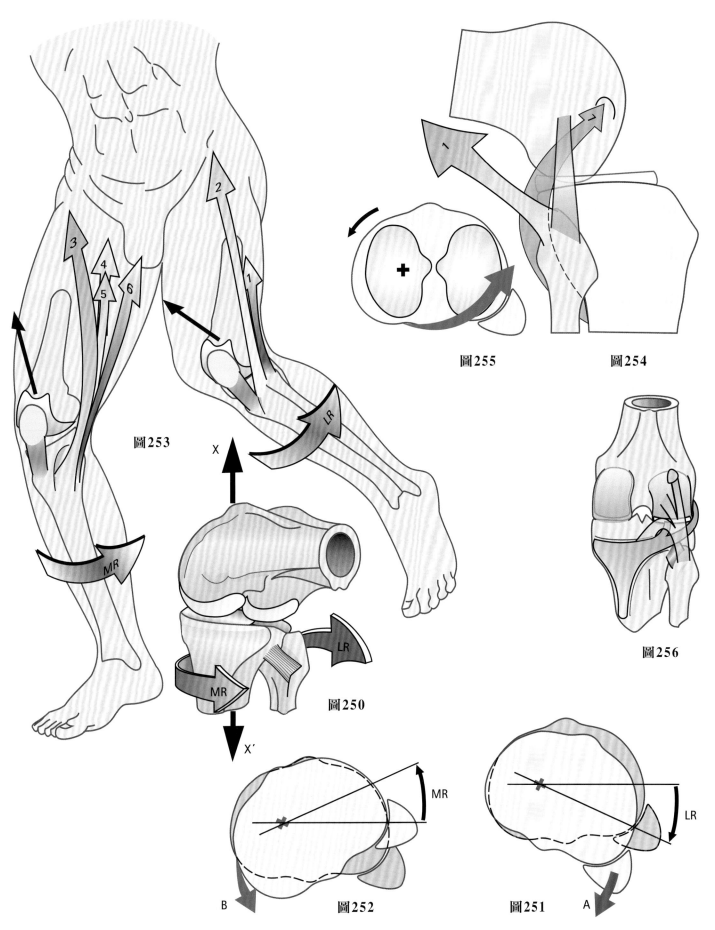

圖255　　　　　　　圖254

圖253

圖256

X

LR

MR

圖250

X´

B　　圖252　　MR

圖251　A　LR

膝的自發性轉動

　　我們已經知道，伸膝的最後階段是小幅度的外轉，屈曲開始時小腿和足也一定會有某種程度的內轉（P.74）。這些轉動都是**自發性的**，也就是不需要用意識去轉動膝。

　　這種**自發性轉動**可以在解剖標本上觀察到，方法根據 Roud 的**實驗**，如下：

- **伸膝時**（**圖 257**：伸膝的俯視圖），在冠狀切面**插入兩個平行且水平的針**，一個插入脛骨（t）上端，另一個插入股骨下端（f）。

- **股骨屈曲到 90°時**（**圖 258**：屈膝的俯視圖），這兩根針就不再平行了，這是因為股骨在脛骨上轉動，結果呈現 30°夾角。

- 這一切在**股骨軸重新移動到矢狀切面上（圖259）**時變得更加明確：脛骨針此時在前後與內外被重新定位，顯示出股骨下方的**脛骨內轉**，與股骨軸形成 **20°夾角**。因此，屈膝伴隨 **20°自發性內轉**。之所以差了 10°是因為生理性外翻角，導致股骨針沒有與股骨幹的軸成直角，而是 80°夾角（V）（見 P.69，**圖 3**）。

- 這個實驗也可以**反過來**做：一開始位置是屈膝 90°，兩根針彼此不平行（**圖 258**），完全伸直時兩根針就會互相平行了（**圖 257**）。逆轉實驗顯示出**伸膝自然而然會做出外轉**。

　　這個現象是因為屈膝時**股骨外側髁比內側髁後退更多**（**圖 260**：脛骨平台的俯視圖），造成脛骨內轉。伸膝時，接觸點 **a** 和 **b** 位於橫軸 Ox 上。屈膝時，內側髁從 a 退到 a'（5-6公釐），外側髁從 b 退到 b'（10-12公釐），接觸點 a' 和 b' 位於 Oy 上，Oy 和 Ox 之間呈現 20°夾角。外側髁和內側髁在脛骨平台上的移動差異，造成伸膝時脛骨外轉 20°。

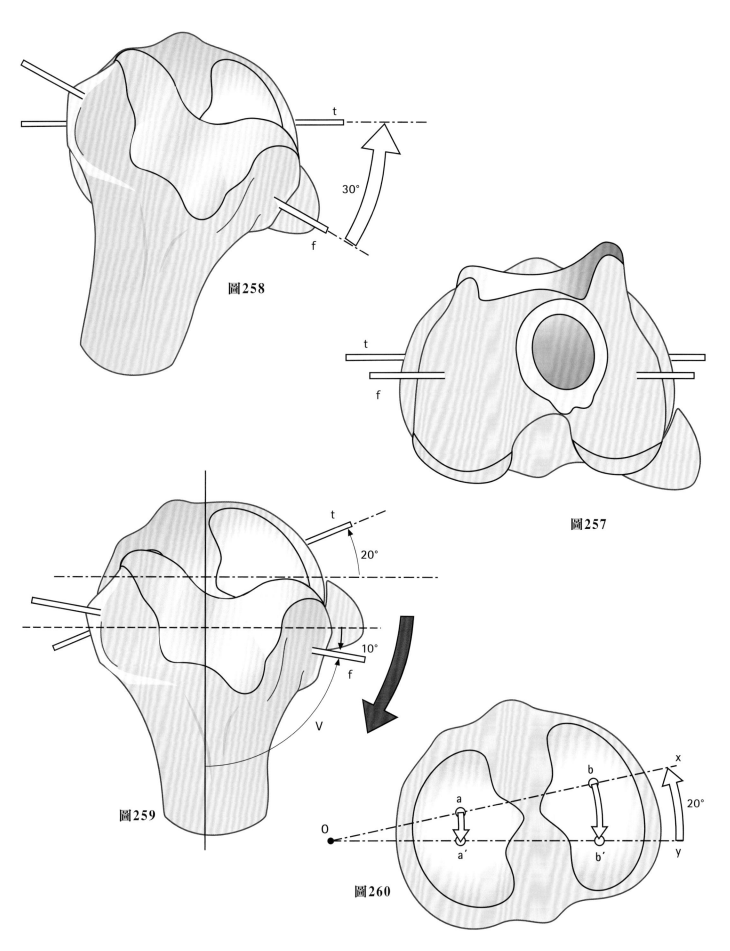

圖258

圖257

圖259

圖260

膝的自發性轉動（*續*）

髁的後退差異有**三個因素：**

1. 股骨髁長度不等（**圖 261 和圖 262**）。關節表面的內側（**圖 261**）和外側（**圖 262**）磨損到可測量出時，外側髁的磨損後方曲面（bd'）明顯絕對超過內側髁（假定 ac' = bc'）。這個現象某種程度可以解釋為什麼**外側髁滑動距離比內側髁更大**。

2. 脛骨關節表面形狀。內側髁只有後退一點，是因為內側髁位置靠內、位於凹面（**圖 263**），相較之下，外側髁則在外側凹面的後方邊緣上滑動（**圖 264**）。

3. 副韌帶的方向。

股骨髁退後且接觸脛骨表面，內側副韌帶拉緊更快速（**圖 263**），比外側副韌帶更快，如此一來，外側髁可以後退後多，因為韌帶傾斜。

此外，有兩組**旋轉力偶（rotational force couple）**源自：

- 屈曲內轉肌群的動作（**圖 265**），也就是鵝足肌群（綠色箭號）及膕肌（藍色箭號）。
- 伸直到最後時，前十字韌帶拉緊的張力（黃色箭號）（**圖 266**）：韌帶會位於關節軸外側，所以前十字韌帶拉緊，造成外轉。

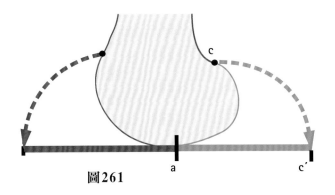

圖261

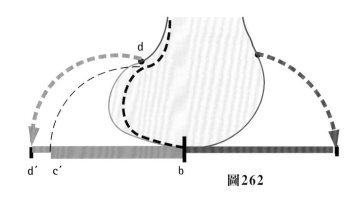

圖262

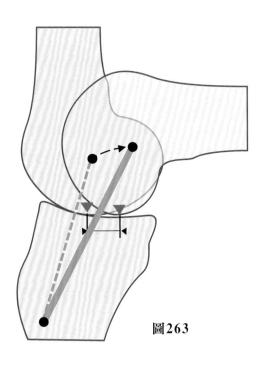

圖263

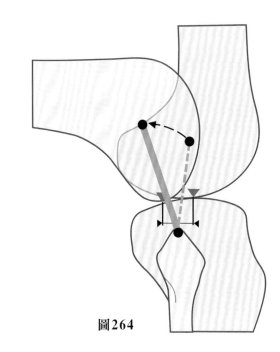

圖264

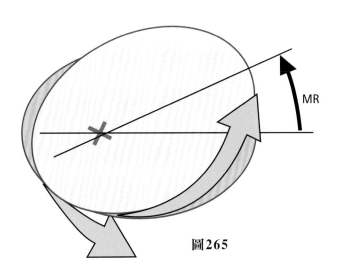

MR

圖265

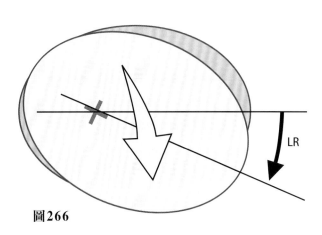

LR

圖266

膝的動態平衡

我們來到本章結尾，這個鬆散而互鎖的關節的穩定性看來是一種**無限的奇蹟**。因此，我們嘗試提供一張以解剖結構為基礎相關的主要臨床檢查**摘要圖（圖 267）**：每一條線都指向潛在病灶。這些根據近期研究發表的檢查，在選擇及結果解釋上可能還有待商榷，**下文的分類方式也純粹僅供參考**。

1. **無轉動直接前抽拉檢查**，正常人的檢查結果可能有弱陽性反應，因此必須與理論上正常的另一邊比較。檢查結果是明確的陽性（＋）時，表示**前十字韌帶斷裂**。陽性結果非常顯著時，表示**除了前十字韌帶斷裂以外，也同時合併內側副韌帶斷裂**。然而，需要留意的是，後十字韌帶斷裂時，會導致**後半脫位自發性復位**，可能因此出現偽陽性！

2. **15°內轉下的前抽拉檢查**，陽性結果表示**前十字韌帶斷裂**，可能會伴隨膝關節後外角受損。

3. **30°內轉下的前抽拉檢查**，陽性結果表示**前後十字韌帶合併斷裂**。假如也有發現**跳動**，表示也有**外側半月板後角脫落**。

4. **外翻內轉屈曲下的外側急拉檢查（*MacIntosh 外軸移檢查*）和 *Hughston 急拉檢查***，可以診斷**前十字韌帶斷裂**。

5. **外轉下的前抽拉檢查**，呈現陽性（＋）時，表示膝關節後外角損傷。假如伴隨跳動，表示合併有**內側半月板後角脫落**。

6. **無轉動後抽拉檢查（*直接後抽拉檢查*）**，可以確認是否有**後十字韌帶斷裂**。

7. **外翻外轉伸直下的外側急拉檢查（*反向軸移檢查*）和外翻外轉屈曲下的外側急拉檢查**，能夠檢查有無**後十字韌帶斷裂**。

8. **外轉下的後抽拉檢查**，可以確認膝關節後外角是否受損，以及是否伴隨**後十字韌帶斷裂**。

9. **內轉下的後抽拉檢查**，可以確實檢查出**後十字韌帶斷裂伴隨膝關節後內角損傷**。

10. **伸直下的外翻動作**，如果產生些微程度（＋）的外翻，表示**內側副韌帶**斷裂；如果是中等程度（＋＋）的外翻，表示合併有**內側髁骨板**的損傷；如果是嚴重程度（＋＋＋）的外翻，表示也合併有**前十字韌帶的斷裂**。

11. **輕微屈曲（10-30°）下的外翻動作**，可以檢查出是否**內側副韌帶、內側髁骨板、膝關節後外角**同時斷裂，伴隨**外側半月板後角**受損。

12. **伸直下的內翻動作**，出現中等程度的內翻（＋），表示**外側副韌帶斷裂**，可能伴隨**髂脛束同時斷裂**。嚴重程度的內翻時，顯示同時**伴隨外側髁骨板及膝關節後外角斷裂**。

13. **輕微屈曲（10-30°）下的內翻動作**，損傷結果與上一項檢查類似，但是不包括**髂脛束斷裂**。

14. **反屈外轉外翻檢查**，也稱為**大拇趾懸停檢查**，可以確認是否有**外側副韌帶斷裂及後外角斷裂**。

想要瞭解膝關節的力學，必須知道膝關節具有功能的同時也是處於**動態平衡**，最重要的是，不能從**雙因素平衡**的角度思考，也就是不能只把膝關節當作兩個板子取得平衡。其實，**風浪板（圖 268）**更能充分展現出**三因素平衡**的類比：

- **海浪**，支撐著風浪板，就像**關節表面**的動作。
- **衝浪者**，駕駛風浪板的同時**運用到肌肉，隨時針對風向及海浪做出反應，就像關節周圍肌肉群**。
- **風帆**，接受風的力量，就像**韌帶複合體**。

膝關節動作無時無刻不是**上述這些因素的**

同時運作及平衡，也就是關節表面、肌肉、韌帶，三者展現出了**三因素平衡**。

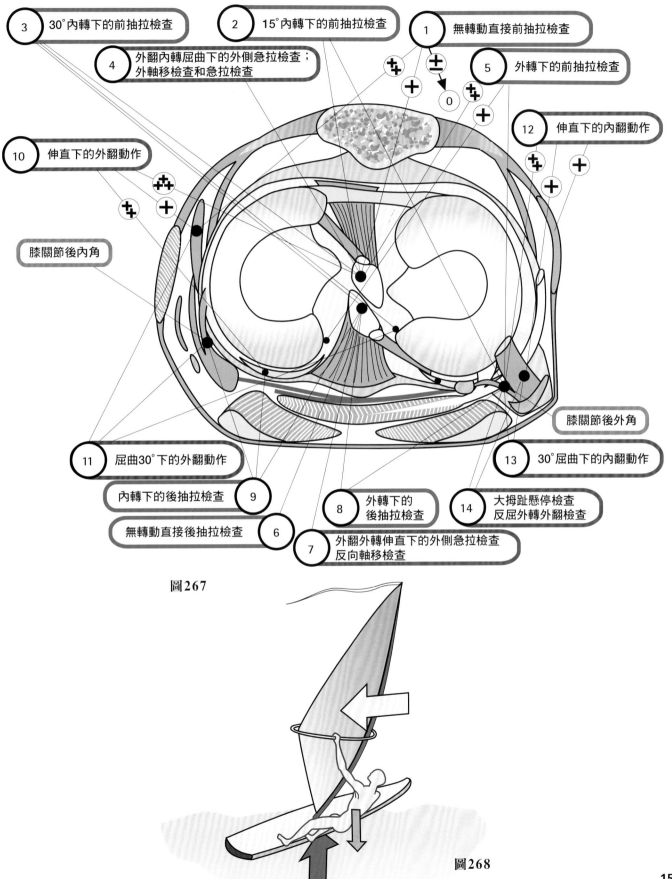

3　30°內轉下的前抽拉檢查

2　15°內轉下的前抽拉檢查

1　無轉動直接前抽拉檢查

4　外翻內轉屈曲下的外側急拉檢查；外軸移檢查和急拉檢查

5　外轉下的前抽拉檢查

12　伸直下的內翻動作

10　伸直下的外翻動作

膝關節後內角

膝關節後外角

11　屈曲30°下的外翻動作

13　30°屈曲下的內翻動作

內轉下的後抽拉檢查　9

無轉動直接後抽拉檢查　6

8　外轉下的後抽拉檢查

7　外翻外轉伸直下的外側急拉檢查
反向軸移檢查

14　大拇趾懸停檢查
反屈外轉外翻檢查

圖267

圖268

155

第3章

踝

　　踝關節位於下肢遠端，又稱為距骨小腿關節，是屬於僅有一個活動度的**樞紐關節**，可控制小腿相對於足部在矢狀切面上的動作，不論行走於平坦或不平路面，這些動作對於保持正常步態都非常重要。

　　踝關節結構緊密，在行走、跑動或跳躍等動作中，因足部快速與地面接觸並將動能向上傳遞，會承受全身的重量。除此之外，還可能要再承受手提或肩背物品的重量，因此要設計出可靠且耐用的人工踝關節，難度可想而知。

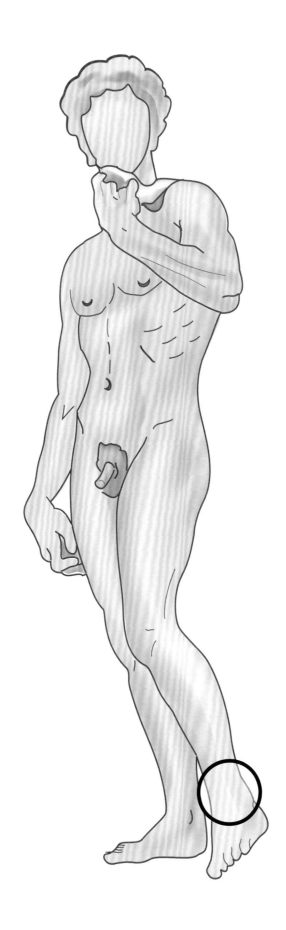

足關節複合體

踝關節是**後足關節複合體**中最重要的關節，因此法國外科醫師 Farabeuf 又以**「足部之后」**加以稱呼。加上膝關節軸向轉動的協助，這些關節的組成相當於一個擁有三個自由度的關節，讓足部可以因應各種不規則地面**在空間中調整足弓到任何位置**。在上肢也可以找到近端關節增加遠端關節活動度的現象，像是腕關節複合體就因為前臂旋前與旋後動作的協助，而能讓手在空間中擺放到任何位置，只是*足部相較於手部，在動作方向上的範圍仍有較多限制*。

足關節複合體的**三個活動軸（圖 1）**大致交會在後足，足部在基準位置時，三個活動軸會互成直角。如圖 1 所示，踝關節伸直僅會改變 Z 軸方向，其他兩軸並不受影響。

足關節複合體的**橫軸 XX'** 則是內踝與外踝的連線，也就是**踝關節的活動軸**。橫軸的走向幾乎完全在冠狀切面上，控制著足部在**矢狀切面**上的**屈曲與伸直**（見 P.160）。

小腿的長軸 Y 則是與地面垂直，可控制足部在水平切面上的**外展與內收**。如前文（P.74）所述，上面所列出的動作，可能只有在膝屈時轉動小腿才會出現，雖然有一小部分的角度需要靠**後側跗骨**的關節活動才能完成，但所有的動作都合併有繞第三軸轉動的現象。

足部的長軸 Z，是在**矢狀切面**上的水平軸，它可以控制足部的方向，使腳掌無論在外翻或內翻的情況下都始終保持向下。因動作與前臂相似，所以足部的外翻又稱為**旋前**，而內翻則稱為**旋後**。

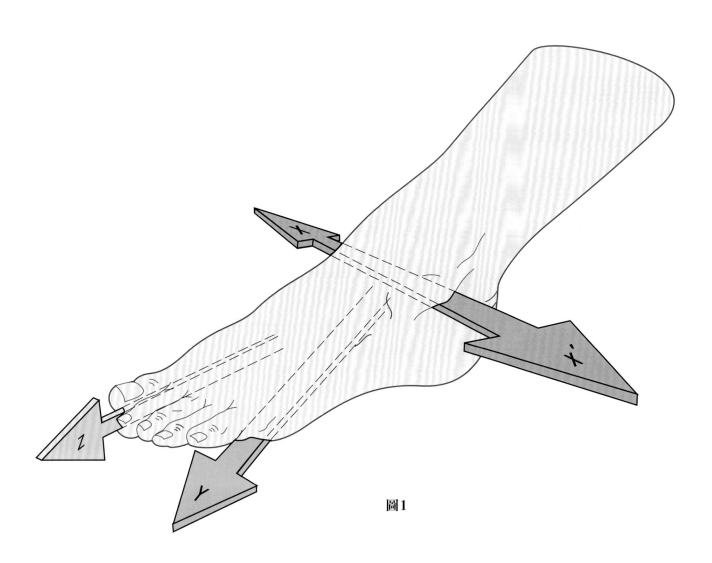

圖1

屈曲伸直動作

足部基準位置（圖 2），是指足底平面與小腿長軸相互垂直的位置（A）。以基準位置為動作起點，**踝關節屈曲**（B）是指**腳背向小腿前側靠近**；這個動作又稱為背屈，但只是用不同名詞形容相同的動作而已。

相反的，**踝關節伸直**（C）時足部會遠離小腿前側表面，帶著足部趨向與小腿對成一線。這個動作又稱為蹠屈，但屈曲動作是指肢體向軀幹靠近的遠端往近端動作，因此**用此名詞可能會造成誤解**。此外，伸肌收縮卻產生屈曲動作，似乎也違反解剖邏輯描述，因此就其本身自我矛盾，**蹠屈**一詞應盡可能少用。

從圖 2 可明顯看出，**踝關節伸直範圍遠大於屈曲**。測量踝關節角度，不會以踝關節中心為基準點，而是測量**足底與小腿長軸之間的角度（圖 3）**，因為這種方式更容易施測：

- 踝關節**屈曲**是指關節**角度為銳角**（b）時，範圍為 30-50°。粉紅色區域顯示因個人而異的活動範圍，約為 10°。

踝關節**伸直**是指關節**角度為鈍角**（c）時，範圍為 30-50°。藍色區域顯示因個人而異的活動範圍，比屈曲來得大（20°）。

在極限動作時，踝關節並非動作的唯一關節：**跗骨關節也會貢獻它們自己的動作角度**，雖然動作角度較小但仍不可忽略。

- **屈曲極限（圖 4）** 時，跗骨關節會貢獻些微角度（＋），而足弓會變平。
- 反之，**伸直極限（圖 5）** 時，足弓會拱起而使其伸直範圍稍微增加（＋）。

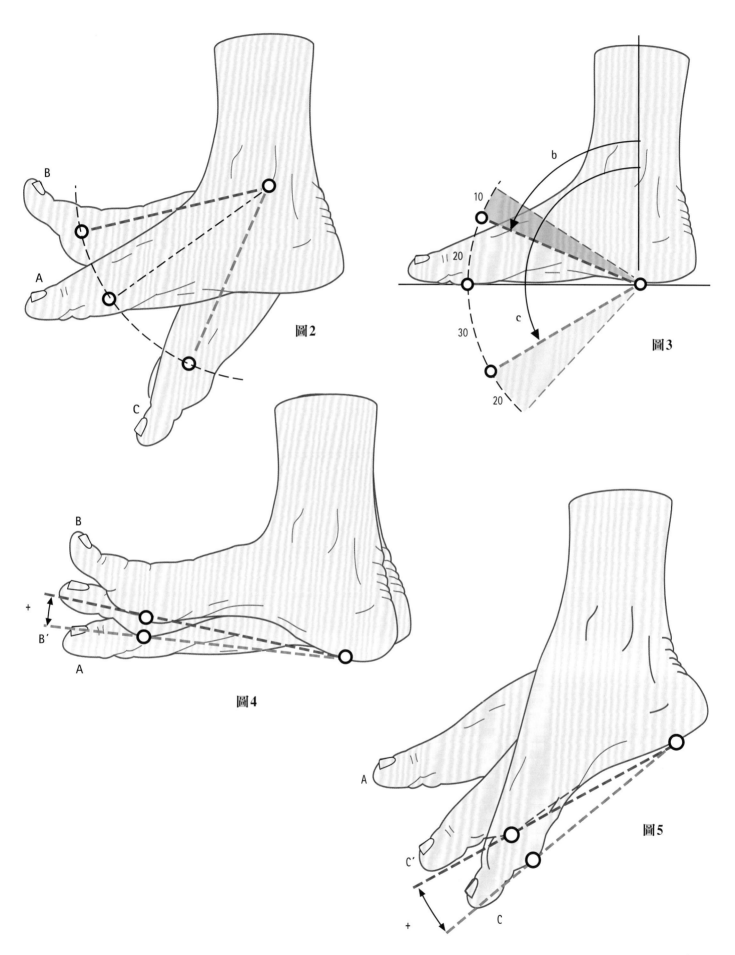

圖2

圖3

圖4

圖5

踝關節表面

若將踝部以**機械模型（圖6）**相比，可依如下組成來描述：

- **下部**（A），也就是距骨，以其凸面圓柱結構的上方表面承載重量，而長軸 XX' 則橫向穿過圓柱結構。

- **上部**（B），也就是脛骨和腓骨的遠端，共同組成單一（此處以透視圖呈現）結構，其下方凹面剛好與距骨的凸面圓柱結構相吻合。

凸面圓柱實體，會由上向下罩住**凹面圓柱虛體**，並使圓柱實體保持在偏向身體外側的位置，圖6中藍色箭號方向為屈曲，紅色箭號方向為伸直，關節活動時以 XX' 為軸心。

在實際**骨骼結構**中（如圖7：關節分離的內側視圖；圖8：關節分離的後外側視圖），與圓柱實體相對應的是有三個關節面的**距骨滑車**，這三個關節面分別是**上表面和兩側面（又稱滑車頰）**。

- **上表面**，又稱滑車本體，為向前、向後的凸起表面，本體中央有一個前後走向的凹槽（1），而凹槽兩側較凸起處則分別是內滑車唇（2）及外滑車唇（3），滑車唇的邊緣則是滑車頰。

- **內滑車頰**（7）幾乎為平坦表面，僅在靠前側的部分向身體內側傾斜，內滑車唇與邊緣的滑車唇（2）中間有一隆起的嵴狀結構（11），將滑車頰及滑車唇分開。與內滑車頰形成關節的是**內踝**（9）外側，表面有關節軟骨覆蓋，與脛骨遠端（10）下方的關節表面相對。

- **外滑車頰**（12）的外緣**（圖8）**明顯傾斜，且從上下來看（P.165，**圖11**）及前後來看

（P.165，**圖9**）都是凹面，處在一個些微向前外側的斜向平面上，並與外踝（14）內側**（圖7）**的關節小面（13）相接。外踝內側的關節小面與脛骨並不相連，中間隔著**脛腓關節間隙**（15）；關節間隙有滑膜褶（16）（見 P.174），而附著點就在分隔外滑車唇及外滑車頰的隆嵴（17）上。隆嵴帶有斜角，由**前**（18）**向後**（19）**延伸**（見 P.165，**圖12**）。脛腓關節是韌帶聯合關節，由前脛腓韌帶（27）和後脛腓韌帶（28）保持關節接合。

距骨滑車的滑輪狀結構與**脛骨遠端下方為形狀相互相反的表面（圖7和圖8）**，且前後較凸（P.165 **圖12**，矢狀切面外側視圖），中間為凹面（4）。脛骨遠端下方則有一鈍角的隆嵴（10），從前方延伸至後側，結構正好與距骨滑車凹槽吻合（**圖11**：冠狀截面前視圖）。鈍角隆嵴的兩側分別是**內側凹槽**（5）及**外側凹槽**（6），分別與其相應的滑車頰相接。

此脛骨關節面一直向後延伸到遠端脛骨邊緣（20），又稱為 **Destot 的第三踝（Destot's third malleolus）**。

圖7（前內側視圖）可見**踝關節外側韌帶群**：

- 前距腓韌帶（21）
- 外跟腓韌帶（22）
- 後距腓韌帶（23）。

圖8（後內側視圖）可見**踝關節內側韌帶群**，依位置可分為深層及淺層：

- 位於深層的後脛腓韌帶（24）。
- 位於深層的前脛腓韌帶（25）。
- 位於淺層的三角韌帶淺層纖維（26）。

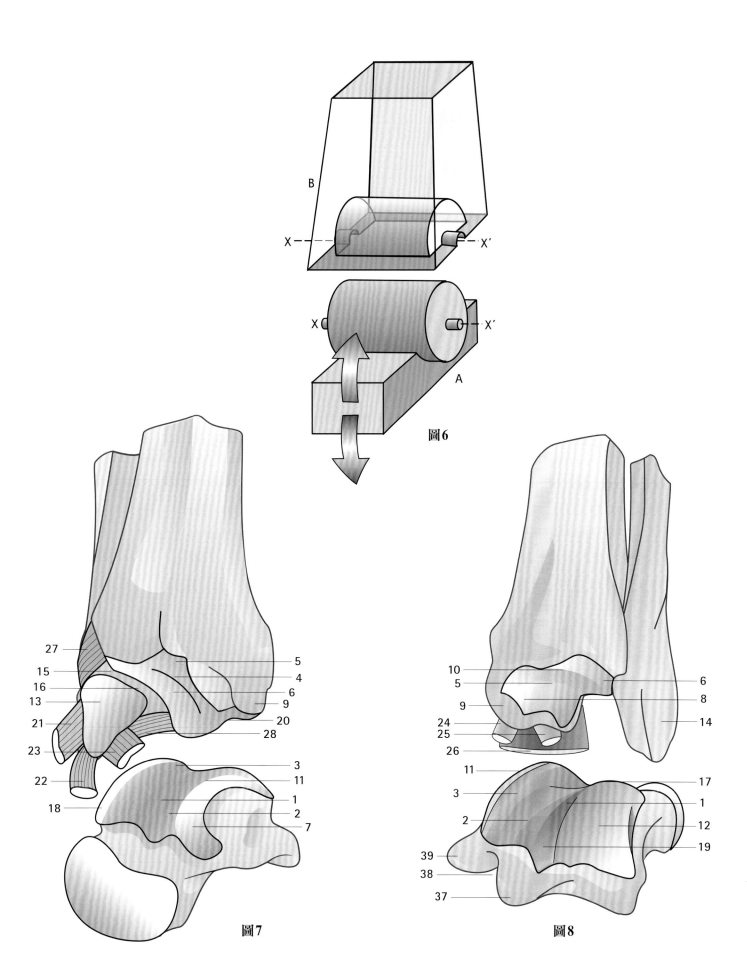

圖6

圖7

圖8

踝關節表面（續）

從內、外踝橫切面的**俯視圖（圖 9）**，可看出**兩側踝就像鉗子**一樣，將距骨滑車**緊緊的**夾在中間；可觀察到的還有**距骨滑車表面形狀**，前方較寬（A）、後方較窄（P），這個構造對解剖結構來說非常重要，稍後會詳加說明。距骨滑車上方的滑輪狀結構可再分為內、外側兩個關節小面，**內側關節小面**（2）是內踝關節的一部分（5），而**外側關節小面**（3）則是外踝關節的一部分（6）；兩個關節小面中間以一淺凹槽隔開，凹槽的走向並非在矢狀切面上，而是些微向前外側延伸（如箭號 Z 所示），也就是說與足部長軸的方向相同；距骨頸的走向則與凹槽不同，是些微向前內側延伸（如箭號 T 所示），造成距骨本身結構扭轉。

距骨滑車的**內滑車頰**（7），在距骨內側圖**（圖 10）**是矢狀方向**（圖 9）**，實際上除了向前側，其餘部分保持平坦，同時稍向內傾**（圖 7）**。它的關節小面**（圖 9）**與內踝的外側形成關節，有連續的軟骨覆蓋脛骨遠端內側表面；這兩個表面形成**二面角**（10），可容納位於內滑車唇及內滑車頰之間的**銳角隆嵴**（11）。

外滑車頰（12），為明顯向外扭轉的關節面**（圖 8）**，並且上方**（圖 11）**及前、後方**（圖 9）**皆為凹面，位於些微向前外側的斜向平面上（圖 9 虛線處），他的關節小面（13）與**外踝**（14）的內側**（圖 7）**形成關節；這個關節小面與脛骨關節沒有相連，中間隔著遠端脛腓韌帶**聯合關節**（15），並且靠下脛腓韌帶（40）固定關節位置。外滑車唇與外滑車頰以隆嵴（17）為區分，而關節中有滑膜褶（16）（見 P.174）與隆嵴相接觸。外滑車的隆嵴在前端（18）及後端（19）都帶有斜面**（圖 12）**，只有在中段是較為銳角的嵴（見 P.172）。

內、外滑車頰因此緊緊地嵌在內、外踝中（如紅色箭號所示）。脛骨遠端加上內、外踝的結構，又稱為**脛腓榫眼**。內踝及外踝的骨骼結構並非對稱，兩者差異如下：

- 外踝的骨骼結構比內踝**大**；
- 遠端延伸的距離 m**（圖 11）**比內踝**長**；
- 位置也比內踝**靠向後方（圖 9）**，因此外踝些微斜向落於踝關節橫軸 XX' 外後方（約 20°）。

Destot 的第三踝（Destot's malleolus）（圖 12）一詞，所指範圍也包括遠端脛骨的後緣，而且後緣向遠端延伸的範圍（p）大於前緣。

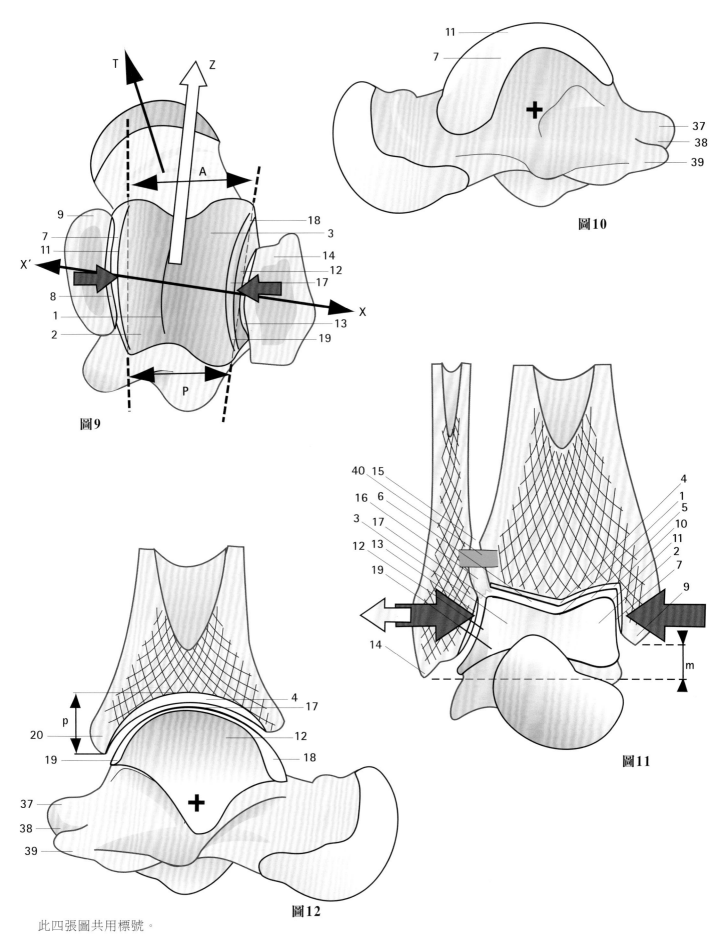

圖9

圖10

圖11

圖12

此四張圖共用標號。

踝關節韌帶

踝關節的韌帶包括兩個主韌帶系統：**外側副韌帶和內側副韌帶**；以及兩個附屬韌帶系統：**前側副韌帶和後側副韌帶**。

內、外側副韌帶在踝關節的兩側形成強韌的***扇形纖維結構***，韌帶的起點各自在內、外踝的頂點，也就是踝關節屈曲伸直的活動軸 XX'附近，韌帶的走向以輻射狀向遠端延伸，最後分別附著在跗骨後方的兩塊骨頭上。

外側副韌帶（圖 13，側視圖）由**三個不同的韌帶束**組成：兩個附著於距骨，一個附著於跟骨。

- **前距腓韌帶**（21）一端附著於外踝的前緣（14），韌帶束斜向下、向前延伸，最後附著在距骨上；距骨的附著點在外滑車頰及跗骨竇的入口之間。

- **跟腓韌帶**（22）的起點為外踝頂點，韌帶束斜向下、向後延伸，最後附著在跟骨的側面，而下方則有外距跟韌帶經過。

- **後距腓韌帶**（23）的起點為關節小面後方的外踝內側表面（見 P.163 圖 7），韌帶束水平斜向後、向內橫過踝關節，最後附著在距骨外側結節（37），因為解剖位置的關係，這條韌帶從後視圖較容易觀察（圖 14）；距骨外側結節同時也是後距跟韌帶（31）的起點，這條韌帶擁有較小的韌帶束，且因為起終點都在距骨上，因此有法國學者稱之為「骨間韌帶籬」（h）。

在外踝有**兩條下脛腓韌帶附著（圖 14 和圖 15）**，包括前下脛腓韌帶（27）及後下脛腓韌帶（28），這兩條韌帶的功能會在稍後詳加說明。

內側副韌帶（圖 16，內側視圖）分為兩個纖維片，深層與淺層。

深層纖維片由兩條距脛束組成：

前脛距韌帶（25）斜向前、向下延伸，附著在距骨內側，附著點又稱為「距骨軛」*（圖 16 中透視組織下方，圖 15 中亦可見）。

後脛距韌帶（24）則斜向下、向後延伸，附著在距骨滑車內側的深凹窩中（圖 10），其中部分後側纖維再向後延伸至距骨內側結節（39）。

寬大三角形的**淺層纖維片**為**三角韌帶**（26）。在圖 15（前視圖）中，三角韌帶已切開並稍微掀起，以便***觀察到較深層的前韌帶束***（25）；而在圖 16（內側視圖）中，三角韌帶則是以**透視**處理。三角韌帶起點為脛骨（36），韌帶纖維以扇形延伸，附著點則包括舟狀骨（33）、蹠側跟舟韌帶內緣（34）及跟骨載距突（35），***呈現連續線狀***，與跟腓韌帶一樣，三角韌帶並沒有附著在距骨上。

踝關節的**前側副韌帶**（圖 15，俯視圖）和**後側副韌帶**（圖 14，後部視圖）僅是踝關節囊的局部纖維密集處：

- **前側副韌帶**（29）以遠端脛骨的前緣為起點，斜向外延伸，附著在「距骨軛」的後外側端**（圖 13）**。

- **後側副韌帶**（30）是由脛骨及腓骨為起點的纖維交匯構成，隨後再延伸並附著於距骨後方骨突的內側結節（39）；距骨的內側結節與***外側結節***（37）共同構成***凹槽結構以供屈拇趾長肌通過***（38），此凹槽會再向遠端延伸至跟骨載距突下方（41）。

---

*「距骨軛」是位於距骨頸上方的橫向 Y 形解剖構造，單支端指向內側，兩個分岔支則分別指向前外側及後外側，如 P.189、圖 19 所示。

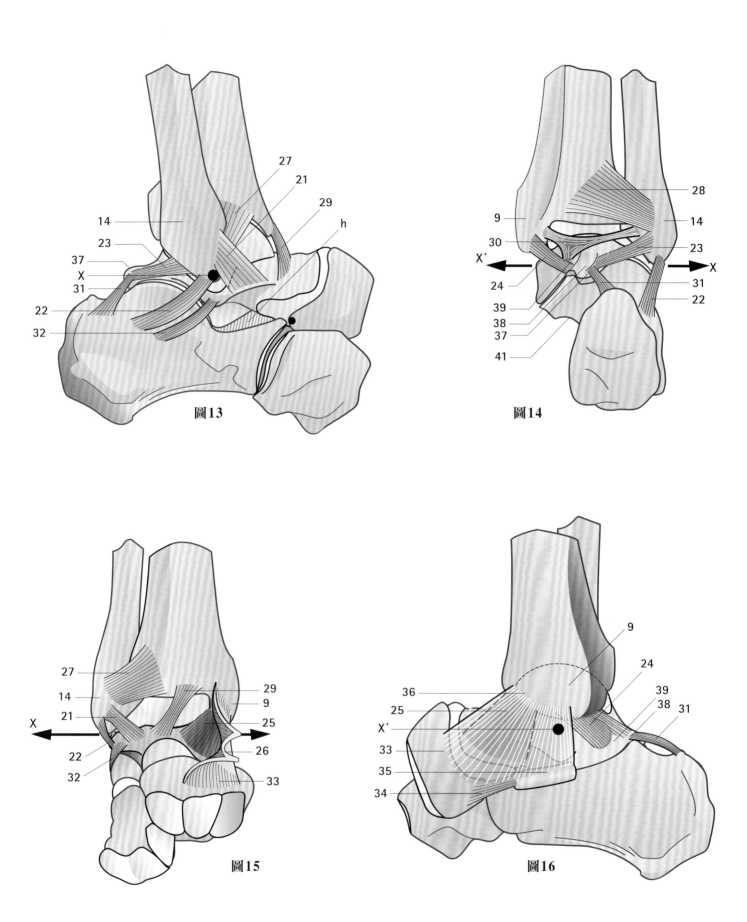

圖13

圖14

圖15

圖16

繪製這四張圖片的靈感來自 Rouvière，圖中標號延續前頁。

踝的前後穩定性及屈曲伸直限制因素

　　踝關節屈曲及伸直的活動角度首要取決於**關節的弧面**（圖 **17**：剖面圖）。脛骨的關節弧面角度相對其弧心大致為 70°，而距骨滑車則大致為 140-150°，兩者相減後，可得知**完全屈曲至完全伸直的活動角度**約為 70-80°；又因為距骨滑車後側的關節弧面比前側大，因此**伸直的活動角度也大於屈曲角度**。

　　屈曲角度因下列因素而**受限**（圖 **18**）：

- **骨性因素**：踝關節完全屈曲時，距骨頸上關節表面會觸碰到脛骨下方關節表面的前緣（1），此時如果繼續屈曲，距骨頸就會斷裂。踝關節前側的關節囊，在屈曲過程中不會受到骨頭夾擠，屈肌群（如箭號所示）收縮時，因部分關節囊纖維與屈肌群的滑膜鞘相連，所以會將關節囊向上拉起（2）

- **關節囊與韌帶因素**：完全屈曲時，踝關節後側的關節囊（3）及副韌帶後側纖維（4）都會受到牽拉

- **肌肉因素**：小腿三頭肌（5）受牽拉時產生的**張力會限制踝關節**屈曲，所造成的影響也會比其他兩個因子更早出現。小腿三頭肌若呈現不正常的**高張攣縮**，不僅會限制屈曲，更可能會使關節變形，稱為「**馬蹄樣足**」*，這種關節變形可以透過**跟腱鬆解**加以治療。

　　伸直角度因下列因素而**受限**（圖 **19**）：

- **骨性因素**：踝關節完全伸直時，距骨結節（特別是外側結節）會觸碰到遠端脛骨的後緣（1）。臨床上少見因為踝關節過度伸直而造成距骨外側結節骨折，較常見是距骨外側結節與距骨本身分離而形成**三角骨**。與屈曲相似，關節囊（2）會因為伸肌群收縮而拉起，**並不會受到骨頭夾擠**。

- **關節囊與韌帶因素**：完全伸直時，踝關節前側的關節囊（3）及副韌帶前側纖維（4）都會受到牽拉。

- **肌肉因素**：屈肌群受牽拉時產生的張力（5）會限制踝關節伸直，所造成的影響也會比其他兩個因子更早出現。異常高張的屈肌群會導致永久性的踝屈曲變形，稱為「**距骨足**」，外顯特徵是以腳跟行走。

　　踝的前後穩定性及其關節表面接合（圖 **20**）是由**身體重力**（1，紅色箭號）維持。在重力作用下，距骨緊密的與遠端脛骨關節面貼合；即便踝關節承受重大外力，遠端脛骨的**前緣**（2）及**後緣**仍會限制動作角度，使距骨滑車不致於向前或向後脫位；除了重力作用，副韌帶是以被動的方式維持關節接合（4），而周邊肌肉（圖 20 中未顯示）則是在關節未受損時發揮功能，透過**主動收縮加強接合**。

　　當踝關節的屈曲或伸直超過正常範圍，即表示限制關節活動度的因子可能受到破壞。因此，**過度伸直**可能導致踝關節會**向後脫位**（圖 **21**），伴隨全部或部分關節囊及韌帶撕裂，甚至會出現**脛骨後緣骨折**（圖 **22**），進而導致關節向後半脫位。脛骨後緣骨折的範圍若超過脛骨關節面的三分之一，即便經過手術復位，脫位的情形還是有可能會復發，因此會以「**無法根治**」來形容這類損傷；這時就會需要加上螺絲來協助固定。

　　同樣的，**過度屈曲**所造成的損傷與過度伸直類似，此時踝關節會**向前脫位**（圖 **23**），甚至會出現**脛骨前緣骨折**（圖 **24**）。

　　當外側副韌帶扭傷時，前束（圖 **25**）會首先受到影響：一開始會先承受「拉力」並出

---

*equinus 一字是源自拉丁文 equus，意指「馬」，而馬蹄樣足就是形容像馬一樣用腳趾著地行走。

現輕微扭傷，接著才會出現撕裂並導致**嚴重扭傷**，在此狀況下，可以藉由臨床給予**前抽拉動作**檢查，或甚至更好的方式是以影像檢查前抽拉動作：測試進行時，距骨會向前滑脫，進而造成距骨滑車的關節弧面與原本相接合的脛骨榫眼關節弧面錯位，而失去同心圓的特性，若兩個弧面的圓心錯位超過 4-5 公釐，**外側副韌帶的前束就會出現**斷裂。

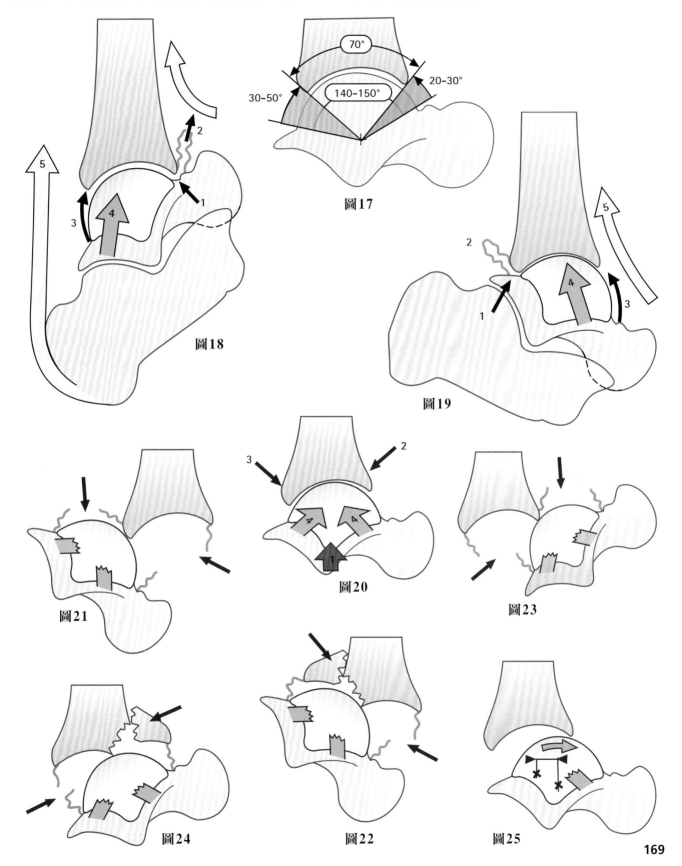

圖17

圖18

圖19

圖21

圖20

圖23

圖24

圖22

圖25

踝關節的橫向穩定性

　　作為一個僅有一個自由度的關節，踝關節結構是完整緊密的，並不會出現空間中其他兩條軸向的動作，並且藉由**高度接合的榫眼、榫頭結構維持關節穩定**：榫頭就是距骨，而榫眼則是由脛骨及腓骨共同組成**（圖26）**。**內、外踝就像鉗子一樣**緊緊夾住距骨，使距骨無法向內或向外位移，同時也確保外踝（A）及內踝（B）之間的距離保持不變，但上述的穩定機制，只有在內、外踝及下脛腓韌帶（1）都完好無受損的狀況下能正常發揮；此外，強韌的外側副韌帶（2）及內側副韌帶（3）也有穩定功能，可防止距骨出現環繞著自身長軸轉動的情形。

　　當足部承受強大外展力道，距骨的外滑車頰會壓迫外踝，並出現下列的狀況：

- **雙踝的鉗夾機制被打亂（圖27）**，這是因為連結下脛腓關節（1）的韌帶斷裂，進而導致**脛腓關節分離**，在此狀況下距骨已無法穩定於踝中，而是變得可以**側向位移**，這被稱為「距骨響板」；距骨也變得能**以其長軸為軸心轉動**（又稱距骨傾斜）**（圖28）**，這是因為**內側副韌帶扭傷**（3）所導致的動作。（圖28 中的內側副韌帶僅受到輕微拉扯，也就是**輕度扭傷**。）最後一提，距骨本身可**繞其垂直軸**旋轉**（圖33**，箭號 Abd 所示），旋轉時距骨會向後位移（如箭號 2 所示），使距骨滑車後方關節面遠離脛骨遠端後緣。

- 如果足部外展繼續**（圖32）**，內側副韌帶就會撕裂（3），造成嚴重扭傷，可能伴隨**脛腓關節分離**（1）。

- 另一種可能的狀況是**內踝**（B）**與外踝**（A）**同時骨折（圖30）**，外踝的骨折處會出現在下脛腓關節韌帶（1）上方：這類骨折稱為「高位」**Pott's 骨折**或 **Dupuytren's 骨折**；如果腓骨骨折位置非常高，在腓骨頸：這稱為 **Maisonneuve 骨折**（圖中未顯示）。

- 常見的狀況是下脛腓關節的韌帶群並無受損**（圖29）**，尤其是前側的韌帶完全不受影響，此時**內踝骨折**（B）合併外踝也從下脛腓關節下方處骨折，這類型的損傷又稱為**「低位」Pott's 骨折**；低位 Pott's 骨折的另一種形態**（圖31）**是內側副韌帶撕裂（3），而內踝卻不受影響。這些「低位」Pott's 骨折**經常伴隨遠端脛骨後緣骨折**，連著內踝碎片分離成為第三段。

　　除了過度外展會造成雙踝脫位，還有**過度內收引起的雙踝骨折（圖34）**：因為踝關節處於**內收**位置，距骨會繞其垂直軸旋轉**（圖33，箭號 Add 所示）**，內滑車頰會壓迫內踝造成骨折（B）**（圖34）**，而傾斜的距骨也會同時壓迫**外踝**（A）**造成骨折**，骨折位置為靠近遠端脛骨連接處。

- 然而，踝關節內收或內翻造成的損傷通常只是**外側副韌帶扭傷**而非骨折，幸運地，多數個案扭傷的程度也只是**輕微拉傷而不是撕裂**，所以不需要手術治療即可痊癒。另一方面來說，**嚴重扭傷的案例中**，踝關節會變得不穩，這是因為**外側副韌帶已撕裂**。以**強大外力將踝關節內翻**並同時施行前後影像檢查（如有需要，可在局部麻醉下進行），將可看到**傾斜的距骨（圖35）**：在此狀況下，經過踝關節的關節表面上的兩條線已不再互為

平行，而是**呈現 10-12°開口向外側的夾角**。某些人的踝關節確實異常鬆弛，建議也要對其假定是正常的踝關節也進行影像檢查以便比較。嚴重的踝關節扭傷通常需要手術治療才可恢復。

不用說，**所有這些雙踝嵌夾機制的損傷都需要謹慎小心的手術矯正處理**，才能使踝關節的穩定性及功能整合性恢復。

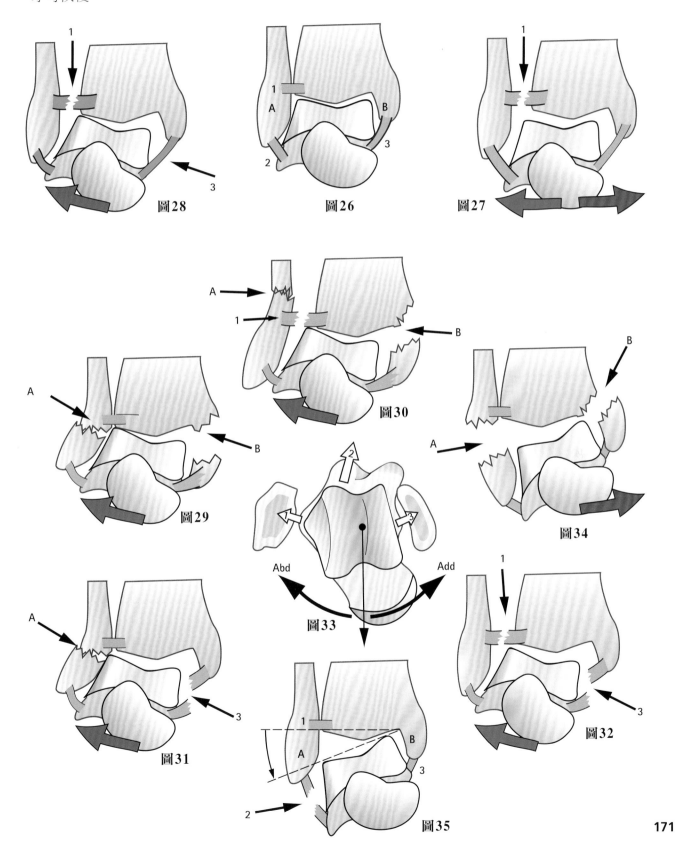

圖28

圖26

圖27

圖29

圖30

圖34

圖33

圖31

圖35

圖32

脛腓關節

脛骨分別在上端及下端與腓骨連接形成關節，即上（圖36至圖38）和下脛腓關節（圖39至圖41）。從下一頁的圖示中可看出，上、下脛腓關節**在力學上相連，也與踝關節相接**，因此有必要探討這種結構與踝關節的關連。

上脛腓關節的明顯圖示（**圖36**，外側視圖），圖中已將前脛腓韌帶（1）及股二頭肌肌腱（3）的前延伸結構（2）分離處理，同時也將腓骨以關節後側的後脛腓韌帶（4）為樞紐外轉，以便從前方觀察完整的關節結構。上脛腓關節為橢圓形**平面關節**，關節表面呈現水平或略微凸起：

- **脛骨端的關節小面**（5）位於脛骨平台的後外緣，**面斜向後、向下且向外**（如白色箭號所示）。

- **腓骨端的關節小面**（6）位於腓骨頭上表面，方向正好是**脛骨端關節表面的反向**（如白色箭號所示）。它藉由腓骨莖突（7）懸垂，而腓骨莖突同時也是股二頭肌肌腱（3）的附著點。踝關節的外側副韌帶（8）附著於股二頭肌與腓骨關節小面之間。

圖37為腓骨未外旋的脛腓關節側視圖，可以清楚看到腓骨頭位於後方多遠處；此圖也展示了短四邊形的前脛腓韌帶（1），以及股二頭肌腱（2）的厚肌腱延伸結構，附著在脛骨外髁。

圖38（後側視圖）顯示膕肌（9）緊貼在後脛腓韌帶（4）淺層，與上脛腓關節穩定關係密切。

下脛腓關節（**圖39**：與**圖36**相同，腓骨已外轉處理）並無關節軟骨，屬於**韌帶聯合關節**（沒有滑膜的關節）。此處**脛骨關節表面**為相當粗糙的**凹面**（1），前後分別以脛骨外緣的分岔延伸為邊緣，且與腓骨關節小面相接形成關節（2），腓骨關節小面可能是凸面、平面或甚至是凹面，位於踝關節腓骨關節小面（3）的上方，同時也是踝關節外側副韌帶的後束（4）附著處。**下脛腓關節的前側韌帶**（5）外觀厚實且為珠白色，走向為斜向下、向外（**圖40**，前側視圖），其下緣因為斜切踝關節榫眼外角，踝關節屈曲時會**滑過**距骨滑車表面的外嵴前側（如白色箭號所示），所以下緣較上緣扁平。**後側韌帶**（6）同樣厚實，比前側韌帶更為寬大且長度較長（圖41，後視圖），甚至延伸到內踝；與前側韌帶相似，在踝關節伸直時會滑過距骨滑車表面的外嵴後側。

脛骨與腓骨除了靠脛腓韌帶相連，還靠**骨間韌帶相接**（**圖39**），**此韌帶**位於脛骨外緣及腓骨內側之間（綠色虛線處），在 P.210 的小腿腔室圖中也可看到骨間韌帶。

脛骨與腓骨雖然在小腿下端形成下脛腓關節，但中間其實還隔著**纖維化脂肪組織**，這個組織可以透過將踝部適當地置放在中心的放射影像觀察（**圖42**）。正常狀況下，放射影像中的腓骨（c）會與前脛骨結節（a）重疊8公釐，而與後脛骨結節（b）相距2公釐，如果 cb 大於 ac，則代表**下脛腓關節異常分離**。放射影像前側視圖也可清楚看出，外踝向遠端延伸的距離**遠比內踝長**。

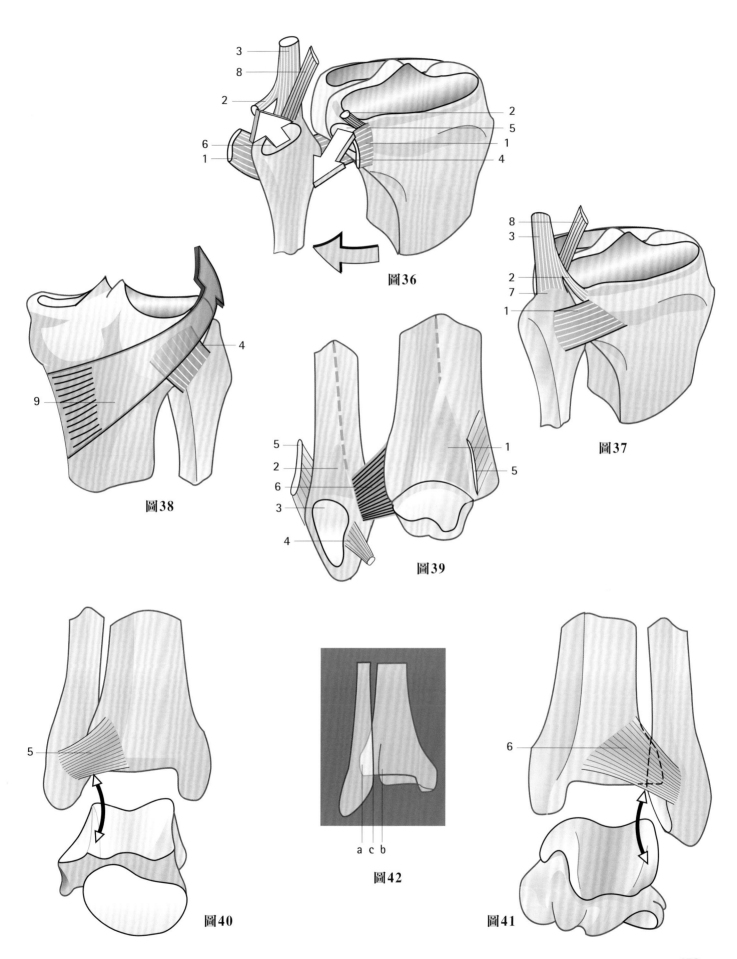

圖36

圖37

圖38

圖39

圖40

圖41

圖42

脛腓關節的功能解剖學

踝關節屈曲和伸直會對上、下脛腓關節產生連動影響，**也顯示兩個脛腓關節在力學上相互關連的特性**。

踝關節的動作，**首先會牽動下脛腓關節**，而牽動的模式，法國骨科醫生 Pol Le Coeur 在1938 年就已深入研究，發現下脛腓關節的連動與**距骨滑車的形狀**（圖43，俯視圖）密切相關，包括**與脛骨（T）相接**且位於矢狀切面上的**內滑車頰**，及**與腓骨（F）相接**且**斜向前外側的外滑車頰**。結果，從圖43可看出，距骨滑車的寬度在前端（bb'）較寬、後端（aa'）較窄，兩者相差有5公釐（e），因此為了緊緊夾住內、外滑車頰，內、外踝的間距必須**做出適當調整**：從踝關節**伸直時的最小間距**（圖44，仰視圖），變成**屈曲時的最大間距**（圖45）。從解剖模型上可發現，同時向內、外踝施加壓力，可以被動地造成踝關節伸直。

而從**圖44 和圖45** 的**骨骼示意圖**中也可看出，內、外踝間距改變時（e），**外踝會同時繞其長軸旋轉**，並以**後脛腓韌帶（2）為樞紐**。外踝旋轉的現象，可用針腳在水平面上的動作來比擬：屈曲時為 nn'（圖44），伸直時為 mm'（圖45），兩者之間的改變顯示外踝內旋角度約為30°。外踝旋轉同時，前脛腓韌帶（1）會因為走向改變（圖50）而受到牽拉。值得注意的是，活體研究顯少針對外踝內轉進行探討，但這並不表示這個現象不存在。踝關節動作除了引起外踝旋轉，下脛腓關節中的**滑膜褶**（f）也會改變位置：踝關節伸直時（圖46），滑膜褶移向肢體**遠端**（1）；屈曲時（圖47），則較靠向肢體**近端**（2）。

最後，腓骨旋轉也會同時**垂直上下位移**（圖48 和圖49，圖中腓骨以四角柱顯示）。腓骨與脛骨之間有**骨間膜的纖維**相接（為避免圖示過於複雜，此處骨間膜僅以一線條代替），而因為**骨間膜的走向為斜向下、向外**，所以腓骨遠離脛骨時會**些微向上移動**（圖49）；反之，腓骨靠近脛骨時則會**向下移動**（圖48）。

總結腓骨的位移如下：

- **在踝關節屈曲時**（圖50 的 F，前側視圖）：
  - 外踝會**遠離內踝**（箭號1）。
  - 同時腓骨會**些微垂直向上位移**（箭號3），而脛腓韌帶及骨間膜會變得**較為水平**（XX'）。
  - 最後則是腓骨**本身外轉**（箭號2）。
- **在踝關節伸直時**，腓骨的活動則與上述相反（圖51 的 E，前側視圖）：
  - 脛骨及腓骨的**間距會縮短**（箭號1），如 Pol Le Coeur 繪製圖所示，因為附著於脛骨及腓骨之間的脛後肌收縮（圖52 為右側下肢橫截面圖，紅色箭頭表示為脛後肌收縮），使距骨滑車**無論在踝屈曲或伸直的哪一個角度都能被緊緊固定**。
  - 外踝**向下位移**（箭號2），使脛腓韌帶的走向**變得較為垂直**（yy'）。
  - 外踝同時也會些微**內轉**（箭號3）。
- **上脛腓關節**也會隨著連動，這是因為外踝位移所造成的：
  - **在踝關節屈曲時**（圖49），因為腓骨上移（h），所以腓骨關節小面會也會上移，且因為內、外踝間距變寬（紅色箭號）且腓骨外轉（粉紅箭號），上脛腓關節間隙會**向下且向後位移**。
  - **在踝關節伸直時**（圖48），腓骨的外移則與屈曲時相反，意即，腓骨關節小面會下移，內、外踝間距會變窄，而腓骨則會內轉。

這些位移雖然很小，但重要性絕對不容忽視，否則**脛腓關節**就應該像其他不具任何功能

的關節一樣，最終會**在演化過程中融合而逐漸消失**。

因此，因為脛腓關節、脛腓韌帶及脛後肌，**雙踝所形成的鉗狀結構有了調整功能**，能夠適應距骨滑車的寬度及曲度，緊緊將距骨滑車固定在踝關節中，進而**保證踝關節的橫向穩定性**。即便脛腓關節分離，現今的醫學處置也不再使用螺絲固定內、外踝，主要就是避免破壞鉗狀結構的調整機制。

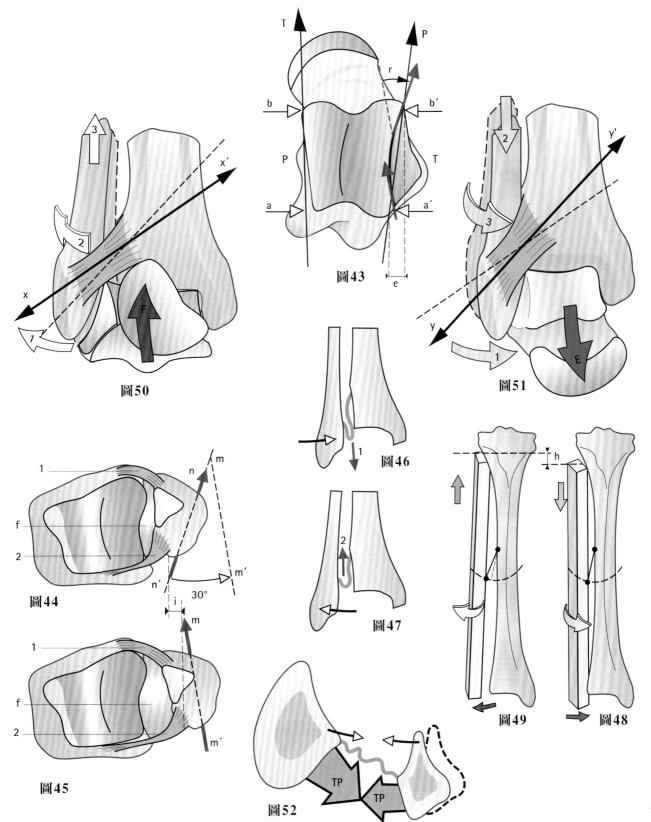

圖50

圖43

圖51

圖44

圖45

圖46

圖47

圖52

圖49　圖48

為何小腿有兩根骨頭？

本系列叢書第 1 冊，有一章節特別探討：「為何前臂有兩根骨頭？」並試著從前臂的動作來回答這個問題：旋前及旋後（詳見第 1 冊 P.136）。這個章節又再次提起相同的問題，但上肢章節所列的解釋並不適用於下肢，因為小腿的軸向旋轉動作其實主要發生在膝關節，脛腓關節則是相對固定不動。如此說來，**小腿由脛骨及腓骨所組成，究竟還有什麼重要性？**

針對這個問題，也許可以從 **Pol Le Coeur** 在 **1938 年** 發表的論文找到答案：踝關節在功能解剖學所展現的優越性，在於關節具備「幾何變異的特性」。

本章前幾節已說明**距骨滑車**擁有特殊的形狀（**圖 53**，俯視圖）：前側較後側寬，且外滑車頰為斜向的曲面。踝關節從伸直到完全屈曲，脛骨遠端關節面與距骨滑車相接觸的表面有明顯改變（**圖 54**）。

- **在踝關節伸直時（E）**（藍框顯示），與脛骨下端關節面接觸的是距骨滑車後側，接觸的面積最小。

- **在踝關節屈曲時（F）**（紅框顯示），距骨滑車較寬的前側則與脛骨下端關節面接觸，接觸的面積最大。

如果把**兩個不同的接觸面**分開比較（**圖 55**），會發現前端的接觸面面積明顯大於後端；以重疊的方式比較，差異則更為明顯易見（**圖 56**）：前端接觸面的四邊長度都比後端長。

因為這樣的解剖結構，行進間距骨**承受最大重力**的時機，會是在肢體擺盪期結束、進入站立期之前，而因為踝關節屈曲的關係，距骨剛好以最大的接觸面積分攤此重力；反之，**當**踝關節呈現伸直時，此時距骨承受重力變小，也不像站立期須要高度穩定，此時接觸面積剛好為最小。

因為踝關節的屈曲與伸直會改變距骨滑車的關節面寬度，**所以內、外踝間距就必須要有隨之調整的功能**，而這個功能必須透過脛腓骨榫眼的開合來達成，**分開的脛骨與腓骨**正好可以滿足這個需求！

還有一個重要的問題要解決，也就是**不停地在變化的內、外踝間距**，在踝關節屈曲 F 時須變寬，伸直 E 時則須變窄，如力學模型所示（**圖 57**），代表距骨滑車及內、外踝間距最寬及最窄的位置。然而僅憑著骨骼結構並無法做出如此細微的變化，而是要再加上脛骨肌微調（**圖 58**，小腿後側視圖），脛骨肌（**1**）的走向是從脛骨及腓骨延伸至踝關節。脛後肌的功能，是在踝關節伸直時**同時**收縮，藉由減少內、外踝間距，使寬幅較窄的後側距骨滑車仍可適當固定；同時，屈拇趾長肌（**2**）收縮也可產生相似作用，但功能較不如脛後肌明顯。因此，踝關節伸直時的內、外踝間距改變，是由肌肉所驅動的主動調整；相較之下，踝關節屈曲時則為被動調整：此時內、外踝間距被動增加，以容納距骨滑車前端寬幅較大的結構，而踝關節周邊組織則會減緩屈曲動作，這些組織包括周邊韌帶及上述提及的肌群。

也很清楚的是，外滑車頰的曲面結構，可確保腓骨對頰面施加的壓力始終保持相互垂直，而不受踝關節角度改變的影響；也因為曲面的關係，腓骨才會有**繞長軸自發轉動**的現象。

前臂及小腿由分離兩塊骨頭所組成，其實

可以追溯到 4 億年前（**圖 59**：魚鰭（a）向肢體演化（b 及 c）），到了泥盆紀中頁，人類的遠古祖先總鰭魚類（**圖 60**，新翼魚）離開海洋，那是在**魚鰭逐漸形變為足之後**，成為**四足動物**，外形如現今的蜥蜴或鱷魚。魚鰭的形變逐漸影響骨骼排列（**圖 59**），近端的骨骼保留為單骨 h 結構，而較遠端則演變為並排的兩塊骨骼（在上肢為橈骨 r 及尺骨 u、下肢則為脛骨及腓骨），再遠端接著腕骨及跗骨，最遠端則分別為五個掌骨線和蹠骨線，這樣的骨骼結構成為了所有脊椎動物的標準形態。

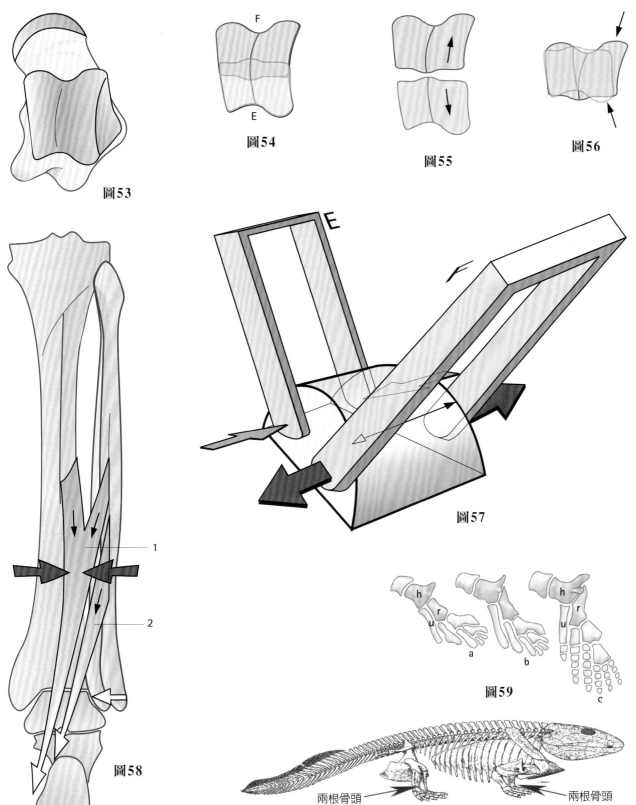

圖 53

圖 54

圖 55

圖 56

圖 57

圖 58

圖 59

兩根骨頭　　　　　兩根骨頭

圖 60

177

第4章

足

足部的關節多且複雜，可分成跗骨間的關節與跗、蹠骨間的關節兩大部分，包括：

- 距下關節
- 橫跗關節
- 跗蹠關節
- 骰舟關節以及楔舟關節

這些關節都具備雙重功能：

1. 既然踝關節負責足部在矢狀切面上的定向，這些關節也相對在矢狀切面上得以**控制足部的方向**，確保無論小腿的位置或是地面的坡度如何，足底都能適當地朝向地面。

2. 這些關節**可改變足底拱頂的形狀和曲度**，讓足部可以適應各種不平坦的地形，也讓足底拱頂得以作為地面與負重的足部之間的**吸震結構**，使步伐變得有彈性和柔軟性。

這些關節因此扮演了舉足輕重的角色。另一方面，腳趾的相關關節，如蹠趾關節與趾間關節，**遠不如手部相對應的關節來得重要**。然而，在這些腳趾關節當中，大腳趾的蹠趾關節對於步態週期＊中的承重反應卻至關重要。

＊ 在所有脊椎動物的四肢中段（zeugopod），總會有兩塊歷經了演化的改造和調適而形成的骨骼。

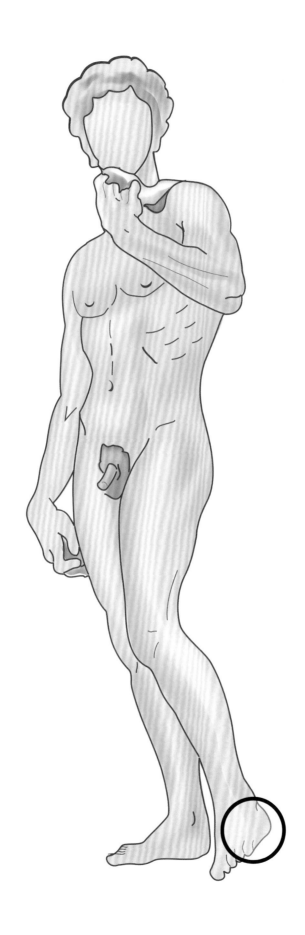

足部的軸向轉動與側向移動

除了在腳踝發生的屈曲和伸直動作之外，足部還可以繞著**小腿的垂直軸**（Y軸，見 P.159）與其**自身的水平縱軸**（Z軸）活動。

繞著**垂直軸 Y（圖1）**可進行內收和外展動作：

- **內收（圖2）**為腳尖往內，朝向身體的對稱面移動的動作。
- **外展（圖3）**為腳尖往外，遠離身體的對稱面移動的動作。

內收和外展動作若僅在足部發生，其**總活動角度範圍**根據 Roud 研究為 35–40°。然而，也可借助小腿的外、內旋轉使得膝關節的屈曲，或是借助整個下肢的旋轉使得膝關節的伸直，去完成這些發生在水平切面的腳尖動作。而且如此一來還可有更大的活動角度範圍，就像芭蕾女舞者做的外展和內收動作，各別的活動角度，最大可達 90°。

足部繞著**縱軸 Z** 旋轉使得足底朝向：

- **內側（圖4）**：與上肢有相對應的動作。此動作為**旋後**。
- **外側（圖5）**：此動作為**旋前**。

旋後的活動角度範圍為 52°（Biesalski 與 Mayer），比**旋前** 25–30 的活動角度範圍還要大。

如所述，做出外展、內收動作和旋前、旋後動作的足部關節其實並不簡單。

實際上，足部關節的構造，得以讓發生在這些關節其中一個平面的任一動作，都與發生在這些關節其他兩個空間平面的動作相關連，而這些內容後續會再次說明。因此，**內收動作往往會伴隨著旋後和微伸直動作（圖2和圖4）**。這三合一動作就是典型的**後足內翻（inversion）位置**。如果停止踝關節伸直動作而改為接近角度的屈曲動作，將呈現**前足內翻（varus）位置**。最後，若膝關節的外轉動作又取代了原來的內收動作，此時的動作將會是**單純的旋後動作**。

相反的**（圖3和圖5）**，**外展動作往往會伴隨著旋前和屈曲動作**，而形成**典型的後足外翻（eversion）位置**。如果停止踝關節屈曲動作而改為接近角度的伸直動作（圖中的伸直動作已被過度代償），將呈現**前足外翻（valgus）位置**。若膝關節的內轉動作又取代了原來的外展動作，此時的動作將會是**單純的旋前動作**。

因此，除非足部以外的關節做出了一些代償動作，不然內收動作是永遠不會與旋前動作相關連。反之亦然，外展動作也永遠不會與旋後動作相結合。**由此得知，足部關節的特殊構造不允許某些組合動作的發生。**

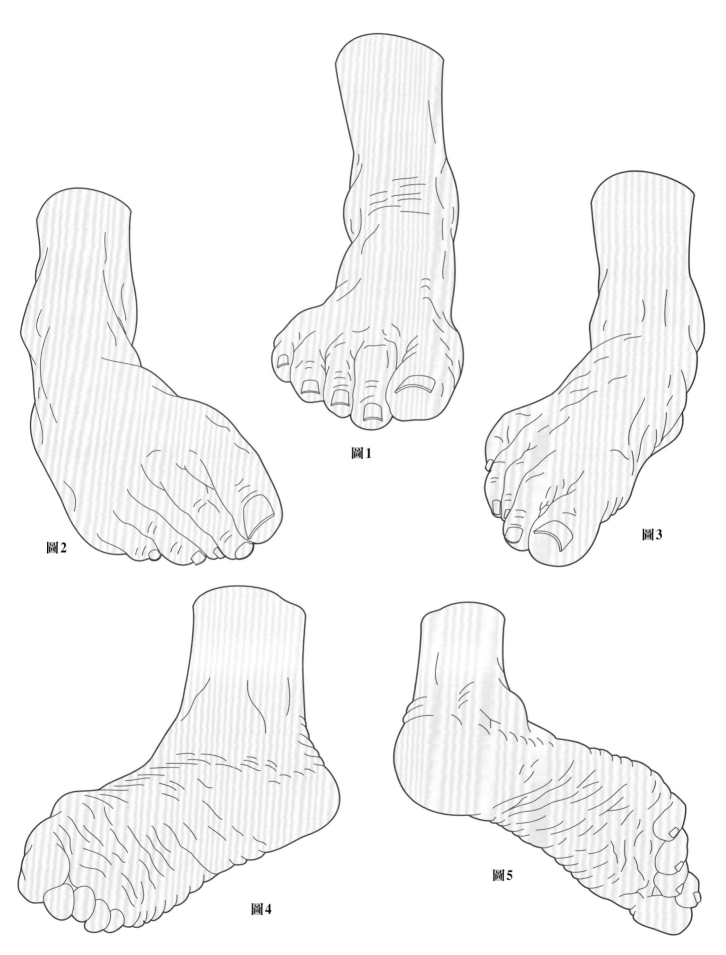

圖1

圖2

圖3

圖4

圖5

距下關節表面

（這裡的標號適用於所有的示意圖。）

距骨 A 的下表面與跟骨 B 的上表面形成關節（圖6：已將距骨與跟骨分離，並在其樞紐軸 XX' 旋轉）。這兩塊骨頭相接於兩個關節小面，構成了距下關節：

- **距骨的後關節小面 a**，相接於**跟骨大的後距骨關節小面 a'**（也稱之為 Destot 的托床〔thalamus of Destot〕），並由韌帶群和關節囊將這兩個表面連接在一起，形成了解剖上獨立的關節。

- 距骨頭和距骨頸下表面**小的關節小面 b**，落靠在**跟骨的前距骨關節小面 b'**，並由跟骨前突和載距突支撐其傾斜的結構。距骨和跟骨的這兩個關節小面，也是另一個更大的關節的一部分，包含**舟狀骨的後表面**（d'），一起與距骨頭（d）組成了**橫跗關節的內側部分**。

探討這些關節的功能之前，我們必須先瞭解**這些關節小面的形狀**。這些關節有**各種的平面形狀**：

- **跟骨大的後距骨關節小面 a'** 大致上呈卵圓形，其主軸往前側和外側斜向延伸。此關節面沿著主軸的部分呈**凸狀**（圖7：外側觀；圖8：內側觀），而沿著正交軸的部分是**平**的或呈微凹狀。因此，可將此關節面比作成圓柱體的節段（f），其旋轉軸**朝前後、內外以及稍微上下斜向**延伸。

- 其**相應的距骨關節小面**（a）也有圓柱體的形狀，且半徑和軸線與其相同。但不一樣的是，距骨是**凹圓柱體的節段（圖7）**，而跟骨是**凸圓柱體的節段**。

- 整體而言，**距骨頭為一球體**，其外周上的斜面可視為**在中心點為 g 的球體表面**（紅色虛

線）（圖6B）**鑿出的小面**。因此，**跟骨的前側表面 b'** 是呈**雙凹狀**，而在對面的距骨表面則是呈與其相反互補的雙凸狀。跟骨的表面 b' 通常在其中間部分呈腰形，像鞋底一樣（圖6）；有的時候甚至可以將其**細分成兩個關節小面（圖7和8）**：其中一個小面（e'）落靠在載距突，另一個小面（b'）則落靠在跟骨前突。現已發現跟骨的穩定性與後者的表面積呈比例相關。距骨也擁有兩個獨立的關節小面 **b** 和 **e**。跟骨的前表面還包括了和骰骨形成關節的表面（h）。

跟骨的表面 b' 加上 **e'** 只是這個凹球面的其中一部分，這個實際上更大的凹球面還包括了**舟狀骨的後表面 d'** 以及蹠側**跟舟韌帶 c'** 的背側表面。這些表面，連同**三角韌帶 5** 和關節囊，形成了距骨頭的**關節窩**。距骨頭（圖6A）也有相應的關節小面：關節面 d 大部分都卡在舟狀骨內。在這表面 d 和跟骨關節小面 b 的中間，有一個**三角形的區域** c。此三角區域的基部位於內側，並與蹠側**跟舟韌帶 c'** 相應。

一個關節上若同時存有**兩種不同形狀的關節面**，即呈球體和圓柱體形狀的關節面（**圖6C**），此關節將展現出非常特殊的生物力學。該關節**僅有在一個位置下**，即在承重的位置下，**其關節面才能相合**，並**將負重全面地傳遞出去**。在其他的位置下，雖然也**存在很明確的強制性機械力學功能**，但**因為無法將負重傳遞出去**，該功能的意義因關節面不相合的影響而顯得次要，在機械力學上的意義也不大。工業機械力學是精確且有良好管制的，相較之下，這可以是所謂的**模糊機械力學**的例子。

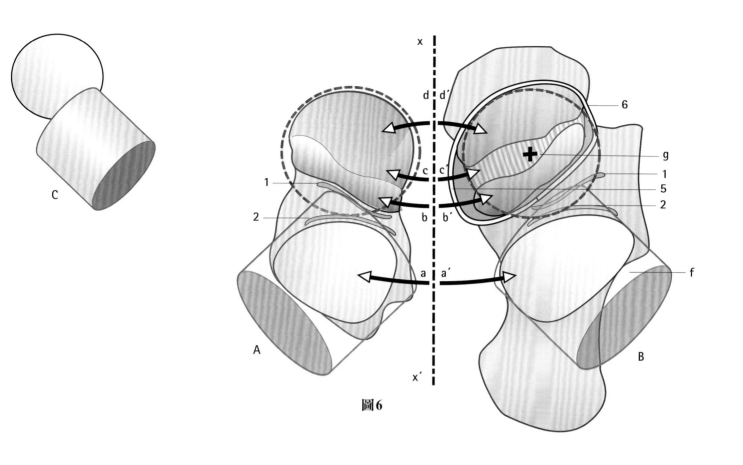

圖6

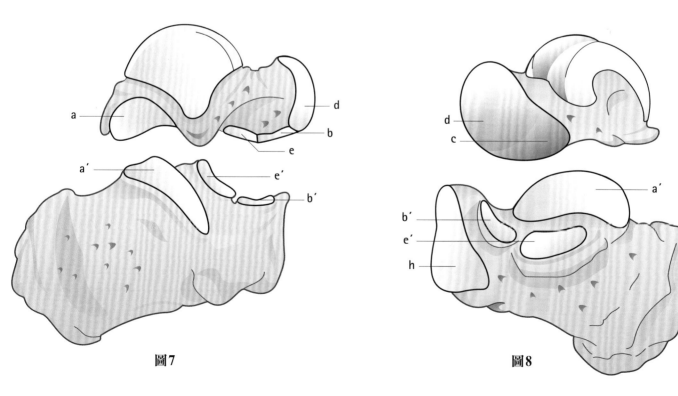

圖7   圖8

距下關節表面的契合度高低

（這裡的標號適用於下一頁所有的示意圖，但和前一頁的示意圖是沒有對應的。）

通過前一頁對於關節的描述，讀者雖然可以從中瞭解關節表面的排列和整合狀況，卻無法掌握其獨特的**操作**，為此必須要更詳盡地描述前距下關節的關節表面。將此關節沿著其旋轉軸 XX' 翻開，圖 9（距骨的下表面與跟骨一起被翻轉過去）和圖 10（跟骨的上表面）顯示了翻開之後的關節模樣，看起來就像翻開了書的頁面一樣。

在**距骨頸下表面（圖 9）的關節小面 b**，對應於位在載距突附近的**跟骨上表面的關節小面 b'（圖 10）**。在**距骨頭（圖 9）**那裡還有接著舟狀骨（e）的關節小面和接著距下關節（d）的關節小面。

另一方面，除了距下關節以外，覆蓋著軟骨的表面還可細分成**三個關節小面**（將它們從內至外標記 c1、c2 和 c3），對應於跟骨的前突。跟骨的前突也可細分成兩個關節小面（將它們從內至外標記成 c'1 和 c'2）。從後側看到的是後距下關節的兩個關節表面，即位於**跟骨的後距骨關節小面**（a'）和位於**距骨體的下關節小面**（a）。

距下關節只有在一個位置下，其關節面才會相契合：中間位置，即在沒有內翻或外翻的情況下，足部直立接在距骨下方；這也是當一個人直立站著，以對稱的雙下肢撐地時正常足部（不是呈扁平狀或弓形）的位置。距下關節後側部分的關節表面是**完全相契合**的：距骨頸的關節小面（b）落靠在位於載距突的關節小面（b'），而中距骨關節小面 c2 則落靠在跟骨前突的水平關節小面 c1。在這樣的骨性靜態位置下，關節小面之間由重力而非韌帶來接合，因此非常**穩固**而且可以長時間地維持，因為關節表面是完全相契合的。**其他的姿勢都不太穩固，且關節面大致上都不相契合。**

外翻時，跟骨的前尖端（圖 11：右側的上面觀，且假設示意圖中的藍色距骨是透明）往外側移動且趨於「躺下」（圖 12，前側觀）。在做此動作時，牢牢接合在一起的**關節小面 b 和 b'**，組成了一樞軸的構造。距下關節表面 **a**，則在後距骨關節表面 **a'** 上往下方和前側滑動，直到其碰撞到附骨竇的底部為止。而此時，後距骨關節小面 **a'** 的後上方表面就變「裸露」（圖 11）。在前側，**小關節小面 c3** 會在跟骨的斜關節小面 c'2 的表面上滑動（圖 12）。關節小面 c1 和 c'2 因此也稱為**「外翻的關節小面」**。

內翻時，跟骨朝反方向位移，其前尖端會往內側移動（圖 13），外表面則趨於**「平躺」**（圖 14）。**這兩個呈樞軸式的關節小面保持在碰觸到彼此的位置**。同時，距下關節的大距骨關節面會「爬上」接距骨 a' 的後跟骨關節小面，使得其前下方部分裸露出來（圖 13）。而在前側，「外翻的距骨關節小面」c1 落靠在位於跟骨前突的水平關節小面 c'1（圖 14）。

因此，這兩個位置因不相契合的關節表面而**不穩固，須完全依靠韌帶的支撐。這兩個位置只能短時間維持**且沒有被支撐的機會。

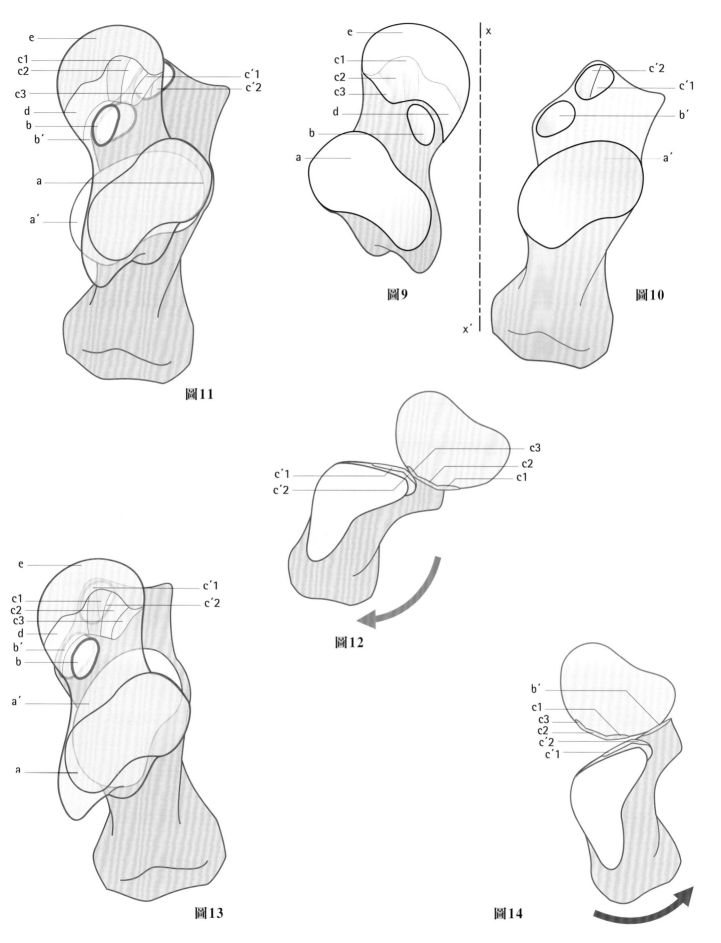

圖11

圖9

圖10

圖12

圖13

圖14

距骨：骨頭中的特例

距骨是跗骨的後側骨之一，是一塊很特殊的骨頭，可從以下三點得知：

第一，由於距骨位於後側跗骨的頂點，因此距骨可將身體的重量以及其他負重**分散**到**整個足部（圖15）**。

距骨的上關節表面，即滑車，可接收身體的重量（箭號1）以及從雙踝的鉗形架構傳遞而來的負重，並將這些壓力往三個方向傳遞：

- 透過距下關節的後側部分以及跟骨的後距骨關節小面，將壓力**往後側**，朝腳跟即跟骨後粗隆的方向**（箭號2）**傳遞；
- 透過距舟關節，將壓力**往前側和內側（箭號3）**，朝足底拱頂的內足弓的方向傳遞；
- 透過距下關節的前側部分，將壓力**往前側和外側（箭號4）**，朝足底拱頂的外側足弓的方向傳遞。

距骨**承受壓力**，也負責執行**一些重要的機械功能**。

第二，並**沒有任何的肌肉附著**在距骨上**（圖16）**。然而，從小腿延伸下來的肌肉卻將距骨四面八方地包圍起來，因此也稱距骨為**「籠中骨」**，即關在肌腱牢籠中的骨頭。這些肌肉共有13條，包括：

- 伸趾總肌的四條肌腱（1）；
- 第三腓骨肌（經常不存在）（2）；
- 腓骨短肌（3）；
- 腓骨長肌（4）；
- 跟腱，即小腿三頭肌附著處的肌腱（5）；

- 脛後肌（6）；
- 屈拇趾長肌（7）；
- 屈趾長肌（8）；
- 伸拇趾長肌（9）；
- 脛前肌（10）。

第三，距骨**整個被關節表面覆蓋，而且其上還有很多韌帶的附著處**（圖17：外側觀；圖18：內側觀），正好呼應了距骨作為**「中繼站」**的稱號。這些韌帶包括：

- 骨間距跟韌帶或是下距跟韌帶（1）；
- 外距跟韌帶（2）；
- 後距跟韌帶（3）；
- 踝關節外側副韌帶的前束（4）；
- 踝關節內側副韌帶的前束的深層纖維（5）；
- 踝關節內側副韌帶的後束（6）；
- 踝關節外側副韌帶的後束（7）；
- 由前側副韌帶加固的踝關節前關節囊（8）；
- 加固關節囊的踝關節後側副韌帶（9）；
- 距舟韌帶（10）。

由於距骨沒有肌肉的附著，因此僅靠韌帶附著處的血管以及一些其他直達的血管，來提供距骨營養。**在正常的情況下**，這些動脈血流的供應就**足以**應付距骨所需。然而，若發生距骨頸骨折，尤其是伴隨距骨體的脫位時，距骨的血流供應會因而受阻。且若此狀況無法修復，**距骨頸處可能會形成假性關節**，或者更嚴重可能會導致**距骨體發生無菌性壞死**。

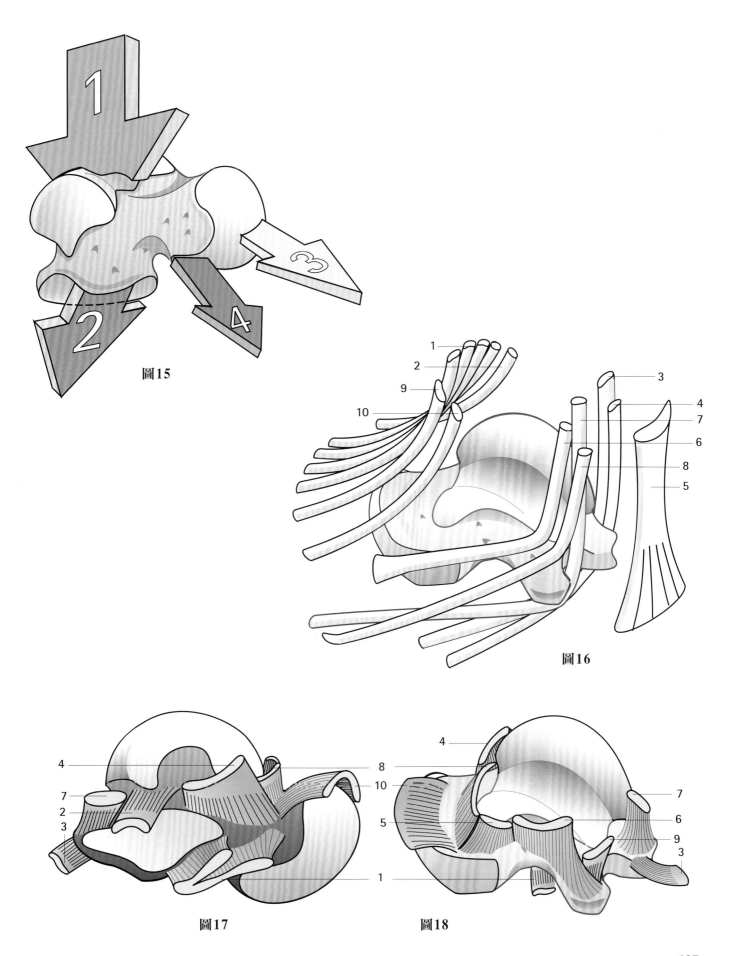

圖15

圖16

圖17

圖18

距下關節韌帶

距骨和跟骨是由**短且強而有力的韌帶群**連接在一起，因為距骨和跟骨在**步行、奔跑以及跳躍**時必須承受**很大的壓力**。

其中最主要的韌帶，**骨間距跟韌帶**（圖 19，前外側觀）是由**兩條粗的四邊形纖維束**所組成，位於**跗骨竇**內。**跗骨竇**位於距骨頸的下外側和跟骨前半部分的上表面之間，是一個相當大的骨間溝。

- **前束**（1）附著於**跟骨竇**（跗骨竇的底部，位於跟骨前突的上方之處）。其緻密、珍珠白的纖維，**往上方、前側以及外側斜向**延伸，止於**距骨竇**（跗骨竇的頂部；見 P.183 **圖 6A**）。距骨竇位於距骨頸的下表面以及距骨頭其被軟骨覆蓋的關節小面的邊緣後側。

- **後束**（2）則止於跗骨竇的底部，前束附著之處的後側，即後距骨關節小面的前側之處。其厚實的纖維，**往上方、後側以及外側斜向**延伸，止於跗骨竇的頂部（見 P.183 **圖 6A**），位於距骨後表面的前側之處。

假設韌帶群是有彈性的，將距骨和跟骨分開後就可以清楚地看到這兩條纖維束的排列構造（**圖 20**：前外側觀，圖中的韌帶群是可伸展的）。

還有另外兩條較不重要的韌帶將距骨和跟骨連接在一起（**圖 19 和 20**）：

- **外距跟韌帶**（3）源自距骨的外側結節，朝下後側斜向延伸，並與踝關節外側副韌帶的中間束平行，最後止於跟骨的外表面；

- **後距跟韌帶**（4）為一薄纖維束，從距骨的外側結節延伸至跟骨的上表面。

骨間距跟韌帶對於距下關節的**靜態及動態生物力學非常重要**。如圖所示（**圖 21**：跗骨其中四塊骨頭的上面觀），如果跟骨關節小面上的距骨滑車是透明的，就可看到骨間距跟韌帶確實位在中心。身體的重量，會通過小腿的骨頭傳遞到距骨滑車，再分散到跟骨的後距骨關節小面以及距骨的前跟骨關節小面，即前內側小面 b'1 以及前外側小面 b'2。顯然的，由於骨間距跟韌帶（穿透透明的距骨滑車看到的兩條綠線）正好沿著小腿的延長軸（圓圈交叉處），**因此無論是小腿的扭轉動作或是伸長動作，骨間距跟韌帶都能參與**（見 P.198）。

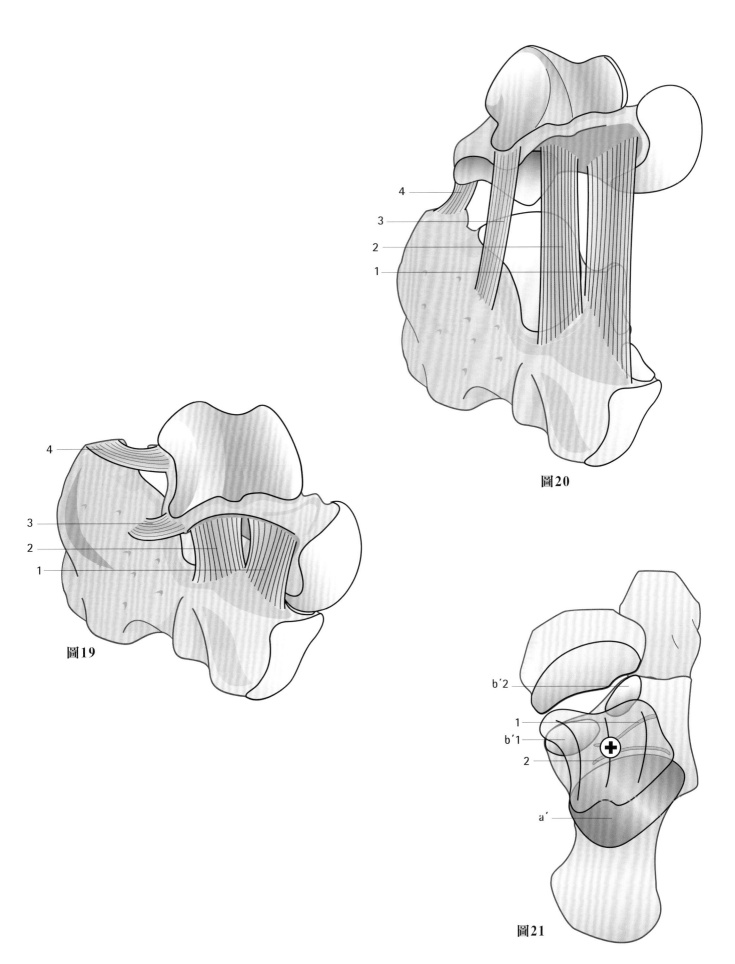

圖20

圖19

圖21

橫跗關節及韌帶

如果將橫跗關節往前側打開，且將舟狀骨和骰骨往身體的遠端移開後（圖 **22**，靈感來自 Rouvière），在內側可看到後凹的**距舟關節**（P.183 圖 **6B**），而在外側可看到微前凹的**跟骰關節**。如此的構造，使得當從正上方往下看橫跗關節時，此關節在橫切面上會呈細長的斜體 S（圖 **28**）。

　　跟骨的前側表面（e）形狀複雜：從**橫向**來看，此表面**上凹下凸**。相應的**骰骨的後關節面**（e'），形狀與其相反互補。且此關節面往往還會延長連至舟狀骨的其中一個關節小面（e'2）（圖 **27**：舟狀骨與骰骨組合的後側觀），使得舟狀骨的外側末端位於骰骨的上方。舟狀骨和骰骨在兩個**平面小面 h 和 h'**形成關節，並由**三條韌帶**，即背外側韌帶（5）、蹠內側韌帶（6）以及短厚的骨間韌帶（7），將它們牢牢地連接在一起。（已將這兩塊骨頭分開）

　　橫跗關節共有五條韌帶，分別是：

　　蹠側跟舟韌帶 c' 或彈簧韌帶將跟骨和舟狀骨連接在一起（圖 **23**），同時也作為一個關節表面（見 P.183）；其內側緣供三角韌帶的**基部**附著（P.167 圖 **16**）。

- **背側距舟韌帶**（9）起於距骨頸的背側表面，並止於舟狀骨的背側表面（圖 **22 和 26**）。

- **分歧韌帶**（圖 **23 和 26**）位於中線位置，構成了橫跗關節的拱頂石。分歧韌帶由**兩條**起於跟骨前突靠前緣處的纖維束所組成（10）。**內束**（11），即外側跟舟韌帶，在垂直面走行，止於舟狀骨的外側表面。其下緣，有時候會與蹠側跟舟韌帶融合，從而將關節分隔成兩個不同的滑膜腔。**外束**（12），即內側

跟骰韌帶，比內束薄，水平延伸以止於骰骨的背側。由此，這兩條纖維束形成了一個穩固直角，直角的開口朝上朝外（圖 **25**：前側觀，圖解）。

- **背側跟骰韌帶**（13）是一條跨越了跟骰關節的上外側表面的薄韌帶（圖 **23 和 26**）。

- 緻密且珍珠白的**蹠側跟骰韌帶**，覆蓋著跗骨的蹠側，由兩層不同的纖維束所組成：

　　—— **深層的纖維束**（14），將跟骨的前側結節與骰骨的蹠面連接在一起（圖 **24**：將淺層的纖維束切開和拉回後的背側觀），而骰骨的蹠面位於腓骨長肌肌腱溝（FL）的後側。（注意脛後肌 TP 止於舟狀骨結節，圖 **22-24 和 27**）。

　　—— **淺層的纖維束**（15）從後側附著於跟骨的蹠面，即介於跟骨的後側結節和跟骨的前側結節間的位置；從前側則附著於骰骨的蹠面，即位於腓骨長肌肌腱溝前側的位置。此纖維束還會**延伸**（16）止於其中四個蹠骨的基部。因此，骰骨溝成為了一個纖維骨管（17），腓骨長肌 FL 會橫跨其內外側（圖 **24 和 26**）。其內側，會有屈拇長肌 FHL 行於載距突和蹠側跟舟韌帶的下方。如果在後側跗骨截取兩個正中切面（圖 **28**：兩個切面的方向），從內側觀（圖 **29**：切面的外側部分）可看到，腓骨長肌 FL 的肌腱離開骰骨以及距跟韌帶的前束（1）和後束（2）。大的蹠側跟骰韌帶，與其深層（14）和淺層（15）的纖維束是維持足底拱頂形態（見 P.219 圖 **100**）的基本結構之一。

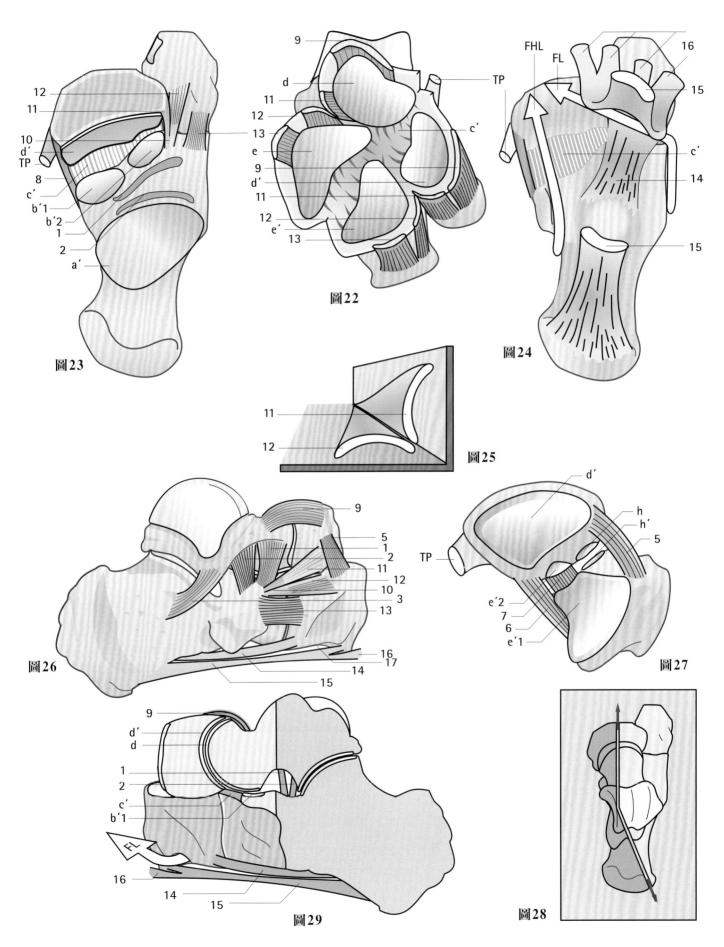

圖23

圖22

圖24

圖25

圖26

圖27

圖29

圖28

191

距下關節動作

如果單獨來看，大致上可將距下關節的每個表面都比作一個幾何表面：後距骨關節小面是**一段圓柱體**，而距骨頭則是**一段球體**。然而距下關節應被視為一個平面關節，因為從幾何學角度而言，在一個機械結構單位中同時存在的兩個球體面和兩個圓柱體面，當沒有至少一組相互滑動的表面之間出現間隙的情況下，即相對的表面之間若沒有發生或多或少的**接觸分離**時，這些表面是不可能同時在另一個表面上滑動的。由於距下關節本身的構造特殊，使其擁有一些關節內動作，而與一些接合得非常緊密的關節有明顯不同，如髖關節表面非常契合的幾何形狀，有較少的關節內動作。

從另一方面來說，如果距下關節處在中間位置時關節面是完全契合的，意即關節面的接觸面積是最大的，能讓距下關節傳遞身體的重量，而處在極端位置時它們將會變得非常不契合，關節面的接觸面積減少，但距下關節所需要承受的壓力也隨之變小或幾乎為零。

從**中間位置**開始（圖30：透明的跟骨和距骨組合的前側觀），跟骨在距骨上所做的動作（假設距骨是固定不動的）是同時**在三個空間平面**中進行的。當足部內翻時（P.181 圖2），跟骨的前側末端會進行**三個基本的動作**（圖31：初始的姿勢以藍色虛線表示）：

- 輕微下壓（t）後引起足部輕微伸直；
- 向內位移（v）伴隨著足部內收；
- 旋轉（r），當足部旋後時，跟骨的外側面會平放在地面。

當足部外翻時，則會進行另一組完全相反的基本動作。

Farabeuf 將這些動作形容為「跟骨在距骨下俯仰搖晃、轉彎和滾動搖晃」，完美地描述了這些複雜的動作。將這些動作比作船隻的運動是非常合理的（**圖34**）。原本處在平穩的姿勢（a）的船隻遇到海浪時：

- 若船艏插入波浪，會導致船隻**俯仰搖晃**（b）；
- 船艏向一側移動，使船隻**轉彎**（c）；
- 船隻也會向一側**滾動搖晃**（d）。

無論是俯仰搖晃、轉彎或是滾動搖晃，這些都是船隻因浪顛簸而進行的基本繞軸運動的組合（e）。

從幾何學的角度來看，一個動作的發生若涉及了三個旋轉軸的基本動作，就可簡化說明**這個動作圍繞著一個傾斜於前述三軸的旋轉軸進行**。跟骨（以一平行六面體表示）（**圖32**）的旋轉軸 **mn**，朝上下、內外和前後傾斜。圍繞著此 **mn** 軸旋轉（**圖33**）就會發生上述所說的動作。Henke 提出，此旋轉軸會從距骨頸的上內側表面進入關節，穿越跗骨竇，並從跟骨粗隆的外側突離開關節（見 P.199 以及本書最後的足部機械模型）。**Henke 軸**不僅是距下關節的旋轉軸，也是橫跗關節的旋轉軸。Henke 軸**控制了踝關節下的後側跗骨所有的動作**。這些內容後續會再次說明。

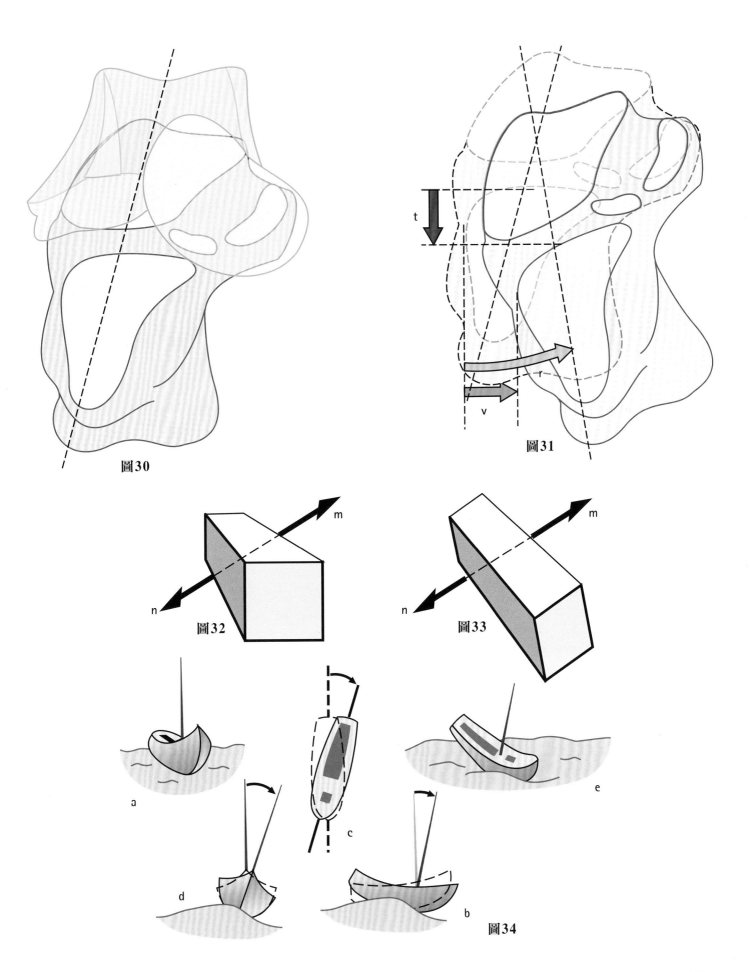

圖30

圖31

圖32

圖33

圖34

距下關節與橫跗關節的動作

透過研究解剖標本在 X 光攝影下的內翻與外翻位置，可以輕鬆地分析**後側跗骨**在這些位置下的**相對動作**。用金屬釘子穿刺跗骨的每一塊骨頭，並以字母標記這些骨頭，分別是 **a** 為距骨（藍色）、**b** 為跟骨（紅色），**c** 為舟狀骨（綠色）以及 **d** 為骰骨（橘色），如此一來就可以測量這些骨頭的角位移。

假設距骨固定不動，從**垂直 X 光**拍攝的上面觀可看到這些骨頭從外翻位置（圖 35）到內翻位置（圖 36）的角位移：

- **舟狀骨**（c）（圖 36）在距骨頭上往內側滑動，其角位移旋轉了 5°。
- **骰骨**（d）的角位移也和舟狀骨一樣旋轉了 5°。相對於跟骨和舟狀骨來說，骰骨往內側滑動。
- **跟骨**（b）稍微往前側移動，且在距骨上旋轉，其角位移一樣也改變了 5°。

這三個基本的旋轉動作，都沿著同一個方向，即**內收**的方向發生。

依然假設距骨是固定不動的，從**前往後照的 X 光**圖像中可看到這些骨頭**從外翻位置**（圖 37）**到內翻位置**（圖 38）的位移：

- **舟狀骨**（c）旋轉了 25°，而且微往內側滑離距骨。
- **骰骨**（d）旋轉 18°，且往內側完全隱身在跟骨的陰影裡。
- **跟骨**（b）在距骨下往內側滑動並旋轉 20°。

這三個基本的旋轉動作也是沿著同一個方向，即**旋後**的方向發生，且過程中舟狀骨旋轉的角度比跟骨，尤其是比骰骨還要高。

最後是從 **X 光的側面照**去觀察這些骨頭**從外翻位置**（圖 39）**到內翻位置**（圖 40）的位移：

- **舟狀骨**（c）**在距骨頭下滑動**，且自轉 45°使得其前表面朝下。
- 相對於跟骨和舟狀骨來說，**骰骨**（d）也往下方滑動。而相對於距骨，骰骨往下的位移比舟狀骨往下的位移來得多，且與此同時，骰骨還旋轉了 12°。
- **跟骨**（b）相對於距骨往前側移動。此時，距骨的後緣突出於跟骨的後距骨關節小面的後方。且與此同時，跟骨和舟狀骨一樣，沿著伸直的方向旋轉 10°。

這三個基本的動作，都沿著同一個方向，即**伸直**的方向發生。

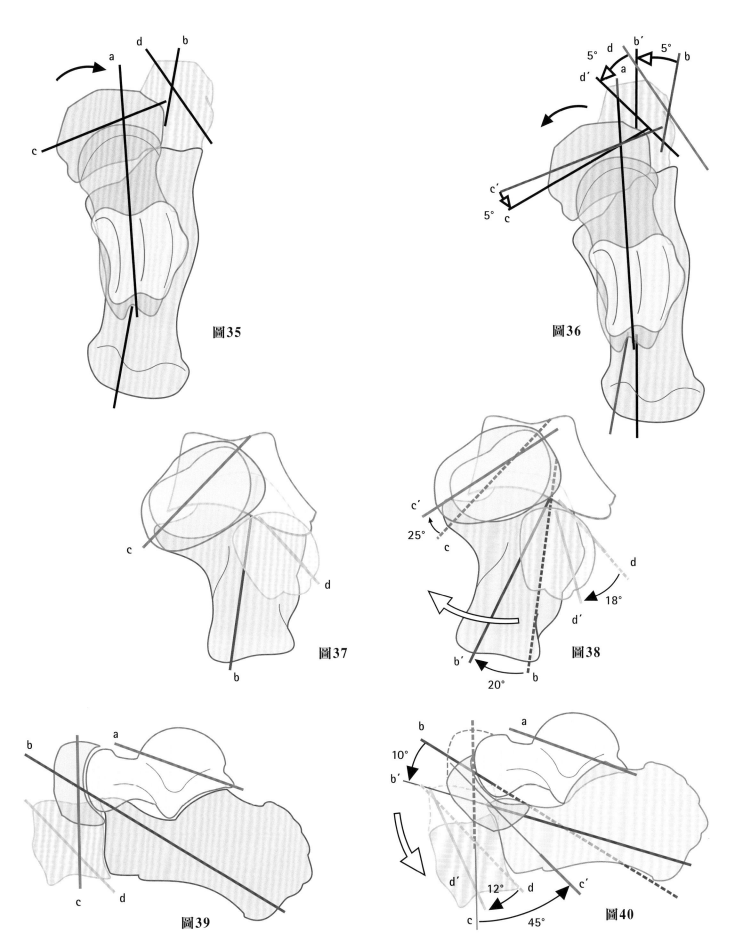

圖35

圖36

圖37

圖38

圖39

圖40

橫跗關節動作

在橫跗關節發生的動作，取決於關節表面的形狀以及韌帶的移位。整體而言（**圖 41**：距骨和跟骨的前面觀），這些關節表面會沿著一旋轉軸 xx' 分布。此軸會朝上下和內外側斜向延伸，與水平面構成一 45°，大致上可作為舟狀骨－骰骨組合往上下內外側**動作**的**樞紐**（箭號 S 和 C）。呈卵圓形的距骨頭的表面，以及與水平面成 45°（距骨頭「旋轉」的角度）的長軸 yy'，也沿著這些動作的方向拉長。

在脛後肌（TP）的拉力下，**舟狀骨在距骨頭上**往內側（**圖 42**）和下側（**圖 43**）**位移**，此肌肉的肌腱止於舟狀骨的結節。背側距舟韌帶（a）的張力會阻礙這些動作。藉由楔形骨以及第一至第三蹠骨，舟狀骨位移方向的改變可產生**內收動作及抬高足部的內側弓**（見 P.230）。

同時，相對於跟骨而言，舟狀骨呈**外翻姿勢**（**圖 44**：移除距骨後的上面觀），而彈簧韌帶（b）、三角韌帶（c）的下緣以及分歧韌帶（d）的內側束呈拉緊狀態。當**足部內翻**時（**圖 45**），脛後肌（TP，圖中沒顯示）收縮使得舟狀骨更靠近跟骨（藍箭號），也讓距骨跨過跟骨的後距骨關節小面（紅色箭號），從而使得上述韌帶放鬆。

當一個關節表面是由骨頭所支撐時，此堅固的支架不允許舟狀骨進行這些相對於跟骨的動作。因此，這也解釋了為什麼跟骨的前側關節表面沒有一直往下延伸至舟狀骨。另一方面，彈簧韌帶（b）柔韌的表面，對於內側足弓的彈性和抬高也很重要（見 P.230）。

骰骨在跟骨上能進行往上方的動作非常有限（**圖 46**：內側觀），其原因有兩個：

• **跟骨前突呈喙狀突出**（黑色箭號），會阻礙關節上方的動作。此前突的上方有**跟骰韌帶**（e）。

• **強壯的蹠側跟骰韌帶**（f）**的張力**，會迅速地阻止關節間隙從下方打開（a）。

另外（**圖 47**），骰骨在跟骨關節小面呈凸出的表面上，易往下移動，但是**分歧韌帶的外側韌帶**（1）**會施展張力**，阻止此動作的發生。

在水平切面（**圖 48**：圖 41 中 AB 處的水平剖面），骰骨**易往內側滑動**，因為僅有**背側跟骰韌帶**（g）阻礙此動作的發生。

總體而言，骰骨**更傾向於進行往下方和內側的動作**。

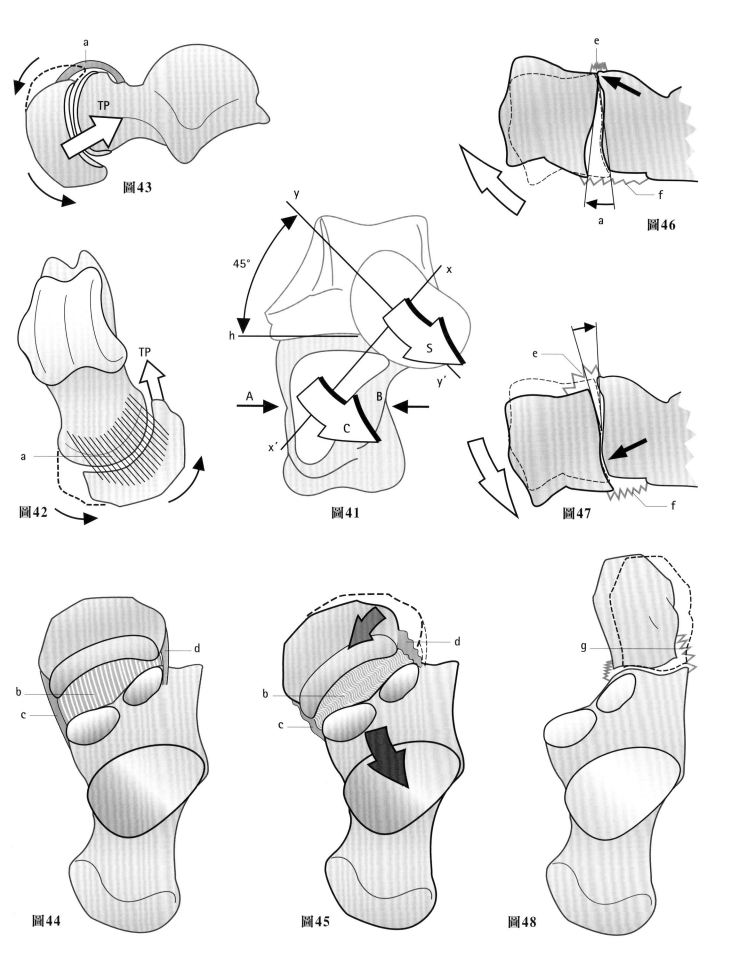

圖43

圖42

圖41

圖46

圖47

圖44

圖45

圖48

後跗關節的整體運作

透過檢視和操弄後跗骨的解剖標本，可清楚將後跗骨的所有關節視為一個不可分割的功能單位，即**後足關節複合體**，可調節整個足底拱頂的方向和形狀。

從力學的角度，距下關節和橫跗關節是連接在一起，組成一個單一關節。此關節**相當於一個圍繞著 Henke 軸旋轉，具有一個自由度**的關節（另請參考本書最後的足部模型）。

在下一頁的示意圖中，可從兩個不同的觀點，即**前外側觀（圖 49 和 51）**以及**前面觀（圖 50 和 52）**去觀察後跗骨的四塊骨頭。這些示意圖分別將在**內翻動作 I（圖 49 和 50）**以及**外翻動作 E（圖 51 和 52）**時，後跗關節各部位在垂直面上的位置都並列出來。因此從而可瞭解*舟狀骨 – 骰骨組合*相對於距骨的位置，會有哪些**方向的變化**，而這裡的距骨在定義上是固定不動的。

內翻動作（圖 49 和 50）

- 脛後肌牽拉舟狀骨 **Nav**，露出距骨頭 **d** 的上外側部分。
- 在舟骰韌帶的幫助下，舟狀骨沿著骰骨 **Cub** 拖行。
- 接著換骰骨去牽拉跟骨 **Calc**，跟骨會向前扎進距骨 **Tal**（d）的下方。
- 跗骨竇的間隙在此時是最大的（**圖 49**），而骨間韌帶的兩條纖維束（1 和 2）變得緊繃。
- 跟骨 a' 的後距骨關節小面的前下方裸露，而距跟關節從上方和後側打開。

小結

- 舟狀骨 – 骰骨組合（**圖 50**）被拉往內側（紅色箭號 **Add**），使得前足往前側和內側移動（紅色箭號，**圖 49**）。

- 與此同時，舟狀骨 – 骰骨組合會圍繞著一條穿過分歧韌帶的前後軸旋轉，進而可主動地抵抗伸長和扭轉的應力。此旋轉動作會發生，是因為舟狀骨往下沉兼旋轉以及骰骨往下壓，使得足部旋後（紅色箭號）：當**外側足弓下壓**時，足底會移動使得面朝內側。骰骨接第五蹠骨 Vm 的關節小面會面朝下方和前側。**內側足弓上提**，使得舟狀骨接第一楔形骨 Ic 的關節小面直接面朝前側。

外翻動作（圖 51 和 52）

- 止於第五蹠骨粗隆的腓骨短肌，將骰骨往外側和後側牽拉。
- 骰骨沿著舟狀骨拖行，露出距骨頭的上內側部分，而跟骨則往後側下落到距骨（d）的下方。
- 跗骨竇閉合（**圖 51**），而此時距骨對跗骨竇底部的衝擊，會阻礙動作的進行。
- 跟骨 a' 的後距骨關節小面的後上側部分裸露。

小結

- 舟狀骨 – 骰骨組合（**圖 52**）被拉往外側（藍色箭號 Abd），使得前足面朝前側和外側（藍色箭號，**圖 51**）。
- 同時，由於舟狀骨下壓和骰骨外展，使得舟狀骨 – 骰骨組合會沿著**旋前 Pron** 的方向自轉（藍色箭號），關節小面 Vm 在此時會朝向前側和外側。

作者在書中分別以第一（C1）、第二（C2）和第三（C3）楔形骨來表示內側、中間和外側楔形骨。

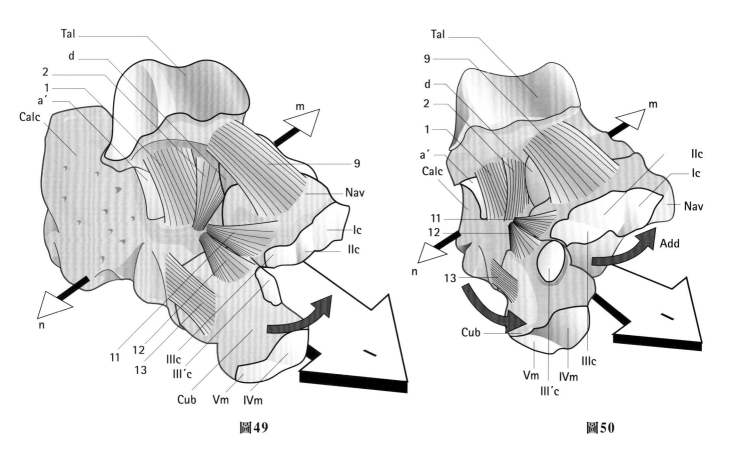

圖49

圖50

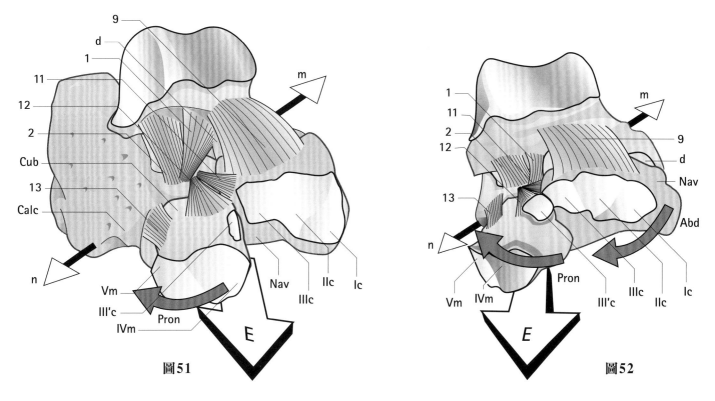

圖51

圖52

後足的異動萬向關節

剛剛定義的 **Henke 軸**，並不像我們以為的那樣固定不變。實際上，Henke 軸是一條**「行動軸」**，也就是說當關節在做動作時，Henke 軸在空間中是會移動的。這個結論可從後跗骨在做內翻－外翻動作時連續拍攝的 X 光圖像中得出。

假設在內翻－外翻時，行動 Henke 軸**（圖 53）**會沿著一傾斜的路徑從**初始位置**（1）移動至**最終位置**（2），該路徑標示出 Henke 軸在移動過程中的所有位置；將各瞬間的旋轉中心疊加在相對應的 X 光攝影圖像，會發現它們並不重合，故由此觀察結果證明假設是正確的。此假設的數學演示需要在電腦上完成。

在後足，有**兩條連續且不平行的軸**，即**踝關節軸**和 **Henke 軸**。剛剛提到的 Henke 軸，代表了距下關節和橫跗關節的球形軸，所以可以將萬向關節 * 當作後足關節複合體的力學模型。

在**工業機械**中，萬向接頭**（圖 54）**定義為有兩條正交軸和兩條旋轉軸的接頭。如此的接頭，只要兩條旋轉軸之間的角度範圍沒有超過 45°，都可以將旋轉動作從一個旋轉軸傳遞到另一個旋轉軸。在前輪驅動的汽車中，萬向接頭會置入在驅動軸和連接兩個驅動輪的輪軸之間。此外，這裡指的萬向接頭也稱之為**同動接頭**，因為無論旋轉軸的位置如何，其驅動力都保持不變。

在**生物力學**中，有**三個關節屬於這種類**的萬向關節：

- 胸鎖關節——為一鞍狀關節；
- 腕關節——為一踝關節複合體；

- 拇指腕掌關節——另一鞍狀關節，在第 1 冊中有詳細介紹。

而在後足，與工業機械的關鍵差別在於後足的萬向關節是屬於異動關節，也就是說**後足的萬向關節是不固定的**。其軸並不彼此正交，即在空間中其軸並不是互相垂直，而是**彼此互相傾斜**。為了演示用，將這裡指的異動關節的力學模型**（圖 55）**，疊加在一張腳踝的示意圖上，此示意圖中有：

- 小腿骨 A 和前足骨 B；
- 踝關節的橫軸 XX'，此軸會稍微往前側和內側傾斜延伸；
- Henke 軸 YY'，此軸會往前後側、上下方和內外側傾斜延伸；
- 中間的板塊 C，雖然它**沒有相對應於任何的骨頭**，但用它來代表一變形的四面體，此四面體的對角有關節的兩條軸。

由於這些軸**沒有彼此正交**，使得後足的關節複合體所做出的動作會有**鑑別性偏差**。分布在這兩條軸（見 P.220）周圍的肌肉，只能產生以下兩種動作，其他的動作在力學上是不允許的：

- **內翻（圖 56）**可伸直足部，且將足部的蹠側朝內。
- **外翻（圖 57）**可屈曲足部，且將足部的蹠側朝外。

知道了這種異動萬向關節的機制，讓我們可以基本瞭解足部肌肉的作用、足底的方向以及足部靜態和動態的特性。

---

* 在法語稱為「cardan」或在英語稱為「universal joint」的萬向關節，是由 Girolamo Cardano（1501-1576）發明的，因此萬向關節的法語說法是來自於其發明者的名字。萬向關節讓指南針即使在大海中顛簸搖晃，都可以順利地安裝在船上，因此對於航海探索有非常大的幫助。在英語中把萬向關節稱為「universal joint」其實是不對的，因為「universal joint」更適合只用來形容球窩關節。

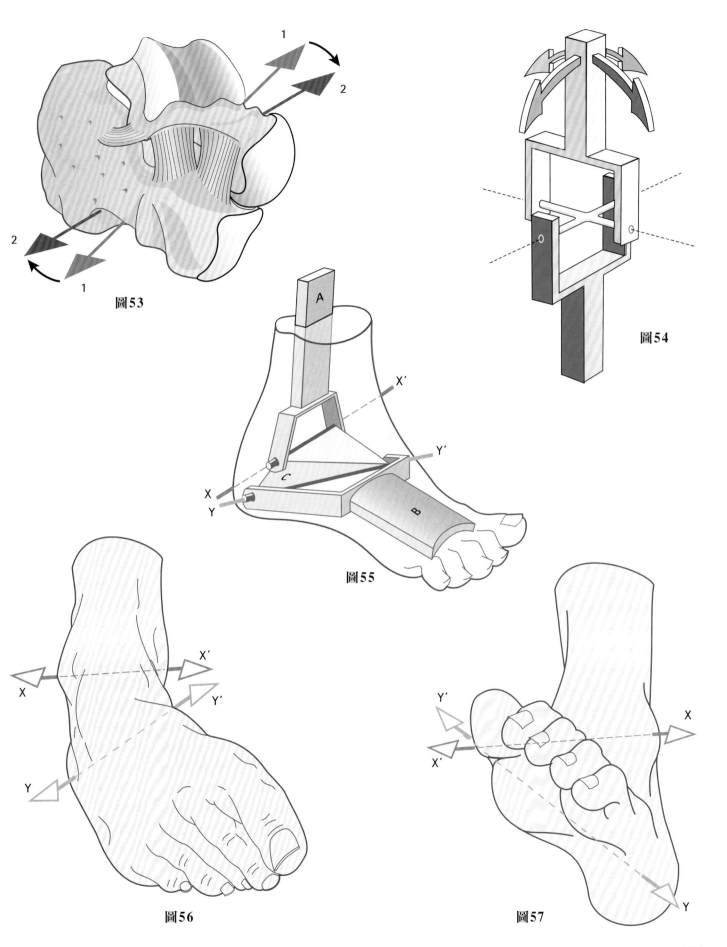

圖53

圖54

圖55

圖56

圖57

內翻外翻時的韌帶鍊

足部進行內翻和外翻時，會受到兩種因素限制：

- 骨骼的碰撞；
- 後足的韌帶系統。

內翻動作限制因素

如前所述，在內翻時，跟骨會往下側和內側下落，讓距骨可以爬上跟骨的後距骨關節小面的上側部分。在此處，距骨不會遇到任何的骨骼阻力。同時，因為後距骨關節小面的前下側部分裸露，所以當舟狀骨往下方和內側滑動時，距骨頭也不會遇到任何的骨頭阻礙它。

所以內翻動作不會受到任何骨面的限制，除了內踝之外。如此，內踝才能確保距骨滑車保持在它該在的位置。

因此，內翻動作只會受到**韌帶鍊**的限制。韌帶鍊拉緊時會產生兩股張力（**圖 58**）。

1. 主要張力線：

- 來自外踝
- 沿著踝關節外側副韌帶（1）的前束延伸
- 然後通過以下韌帶，分支至跟骨和骰骨：
  - 骨間韌帶（2 和 3）
  - 分歧韌帶的**外側**跟骰分支（7）
  - 上外側或背側跟骰韌帶（6）
  - **蹠側跟骰韌帶**（這裡沒有顯示）
  - 分歧韌帶的舟狀骨分支（8）。
- 最後通過背側距舟韌帶（5），從距骨擴散至舟狀骨。

2. 輔助張力線則來自於內踝，沿著踝關節的內側副韌帶的後束（這裡沒有顯示）延伸至後側距跟韌帶（這裡沒有顯示）。

因此在內翻時，距骨扮演了韌帶的中繼站，其中有**兩條韌帶會朝距骨這裡延伸，而有三條韌帶會離開距骨。**

外翻動作限制因素

當外翻時（**圖 59**），距骨下表面的主要後側關節小面會沿著跟骨的後距骨關節小面的斜面向下滑動，直到其碰撞在跗骨竇底部的跟骨上表面。如果沒有制止此動作，外距骨面會被拉向外側，碰撞到外踝而有骨折的風險。**因此，骨與骨之間的接觸對於外翻動作的限制起了主導的作用。**

負責**限制外翻動作的韌帶鍊**，也產生了**兩股張力**：

1. 主要張力線：

- 源自內踝，然後沿著踝關節內側副韌帶的前束的兩個平面延伸：
  - 淺平面（三角韌帶 9）將內外踝直接連接到舟狀骨和跟骨，而其中的舟狀骨和跟骨是由彈簧韌帶（11）連接的。
  - 深平面（10）通過前側脛腓韌帶（這裡沒有顯示）和骨間韌帶（12）而將內外踝分別連接至距骨和跟骨。
- 接著擴散至跟骨，而跟骨是由分歧韌帶將其與骰骨和舟狀骨連接。此時，張力會分支至骰骨（7）和舟狀骨（8）。顯然的，分歧韌帶使得這三塊骨無論在外翻或內翻時都能緊密地連接在一起。
- 然後通過蹠側跟舟韌帶（這裡沒有顯示）沿著足底擴散。

2. 輔助張力線：

- 從外踝開始，
- 通過腳踝外側副韌帶的後束（這裡沒有顯示）擴散至距骨，接著再通過外側距跟韌帶（13）延伸至跟骨。
- 也可通過腳踝外側副韌帶的中束（4）直接擴散至跟骨。

總而言之，距骨中繼站會**接收兩條韌帶，**

以及也會有兩條韌帶從距骨發出。

　　因此可以得出一個結論，**當內翻時，韌帶
的撕裂**，尤其是腳踝外側副韌帶的前束撕裂會
造成嚴重的扭傷，而**外翻則可能導致內外踝的
骨折**，該骨折會從外踝開始發生。

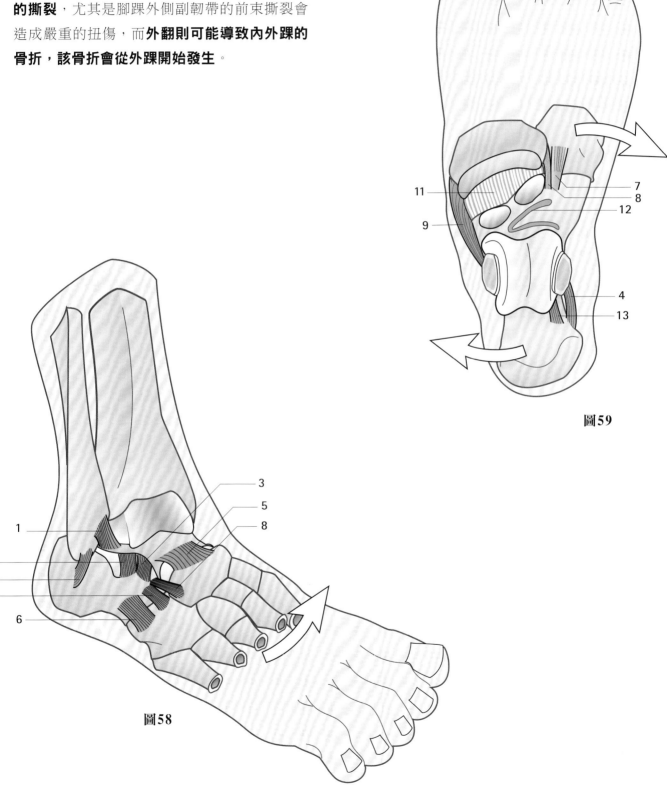

圖59

圖58

楔舟關節、楔間關節、跗蹠關節

這些關節都屬於**平面關節**，僅允許小幅度的滑動和間隙產生。

舟狀骨和骰骨組合（**圖 60**：正面照）有**三個舟狀骨關節小面：Ic、IIc 和 IIIc**，分別與**內側（C1）、中間（C2）和外側（C3）楔形骨**形成關節。而**三個骰骨關節小面**則分別與**第五蹠骨（Vm）、第四蹠骨（IVm）以及外側楔形骨（III'c）**形成關節。骰骨也負責支撐骰舟關節（箭號）的舟狀骨外側末端。

放大版的前外側觀（圖 61）説明了**三塊人工楔形骨**是如何與舟狀骨－骰骨組合形成關節：雙箭號顯示外側楔形骨在骰骨上的位置，即位在一個接舟狀骨的關節小面前側的關節小面（III'c），此 III'c 關節小面也屬於楔骰關節的一部分。

楔間關節（**圖 62**：楔舟關節、楔間關節以及一部分跗蹠關節的上面觀）有關節小面，也有骨間韌帶，如 C1 和 C2 楔形骨之間有一條韌帶已被切斷（19）以及 C2 和 C3 楔形骨之間也有一條韌帶還保留在原處（20）。

在**跗蹠關節**的近端（**圖 64**：上面觀），內側有三塊楔形骨以及外側有骰骨（Cub），而在跗蹠關節的遠端則有**五塊蹠骨 M1、M2、M3、M4 和 M5**的基部。跗蹠關節是由**一系列互相緊密連接的平面關節**所組成。將此關節翻開後的背面觀（**圖 63**，靈感來自 Rouvière）顯示跗骨的各關節小面和與其相應蹠骨的關節小面。

第二蹠骨（M2）基部與其三個關節小面，可緊密地卡入楔形骨的榫眼結構內，此榫眼結構是由外側楔形骨 C3 的內側關節小面 IImC3、中間楔形骨 C2 的前側關節小面 IImC2 以及內側楔形骨 C1 的外側關節小面 IImC1 所形成的。跗蹠關節也藉由**強韌的韌帶**維繫在一起。如果從上方翻開跗蹠關節，第一蹠骨圍繞其軸旋轉（箭號 1）以及將第三蹠骨往外側拉（箭號 2）後，就可以清楚地看到這些韌帶（**圖 62**）。這些韌帶包括：

- 位於內側的分歧韌帶（18）。**強而有力的分歧韌帶**，會從 C1 的外側部分延伸至第二蹠骨基部的內側部分，也是**欲使中足關節分離的關鍵韌帶**。
- 位於外側的**韌帶系統**，由分布於 C2 和第二蹠骨（M2）之間和分布於 C3 和 M3 之間的規則直纖維（21），連同分布於 C3 和 M2 之間以及分布於 C2 和 M3（24）之間的交叉纖維（23）所構成。

跗蹠關節的強韌度，也取決於這些從每一塊蹠骨的基部延伸至相應跗骨以及相鄰蹠骨基部的韌帶（**圖 64**：背面觀和**圖 65**：蹠面觀）。尤其是在背側（**圖 64**），韌帶會從第二蹠骨的基部往四面八方延伸至所有相鄰的骨頭。而在蹠側（**圖 65**），韌帶則會從中間楔形骨延伸至第一至第三蹠骨。腓骨長肌（FL）通過其蹠溝（白色箭號）後，止於第一蹠骨基部的蹠側，而腓骨短肌（FB）則止於第五蹠骨基部上的粗隆。**跗蹠關節的間隙**在圖 64 和 65 中會以紅色虛線顯示。

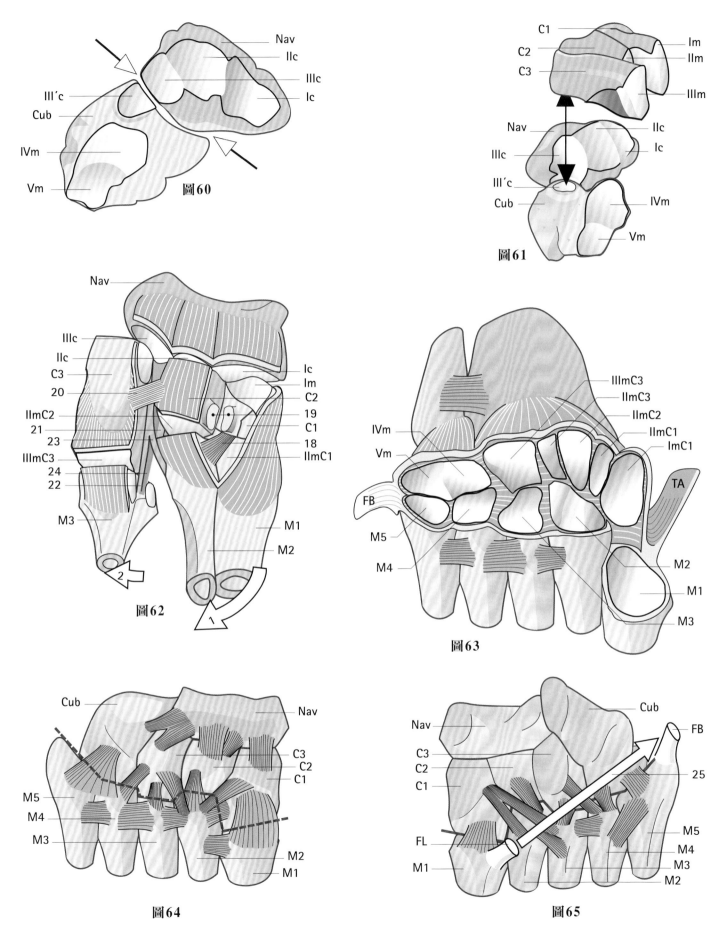

圖60

圖61

圖62

圖63

圖64

圖65

前跗關節及跗蹠關節動作

楔間關節（圖 66：冠狀切面）允許小幅度的垂直動作，也改變足底拱頂的橫向曲度（見 P.241）。外側楔形骨（Cl）位於骰骨（Cub）的上方。骰骨內側三分之一處（深色）可支撐楔形骨的弓形構造。**沿著足部的長軸**（圖 67：矢狀切面），楔形骨相對於舟狀骨進行的小位移，就足以改變內側足弓（見 P.236）的曲度。

從關節內的間隙形狀和關節表面的方向（解剖學教科書會有很詳細的描述），可推敲出**在跗蹠關節的動作**（圖 68：上面觀）：

- **總體而言**，跗蹠關節內的間隙連在一起，朝內外側、上下方和前後側傾斜，且間隙的內側末端比外側末端往前 2 公分。如同 Henke 軸，蹠骨的屈曲－伸直軸也**呈傾斜狀態**，參與足部的**外翻和內翻動作**（見本冊最後的足部力學模型）。

- 楔形骨之間超出的長度呈一等比數列：外側楔形骨（Cl）超出骰骨（Cub）2 公釐；外側楔形骨超出中間楔形骨（Ci）4 公釐；內側楔形骨（Cm）超出中間楔形骨 8 公釐。

    因此使第二蹠骨（M2）基部可以卡入**楔形骨的榫眼結構**內，讓第二蹠骨成為了所有蹠骨當中**活動度最小**的蹠骨，並扮演**足底拱頂的脊瓦**（見 P.240）。

- 離跗蹠關節中心最遠的兩段關節間隙，具有**相反的傾斜度**：M1 和 Cm 之間的關節間隙，朝前側和外側傾斜，且如果此間隙出現時，它會穿過 **M5 的中間**；而 M5 和 Cub 之間的關節間隙，則朝前側和內側傾斜，且如果此間隙出現時，它會延伸至 M1 的頭部附近。

離跗蹠關節中心最遠的兩塊蹠骨（活動度最大的蹠骨），都具有一條不垂直於而是**傾斜於**它們長軸的屈曲－伸直軸。因此，**這兩塊蹠骨並不在矢狀切面上移動**，而是沿著錐面移動。屈曲時，兩塊蹠骨會同時朝足部的長軸移動（**圖 70**：跗蹠關節間隙以及離跗蹠關節中心最遠的兩塊蹠骨的上外側觀）。

- *M1 頭部進行的動作 aa'*，由屈曲分量 F 和範圍為 15°的外展分量 Abd 所組成（Fick 提出）。

- 在對稱的模式下，M5 頭部進行的動作 **bb'**，由屈曲分量 F 和內收分量 **Add** 所組成。

因此，這些蹠骨的頭部會同時朝內側及朝足部的長軸移動，從而沿著曲線 a'b'（紅色虛線）**抬高足底拱頂的前側部分**，以增加（**圖 70**）前側足弓的曲度。相反的，當蹠骨伸直時，前側足弓會下掉變平（見本冊最後的足部力學模型）。

此動作讓離跗蹠關節中心最遠的兩塊蹠骨可以更加靠近彼此，而橫軸 xx' 和 yy' 傾斜於這兩塊蹠骨的關節小面，也有助於此動作的進行（**圖 69**：骰骨和楔形骨前表面的前面觀）。這動作以粗雙箭號表示。從圖 71 可看到前側足弓的抬高和下掉變平。

由此得知在跗蹠關節進行的動作會直接影響前側足弓的曲度變化。

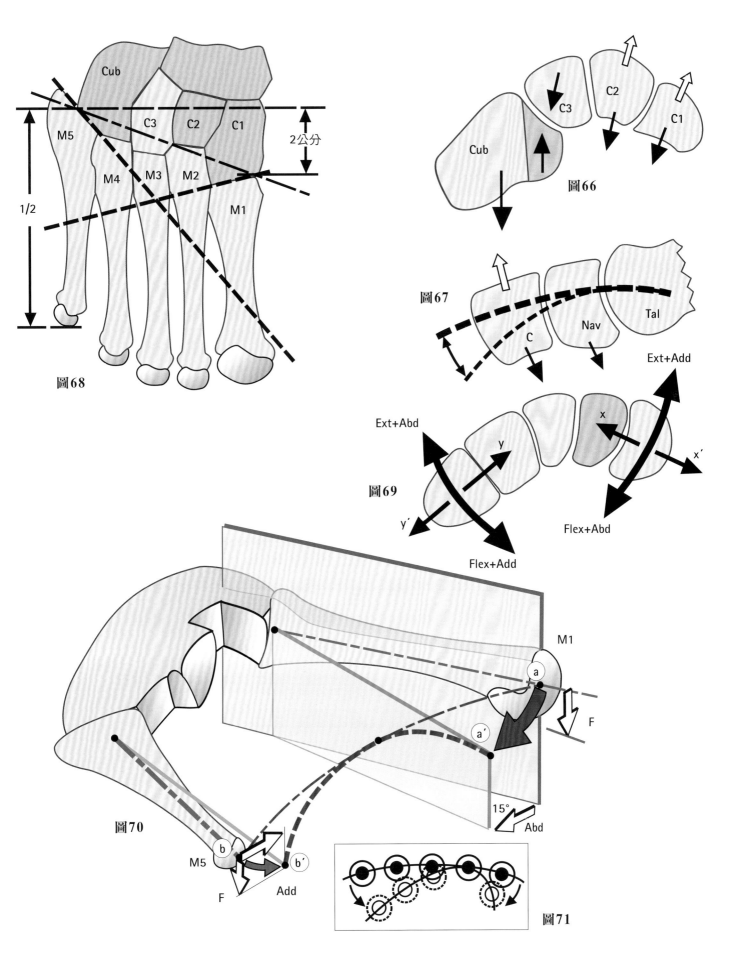

圖68

Cub

C3 C2 C1

M5

M4 M3 M2

M1

1/2

2公分

圖66

Cub

C3 C2 C1

圖67

Tal

Nav

C

Ext+Add

Ext+Abd

y

x

x´

y´

圖69

Flex+Add

Flex+Abd

圖70

M1

a

a´

F

15°

Abd

M5

b

b´

F

Add

圖71

腳趾伸直動作

除了蹠趾關節**有一些功能上的差異**外，腳趾的蹠趾關節和趾間關節其實與手指的關節是一樣的（請參考第 1 冊），因此這裡不再說明腳趾的蹠趾關節和趾間關節。掌指關節能做出的屈曲範圍比伸直範圍大，而在蹠趾關節，卻是伸直動作有較大的角度範圍：

- **主動伸直**的範圍可達 50-60°，而主動屈曲的範圍只有 30-40°。

- **被動伸直（圖 72）**對於步態週期的最後階段至關重要，範圍可達或甚至超過 90°，相較之下主動屈曲的範圍只有 45-50°。

腳趾在蹠趾關節的**側向動作**的幅度比手指小。比較特別的是人類的拇趾與猴子的拇趾是不一樣的，因為人類的足部為了適應在地面上雙足步行，使得拇趾無法做出對掌的動作。

腳趾的主動伸直由三條肌肉負責執行：兩條來自外在肌群，分別是伸拇趾長肌和伸趾長肌，而另一條是來自內在肌群的伸趾短肌。

伸趾短肌（圖 73）完全位於足背。其四條厚實的肌腹起於跗骨竇底部內的**跟骨溝**，也起於下伸肌支持帶的主幹。除了第一條肌腱直接止於拇趾的近端趾骨背面，伸趾短肌其他細薄的肌腱，則與四根內側腳趾的伸趾長肌肌腱融合在一起。第五腳趾並沒有附著短伸肌的肌腱。因此，伸趾短肌只負責伸直第一至第四腳趾的蹠趾關節（**圖 74**）。

伸趾長肌和伸拇趾長肌位於小腿的前腔室，其肌腱則止於趾骨，而附著的方式稍後會再次說明（見 P.214）。

伸趾長肌的肌腱（圖 75）在下伸肌支持帶主幹的外環底下穿過，沿足背的前表面往下延伸，然後分為**四條肌腱**，連接到四根外側腳趾（見 P.98）。因此，第五腳趾只能藉由長伸肌進行伸直動作。這裡指的長伸肌，不僅如其名可作為腳趾的伸肌，而且**最重要的它也是腳踝的屈肌**（見 P.220）。唯有結合腳踝伸肌群的**收縮作用**，伸趾長肌在腳趾的伸直動作才明顯。以小腿三頭肌（以白色箭號顯示）為主的腳踝伸肌群，與伸趾長肌在此動作中互相扮演**協同與拮抗**的角色。

伸拇趾長肌的肌腱（圖 76）會穿過下伸肌支持帶上側分支的內環，然後再深入其下側分支（也見 P.219 **圖 98**），止於拇趾的兩塊趾骨，即近端趾骨的內側和外側邊緣以及遠端趾骨基部的背面。因此，伸拇趾長肌**不僅是拇趾的伸肌**，而且**最重要的它也是腳踝的屈肌**。如同伸趾長肌，伸拇趾長肌也必須結合腳踝伸肌群的收縮作用，才能讓拇趾單獨地伸直，而這些肌肉之間互相扮演了協同與拮抗的角色。

Duchenne de Boulogne 認為，伸趾短肌才是腳趾真正的伸肌，稍後會進一步說明以支持他的觀點。

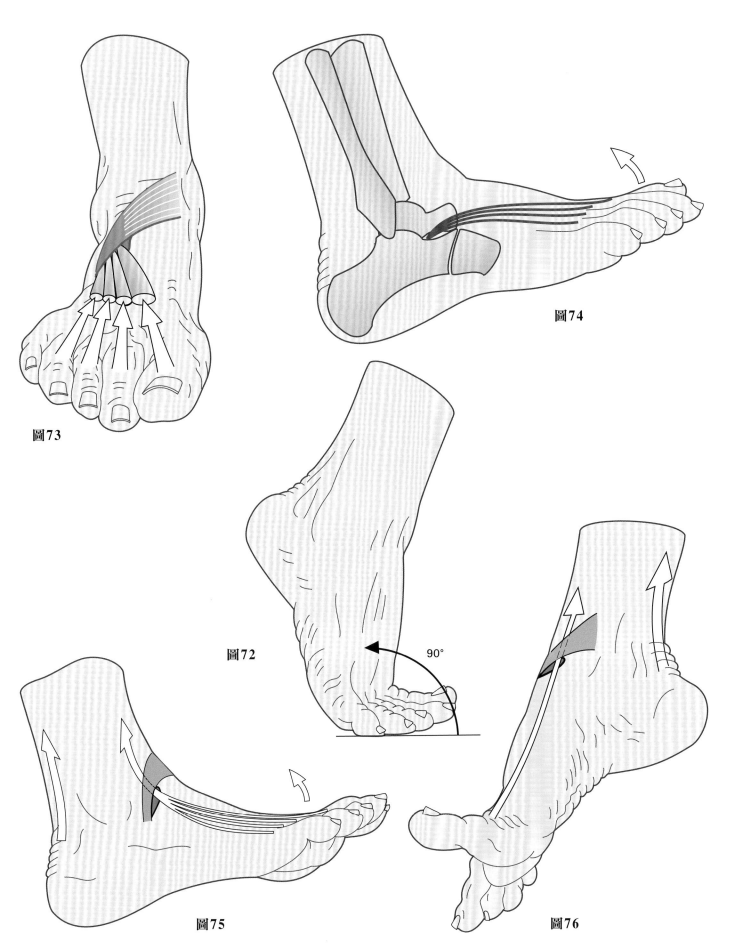

圖73

圖74

圖72

90°

圖75

圖76

小腿的腔室

正如前臂包括了手部和手指的外在肌群，小腿也一樣涵蓋了足部和腳趾的外在肌群。圖 77 和 79（依次從右小腿上三分之一處和下部截取的橫截面的遠端表面）清楚地顯示了這些肌肉是如何圍繞著小腿的兩根骨頭，即脛骨（T）和腓骨（F）。**骨間膜（1）**像中間隔板一樣，介於這兩根骨頭之間。小腿由一層連續且不可伸展的**淺筋膜（2）**包覆著。在小腿內側，淺筋膜會緊接著皮下，直接覆蓋在脛骨的內側表面；在小腿外側，**兩片纖維間隔**，即**外肌間隔（3）**和**前外肌間隔（4）**，將位於深處的腓骨與淺筋膜連接在一起。

結果小腿被分隔成**三個空間**和**四個筋膜腔室**（**圖 78**：後外側透視圖：脛骨被截後比腓骨高）：

- 在小腿的前表面，骨間膜和前外肌間隔將**前腔室**（箭號 1）包圍起來。腳踝的屈肌和腳趾的伸肌就位於此腔室內。

- **前外腔室**（箭號 2）位在腓骨的前外側部分。由兩片肌間隔將此腔室隔出來，腔室內充填著腓骨肌群。

- **後腔室**在小腿的後表面。從脛骨內側邊緣延伸至腓骨後外側邊緣的深筋膜（5），又將此腔室細分成兩部分：**深層後腔室**（箭號 3）和**淺層後腔室**（箭號 4）。位於脛骨和骨間膜之間的深層後腔室，有腳趾的屈肌群和一些腳踝的伸肌群；而位於深筋膜和淺筋膜之間的淺層後腔室，則有強壯的腳踝伸肌，即小腿三頭肌。

前腔室（**圖 80**；小腿的前面觀）的內外側有四條肌肉：

- **脛前肌（6）**起於脛骨、骨間膜（1）的內側一半處以及淺筋膜（7）的深表面上四分之一處。其厚實的肌腹佔據了前腔室的內半部，還延伸成一條強壯的遠端肌腱 TA，並

由**下伸肌支持帶的上側分支（8）**和**下側分支（9）**將此肌腱固定於腳踝的前側。

- 比脛前肌稍靠近遠端的**伸拇趾長肌（10）**，起於骨間膜和腓骨內側表面。其肌腱（EHL）平行於脛前肌的肌腱，且深入下伸肌支持帶的二分支。

- 位於伸拇趾長肌外側，且比伸拇趾長肌靠近近端的**伸趾長肌（11）**，起於腓骨、骨間膜以及深筋膜（12）深表面的上四分之一處。其遠端肌腱（EDL）沿著剛剛所述的兩條肌肉外側延伸，且深入伸肌支持帶的外側部分。

- **第三腓骨肌（13）**（常不存在）起於腓骨外側表面的下半部。其相當纖細的肌腱（FT）會深入伸肌支持帶的最外側部分。

- **前脛動脈**（圖 79 的 14）及其**伴隨的靜脈**，穿過由這兩根骨頭與骨間膜上緣形成的橢圓形開口後，深入小腿的前腔室。其兩側有脛前神經（15）（這些橫截面都有顯示）。

小腿的**前外腔室**（**圖 81**：小腿的外側觀）有兩條肌肉：

- **腓骨長肌（16）**起於腓骨的外表面（17）、外肌間隔（3）、前外肌間隔（4）以及深筋膜（12）上四分之一處的深表面。其**肌腱（18）**朝外踝的後緣下行。

- **腓骨短肌（19）**起於腓骨長肌的遠端，此處（20）還涵蓋腓骨的外側部分和兩片肌間隔。其肌腱（21）在腓骨長肌肌腱的前側，與腓骨長肌肌腱一起下行，然後進入位於外踝後緣的**骨纖維隧道**。無論腳踝的位置如何，骨纖維隧道都可固定這些肌腱。通過骨纖維隧道後，這些肌腱會轉向朝骰骨外緣延伸。

有腓神經（23）在旁的**腓動脈（22）**（也有在橫切面顯示）穿過外肌間隔，進入外腔室的上角。腓動脈會發出一條分支，經過前外肌

間隔（24），與前脛動脈吻合。腓動脈接著在小腿的前外腔室內下行，於小腿的一半處穿越前外肌間隔（25）後再與前脛動脈會合。從圖77和79所示，大（長）隱靜脈（LSV）和小（短）隱靜脈（SSV）嵌入在皮下脂肪內。

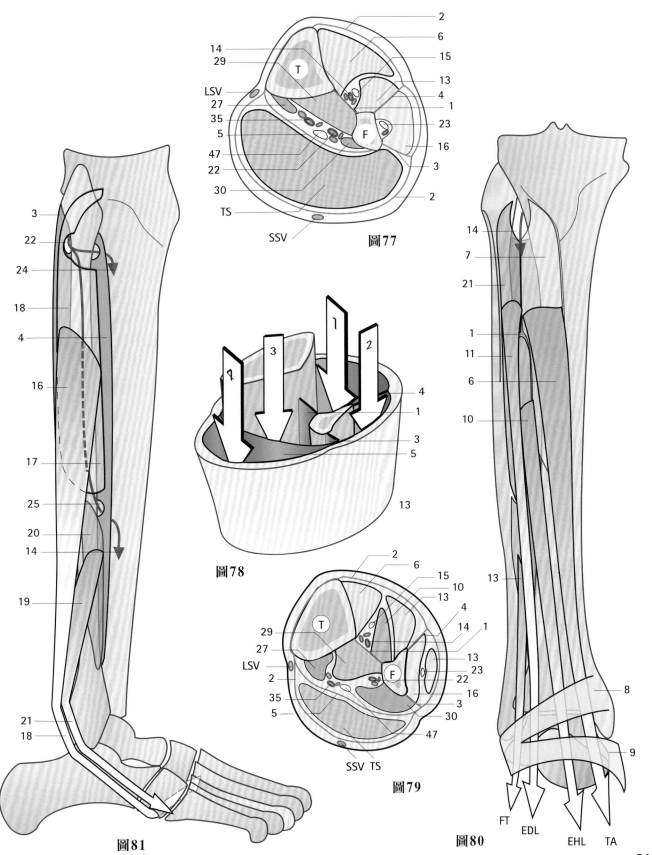

圖77

圖78

圖79

圖80

圖81

小腿的腔室（續）

後側空間有兩個腔室：

1. **深後腔室**（**圖 82**：已將小腿三頭肌移除的後面觀）有四條肌肉：

   - 實際上屬於膝部肌肉的**膕肌**（26），會朝上外側傾斜延伸後很快地離開此區域。

   - **屈趾長肌**（27）是位於最內側的肌肉。其起點在脛骨後表面的內側涵蓋了很大的面積，也跨過一纖維弓形結構（28）附著於腓骨。屈趾長肌的肌腱（FDL）在下行時穿過距骨的後緣，之後再從下方經過跟骨的載距突。

   - 如我們之前所見（P.177 **圖 58**），**脛後肌**（29）起於骨間膜和小腿的兩根骨頭。其肌腱（TP）在屈趾長肌（白色箭號）構成的弓形結構下前行，然後沿著內踝的後緣繼續延伸後再轉向直到前足。

   - **屈拇趾長肌**（30）的起點，附著於前面所述的肌肉遠端的腓骨。其肌腱（FHL）會經過一肌腱溝後從載距突的下方進入前足，此肌腱溝位於距骨後表面的內側與外側結節之間。

2. 基本上在**淺後腔室**（**圖 83 和 84**）有**小腿三頭肌**，此肌群分布在腔室中的淺平面和深平面：

   ①**深平面**（**圖 83**）包覆有兩條肌肉：

   - **比目魚肌**（31）是一條很寬的肌肉，起於強壯的腱膜（32）。此腱膜沿著兩條路線（33）延伸，其中一條會深入腓腸肌，另一條則在腓骨頭上延伸。由纖維束將這兩個起點連接起來，並在脛動脈上形成一弓形結構（34）。此纖維束會與後脛神經（在橫截面上可見）一起延伸，進入後腔室後分成後脛神經（35）和總腓神經（**圖 79**，22）。比目魚肌的肌腹止於寬大的腱膜，此腱膜與跟腱（36）的組成有關（見 P.224）。

   - 纖細的**蹠肌**（37）起於股骨的外側髁骨板和種子骨，其細長的肌腱（38）（幾乎和小腿同長）沿著比目魚肌的內緣和跟腱的內緣延伸，一起止於跟骨。此肌肉是較弱的踝伸肌，但即使它常不存在，此肌肉仍具有非常大的價值，因為移植修復手術能取材於它的肌腱。

   ②**淺平面**（**圖 84**）含有雙頭的**腓腸肌**，其起點位於膝關節上方，因此腓腸肌屬於雙關節肌肉。腓腸肌的雙頭起於不一樣的地方，但是會在中線匯合，一起止於跟腱（見 P.224）。

   - **內側頭**（39）起於股骨的內側髁骨板和附著於內髁上方的長腱束（40）。其肌纖維和腱束經過半膜肌（41）和半腱肌（42）的肌腱外側，兩者之間有個滑液囊（這裡未顯示）。

   - **外側頭**（43）類似於內側頭，也有著一個位於上髁的起點。其肌肉纖維和腱束（44）會沿著股二頭肌的內側（45）延伸。

   視覺化這些腔室很重要，因為有助於瞭解外傷之後常見的**腔室症候群**。外傷造成的靜脈回流受阻會導致腔室內**肌肉間產生水腫**，進而增加腔室內的壓力，而腔室內壓力的提升又會加劇靜脈滯留而造成水腫，形成惡性循環。腔室內壓力的增加也會阻止動脈血流的供應，進而*影響遠端四肢的活力*，更嚴重將會*引起間隔內的神經缺血*，造成神經傳導障礙的風險，最終將導致神經損傷。

   腔室症候群必須盡快確診而能盡快採取唯一可能的治療措施，即淺筋膜的切開術，可以降低腔室內壓力並停止惡性循環。

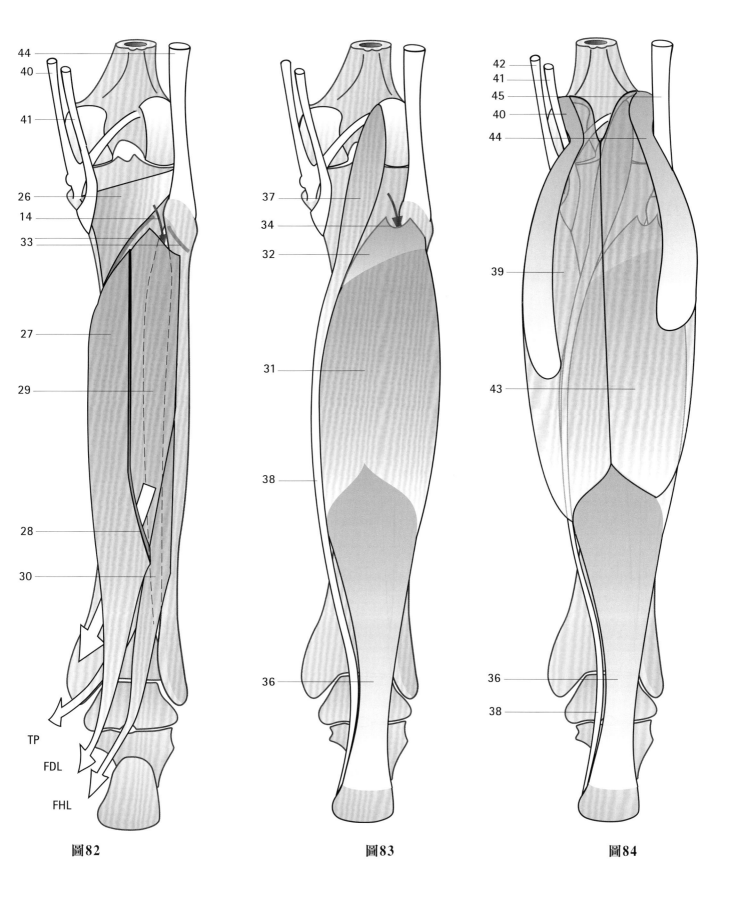

44
40
41
26
14
33
27
29
28
30
TP
FDL
FHL

圖82

37
34
32
31
38
36

圖83

42
41
45
40
44
39
43
36
38

圖84

骨間肌和蚓狀肌

（這裡的標號適用於所有的示意圖。）

足部的**骨間肌群**，如同在手部的骨間肌群，可分為**背側**和**蹠側**兩類，但是骨間肌在足部的排列和在手部的會稍微有些不一樣（**圖 85**：額狀切面，顯示的是切面的後平面）。**四條足部背側骨間肌**（1）以第二蹠骨為中心（不像在手部，背側骨間肌以第三掌骨為中心），按排列順序分別止於第二趾（第一和第二骨間肌）或是下一個腳趾，即第三骨間肌止於第三趾，而第四骨間肌止於第四趾（**圖 92**）。**三條足部蹠側骨間肌**（2）分別起於最後三塊蹠骨的內側，並止於相應的腳趾（**圖 93**）。

足部**骨間肌群的附著方式**（**圖 86**：負責伸直動作的相關結構的背面觀；**圖 88**：腳趾肌肉的外側觀）相似於手部骨間肌群的附著方式。每一條足部骨間肌都起始於**近端趾骨**（3）**基部的外側**，且發出**肌腱帶狀結構**（4）至背側趾間擴張的外束（5）。如同附著於手指的伸指長肌，伸趾長肌（EDL）的肌腱也止於三個趾骨，其部分肌腱纖維附著於近端趾骨（6）的側面而不是基部，再透過兩條外束附著於遠端趾骨的的基部（5）。在蹠趾關節（**圖 87**：背面觀）的近端，第二至第四趾的伸趾長肌的肌腱會與相應的伸趾短肌（EDB）結合。在圖 85 也可看得到在足背側的伸趾長肌（EDL）、伸拇趾長肌（EHL）以及伸趾短肌（EDB）的肌腱。

如同手部，足部的**四條蚓狀肌**（**圖 85、87和 90**）起於屈趾長肌肌腱（19）（相對應於手部的屈指深肌肌腱），而此肌腱的邊緣（見**圖 97**）也是蹠方肌或屈趾副肌（圖中未顯示，因為它和長屈肌位於同一個平面）的附著處。每條蚓狀肌會往內側延伸（P.217 **圖 97**），使得

其肌腱（**圖 87 和 88**）可以像骨間肌的一樣，附著於近端趾骨的基部（8）以及背側趾間擴張的外束（9）。

如同手部的屈指深肌肌腱（**圖 88 和97**），屈趾長肌肌腱（19）會沿著蹠趾關節的纖維軟骨板 (10) 延伸，然後「穿過」屈趾短肌肌腱（24）的「分岔」以止於遠端趾骨的基部。屬於足部內在肌群的蹠方肌，相對應於手部的屈指淺肌：蹠方肌位在淺層，屈趾長肌會穿過它後附著於中間趾骨的外緣。屈趾長肌負責在中間趾骨上（**圖 90**）屈曲遠端趾骨，而蹠方肌則負責在近端趾骨上屈曲中間趾骨。骨間肌群和蚓狀肌群（**圖 89**）（如同在手部）屈曲近端趾骨以及伸直中間和遠端趾骨，它們對於腳趾的穩定性非常重要：透過屈曲近端趾骨，它們可提供這些腳趾伸肌堅固的支撐點，讓這些腳趾伸肌也可屈曲腳踝。因此，腳趾若沒有了骨間肌群和蚓狀肌群，足部會發生**爪狀畸形**（**圖91**），因為骨間肌不再維持近端趾骨的穩定，伸肌的牽拉會造成近端趾骨過度伸直，近端趾骨還會在蹠骨頭的背側表面滑行。這種足部畸形可以透過在蹠趾關節（+）長軸上方進行**骨間肌背側脫位治療**而獲得改善。此外，由於屈肌收縮會使中間和遠端趾骨屈曲，因此可以將位於伸肌擴張外束之間的近端趾間關節（箭號），進行半脫位手術，以反轉伸肌的作用，從而改善這種足部畸形。

如同手部，腳趾的位置取決於肌肉間的平衡。正如 Duchenne de Boulogne 所指出，顯然的，伸趾短肌（EDB）才是腳趾真正的伸肌，而伸趾長肌（EDL）**實際上屬於腳踝的屈肌**，且如果能直接附著於蹠骨將「更有利」（根據 Duchenne 的想法）。

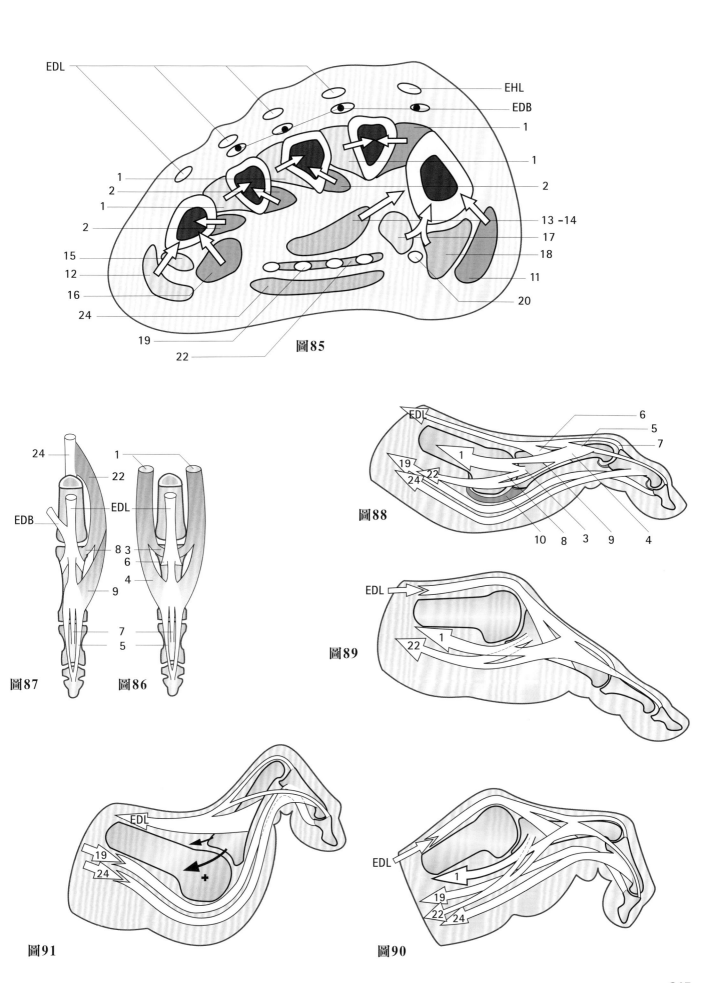

圖85

圖87　　圖86

圖88

圖89

圖91　　圖90

215

足部的蹠部肌群

（這裡的標號與前一頁相同。）

足底的肌肉群從深到淺可以分成**三層**：

1. 位於**深層**的肌肉有足部**背側骨間肌群**（1）和**蹠側骨間肌群**（2），以及以下分別附著於第五趾和拇趾的肌肉：

   - **背側骨間肌群**（1）（**圖 92**：蹠面觀）除了作為腳趾的屈伸肌，也將腳趾拉離足部的長軸，此長軸貫穿於第二蹠骨和第二趾。起始於跟骨粗隆內側突的**外展拇趾肌**（11），可執行拇趾的外展動作，而小趾的外展動作，則由**外展小趾肌**（12）負責執行。這兩條肌肉的功能，相當於足部背側骨間肌群的功能。

   - **蹠側骨間肌群**（2）（**圖 93**：蹠面觀）將後三趾拉靠近第二趾，而**內收拇趾肌**則負責將拇趾拉靠近足部的長軸。內收拇趾肌有一**斜頭**（13）起於前側跗骨的骨頭，也有一**橫頭**（14）起於後三趾的蹠側蹠趾韌帶和蹠骨深橫韌帶。內收拇趾肌直接從外側牽拉拇趾的近端趾骨，也協助支撐前側足弓（見 P.241 **圖 28**）。

   - **第五趾的肌群**（**圖 94**，背面觀）共有三條，分布於足部的外蹠側腔室。

   – **對掌小趾肌**（15）是這些肌群中位於最深層的肌肉。其從前側跗骨延伸至第五蹠骨，與第五指的對掌小指肌有相似，但相較之下效率較低。對掌小趾肌也負責抬高足底拱頂和前側足弓。

   – 另外兩條肌肉都止於近端趾骨基部的外側粗隆，其中**屈小指短肌**（16）起於前側跗骨，而**外展小趾肌**（12）則起於跟骨粗隆的外側突及第五蹠骨（**圖 95**）的粗隆，可支撐外側足弓（見 P.239 **圖 18**）。

   - **拇趾的肌群**（**圖 94**）共有三條，分布於足部

的內蹠側腔室（外展肌除外）。這些肌肉止於近端趾骨基部的外表面，也止於與拇趾蹠趾關節相接的兩個種子骨，因此也稱這些肌肉為「種子肌」。

   - 在內側的種子骨，連同近端趾骨，是**屈拇趾短肌**（17）*內側部分*和**外展拇趾肌**（11）附著的止端。外展拇趾肌（**圖 95**）起於跟骨粗隆的內側突，可協助支撐內側足弓（見 P.237，**圖 7**）。

   - 而在外側，另一個種子骨與近端趾骨成為了**內收拇趾肌**（13 和 14）的**雙頭**以及**屈拇趾短肌**（18）**外側頭**的止端。屈拇趾短肌起於前側跗骨。

   這些「種子肌」是**拇趾強壯的屈肌**，對於拇趾的穩定性至關重要。因此，拇趾若沒有了這些肌肉，就無法抗衡伸拇趾肌的作用，而導致爪狀足部畸形。這些肌肉也參與步態週期的後期階段（見 P.247 **圖 50**）。

2. **中層**的肌肉由**長屈肌群**（**圖 96**）組成。**屈拇趾長肌**（20）的肌腱從載距突下方的肌腱溝延伸出來後，會與屈趾長肌的**肌腱相會**後，**屈趾長肌**（19）的肌腱會越過屈拇趾長肌的深表面。接著，長屈肌會分岔成四條肌腱，分別連接至後四趾。除了第一蚓狀肌（22'），其他的**蚓狀肌**（22）都起於（**圖 97**）與其相鄰的兩條長屈肌的肌腱。屈趾長肌的肌腱會穿過其相應屈趾短肌肌腱的分岔後，止於遠端趾骨。從這些肌腱傳遞出來的傾斜拉力會被一塊扁平肌肉的作用抵消，此扁平肌肉沿著跟骨粗隆兩個突起之間的足部長軸（**圖 97**），於延伸至屈趾長肌第五趾的肌腱外緣，此扁平肌肉就是**蹠方肌**（23），其同時收縮可減少這些肌腱的傾斜度。

   屈拇趾長肌（20）（**圖 94 和 96**）會沿著

兩個種子骨之間延伸，止於拇趾的遠端趾骨，且可強而有力地屈曲拇趾。

3. **淺層（圖 95）** 由位於足部的中蹠側腔室、比鄰長屈肌的一條肌肉組成，此肌肉就是 **屈趾**

短肌（24），起於後跟骨粗隆的突出，並止於後四趾。屈趾短肌可對應於手部的屈指淺肌，其分岔的肌腱 **（圖 97）** 會止於其屈曲的中間趾骨。

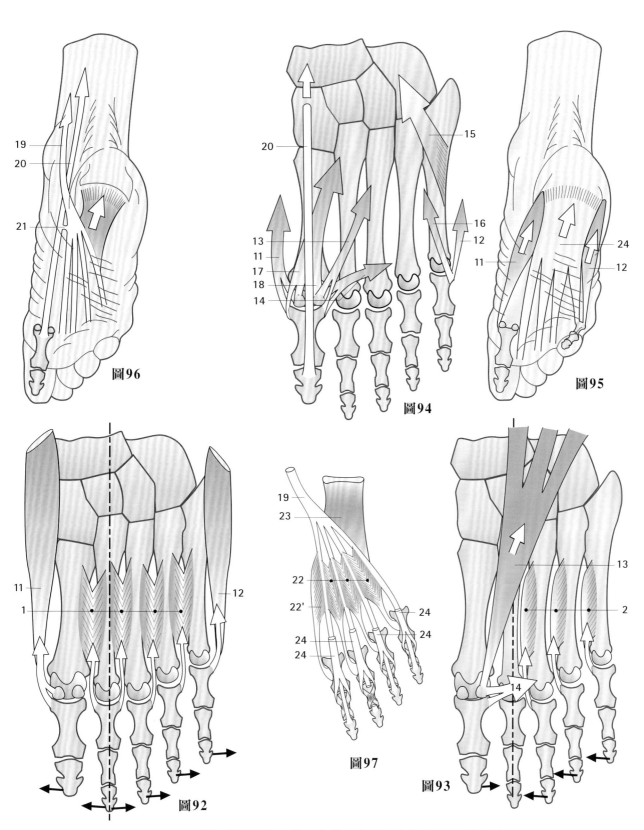

圖96

圖94

圖95

圖92

圖97

圖93

這裡的標號適用於所有的示意圖，也與前一頁的標號相同。

足背和足底的纖維隧道

　　腳踝的伸肌下支持帶（圖 98）在跗骨上形成支架，將足部的四條背側肌腱緊縛在足背的前側凹槽，且無論腳踝的屈曲角度多少，它都可以作為**反射滑輪**用。伸肌下支持帶從位於跟骨前突上表面的跗骨竇底部開始延伸，很快地就分岔成兩支：

- **遠端分支**（a）向足部的內緣呈扇形散開。
- **近端分支**（b）則止於內踝附近的脛骨嵴。

　　在內側，伸肌下支持帶的深和淺環層結締組織內，有**脛前肌**的肌腱（1）。從支持帶上緣的近端距離約兩手指寬度處開始，會有滑膜鞘圍繞在脛前肌的肌腱外圍。

　　在外側，這源自跗骨竇的支持帶的主幹，會形成**兩個環管**：

- **內環管**有**伸拇趾長肌**的肌腱（2）。伸拇趾長肌的肌腱外圍由滑膜鞘圍繞著，此滑膜鞘的近端處幾乎沒有超出支持帶。
- **外環管**（這裡沒顯示）則容納了**伸趾長肌**的肌腱（3）和**第三腓骨肌**的肌腱（4）。這些肌腱的外圍由共同滑膜鞘圍繞著，該滑膜鞘比伸肌的滑膜鞘朝近端延伸得更遠。

　　其他肌腱下行於**踝後溝**。在**外踝的後側**，外側踝後溝（**圖 99**，外側觀）有一起始於伸肌下支持帶主幹的骨纖維隧道（5）。骨纖維隧道中有腓骨短肌（6）（在前面和上方）和腓骨長肌（7）（在後面和下方）的兩條平行肌腱，這兩條肌腱會在踝尖處急劇轉彎。落靠在腓骨結節（10）的兩條骨纖維隧道（8 和 9），會將這兩條肌腱緊縛於跟骨的外側表面。在此處，這兩條肌腱的共同滑膜鞘會分岔成兩個分支。腓骨短肌止於第五蹠骨（11）的外粗隆以及第四蹠骨的基部。將腓骨短肌肌腱的一小段（12）切除，如此一來就可以看得到腓骨長肌的肌腱改變其走行的方向，延伸進入骰骨下表

面的溝槽（13）。此時可以在足底（**圖 100**：足部骨頭的下面觀）再次看到它（14）。外圍包覆著滑膜鞘的腓骨長肌肌腱，會在另一條骨纖維隧道中轉向，朝前側及下方斜向行進，從跟骨（16）處開始延伸，經過骰骨、所有蹠骨的基部以及脛後肌肌腱（17）的末端擴張結構。此骨纖維隧道的上半部是由跗骨搭建成的，而底部由足底長韌帶（圖中顯示的是深層纖維，15）淺束組成。腓骨長肌主要止於第一蹠骨（18）的基部，也有少部分會附著在第二蹠骨以及內側楔形骨。一旦腓骨長肌肌腱進入蹠側的隧道，就和種子骨（32）脫不了關係，因為種子骨使腓骨長肌肌腱可以彎曲。

　　因此，足部的蹠面覆蓋著**三片纖維組織（圖 100）**：

- 分為兩層的足底長韌帶的**縱向**纖維（圖中只顯示在深層的纖維 15）；
- **朝前側和內側斜向延伸**的腓骨長肌肌腱纖維（7）；
- 脛後肌肌腱的擴張結構（21），**朝前側和外側斜向延伸**至跗骨和蹠骨，但第四和第五蹠骨除外。

　　在**內踝的後側**（**圖 101**：內側踝後溝的內側觀）有三條肌腱，分別分布於伸肌支持帶衍生出來的不同隧道和鞘內。這些肌腱由前至後、內至外的排列順序如下：

- **脛後肌**的肌腱（19）靠近內踝，微彎進入其位於踝尖處的**隧道**（20），止於舟狀骨粗隆（21），同時也發出許多位於蹠側的擴張結構。
- **屈趾長肌**的肌腱（22）沿著脛後肌肌腱行進後，再沿著載距突（23）（另見**圖 103**）的內緣延伸，然後穿過伸拇趾長肌肌腱（24）的深表面。
- **屈拇趾長肌**的肌腱（25）在距骨內側和外側

結節（26）之間延伸（另見 P.167 **圖 14** 標號 38），接著行進在載距突的下方（另見**圖 103**），因此其行進方向改變了兩次。

在圖 99 和 101 中，箭號 A 和 B 分別表示在 A 和 B 處截取**右足的兩個額狀切面**（前側部分），從中清楚地說明了肌腱與其滑膜鞘在踝後溝的排列。額狀切面 A（**圖 102**）是從內踝處截取的，而額狀切面 B（**圖 103**）的截取處位於較前側，還穿過載距突和腓骨結節。從這兩張圖中也看得到內收拇趾肌（28）、外展小趾肌（31）、蹠方肌（29）以及屈趾短肌（30）。

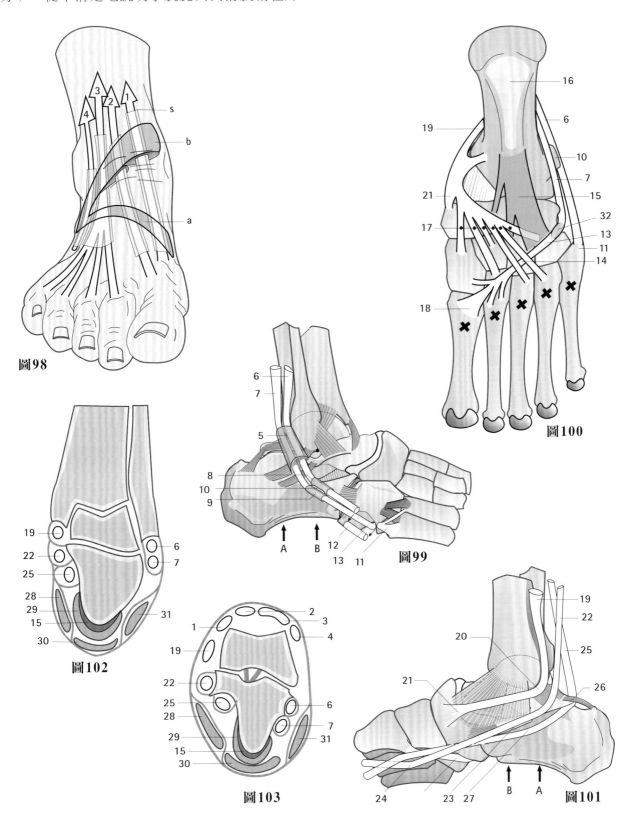

圖98

圖100

圖99

圖102

圖103

圖101

219

踝的屈肌群

如同之前在異動萬向關節所示（P.201 圖 55），足部尤其後足的移動，必須仰賴於腳踝屈肌和伸肌。它們會圍繞在**後跗骨的關節複合體的旋轉軸**做動作。（我們認為最好不要參考 Ombredanne 的原示意圖（**圖 105**），因為圖中的軸 XX' 正交於軸 ZZ'，這是不符合現實的。）根據定義，在異動萬向關節中，軸 XX' 和軸 UU' 是不正交的（**圖 104 和 105**），因此在這裡進行的動作會有**定向偏差**，而這些偏差會因為肌肉的分布不均勻而更加明顯。這兩條軸構成**四個象限**，象限中會有 **10 條肌肉和 13 條肌腱**（**圖 104**）。這些肌肉當中，位於橫軸 XX' 前側的是**踝屈肌群**，它們還可以依據其相對於軸 UU'，也就是 **Henke 軸**的位置細分為**兩組**：

- 位於**此軸內側**的兩條肌肉，即**伸拇趾長肌**（EHL）和**脛前肌**（TA），是**內收肌**也是**旋後肌**。這兩塊肌肉內收和旋後的程度，與它們離旋轉軸的距離是成比例的，因此相對於伸拇趾長肌，脛前肌是較強的內收旋後肌。
- 位於**此軸外側**的兩條肌肉，即**伸趾長肌**（EDL）和**第三腓骨肌**（FT），是**外展肌**也是**旋前肌**。因上述相同的原因，相對於伸趾長肌，第三腓骨肌是較強的外展旋前肌。

若只想要腳踝**單純地屈曲**，沒有做其他內收旋後或是外展旋前的動作，那這兩組肌肉不但要同時收縮，而且還要發揮它們互相**協同拮抗**的作用，使得它們的收縮作用是平衡的（這些動作會在本冊最後部分的足部機械力學模型重現）。

這四條踝屈肌當中有兩條的止端直接附著於跗骨或是蹠骨：

- **脛前肌**（TA）（**圖 106**）止於內側楔形骨和第一蹠骨；
- 在人體存在率佔了 90% 的**第三腓骨肌**（FT）（**圖 107**），止於第五蹠骨的基部。

因此，它們可以直接作用在足部，不需要其他肌肉的協助。

但另外兩塊肌肉，即**伸趾長肌**（EDL）和**伸拇趾長肌**（EHL）就不一樣了。這兩塊肌肉要透過腳趾來作用在足部。因此在骨間肌（Ix）的作用下，腳趾會維持在平直或是屈曲的位置（**圖 107**），讓伸拇趾長肌可以順利地屈曲腳踝，但如果骨間肌的作用不足，腳踝的屈曲會使得**腳趾成爪狀畸形**（**圖 111**）。同樣的，（**圖 106**）種子肌（S）會維持和穩定拇趾的姿勢，讓長伸肌可以順利地屈曲腳踝。如果種子肌的作用不足，腳踝的屈曲會伴隨著**拇趾發生爪狀畸形**（**圖 109**）。

小腿前腔室的肌肉癱瘓或是無力（發生得相對頻繁），使得無法抬舉足尖（**圖 108**），形如**馬蹄足**（*equus* 出自拉丁文，意思是「馬」，這裡指的是踮著足尖走路）。所以在步行時病人往往必須將整條腿抬高以使足尖離地，即所謂的高跨閾步態（high-step-page gait）（**圖 109**）。在有些案例中，長伸肌還留有一些力量（**圖 110**），使得病人的垂足往外側偏倚，形成馬蹄外翻足（pes valgus equinus）。

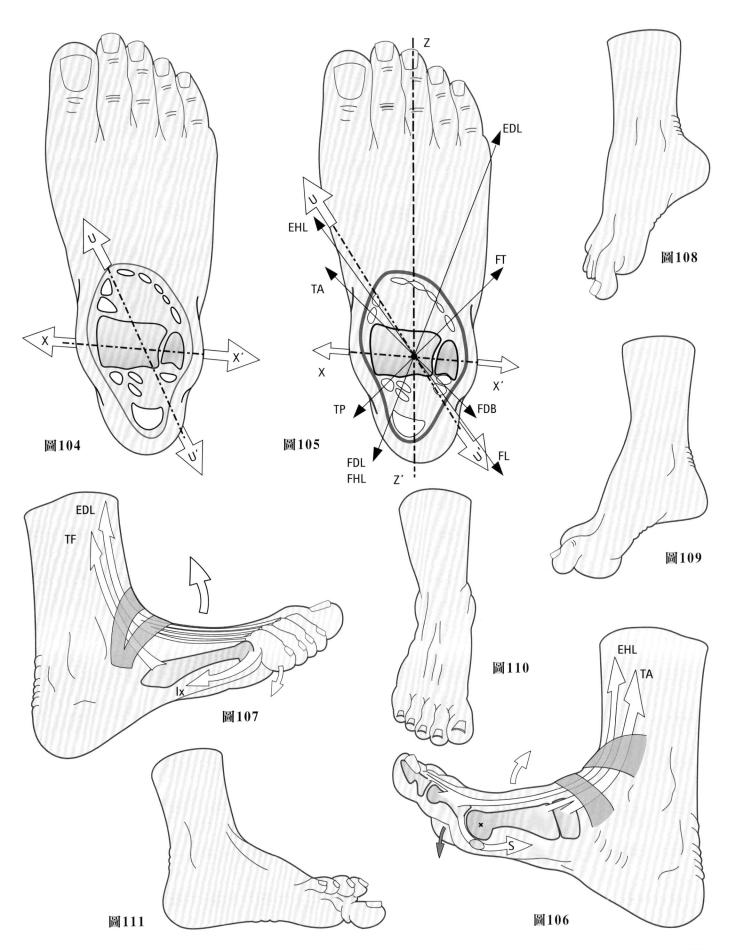

圖104

圖105

圖107

圖108

圖109

圖110

圖106

圖111

小腿三頭肌

所有的踝伸肌群都沿著屈曲－伸直軸 XX'（P.221 **圖 105**）的後側下行。理論上，**踝關節共有六條伸肌**（不考慮功能微不足道的蹠肌），然而實際上也**只有小腿三頭肌能有效發揮伸肌的功能**。僅次於臀大肌和股四頭肌，小腿三頭肌是人體當中最強壯的肌肉之一。此外由於小腿三頭肌幾乎分布在軸向位置，使得小腿三頭肌主要的功能是作為**伸肌**。

顧名思義，**小腿三頭肌由三條肌腹**組成（**圖 112**，後面觀）。它們匯聚成單一肌腱，即**跟腱或阿基里斯腱**（1），止於跟骨的後表面（見下一頁）。

這三塊肌肉當中**只有一條**肌肉，即**比目魚肌**（2）是**單關節肌肉**。比目魚肌起始於脛骨、腓骨和**比目魚肌腱弓**（3），比目魚肌腱弓為一纖維束（在圖中看到的是透明的），可將附著於脛骨和腓骨的肌肉結合在一起。它通常都位於深處，只有在小腿遠端，跟腱的兩側才會浮現在表面。

另外兩塊肌肉，即雙頭腓腸肌屬於雙關節肌肉。其**外側頭**（4）起始於**股骨的外髁**和外側髁骨板，此處通常還會有一個種子骨。而同樣的，其**內側頭**（5）則源自於**股骨的內髁和內側髁骨板**。這兩條肌腹會朝中線匯聚，構成膕窩（10）菱形下 V 的形狀。腓腸肌的兩側均由膕旁肌群的肌腱將它們固定住，在腓腸肌的上方呈分岔狀，構成了膕窩的上倒 V 的形狀，外側是**股二頭肌**（6）而內側是**鵝足肌群**（7）。腓腸肌在膕旁肌群的肌腱上滑行，有賴於它們**彼此之間的兩個滑液囊**：其中一個滑液囊位於半腱肌和腓腸肌的內側頭（8）之間（通常存在），而另一個滑液囊則位於股二頭肌和腓腸肌的外側頭（9）之間（偶爾存在），這兩個滑液囊和**膕窩囊腫**的發生有關。腓腸肌和比目魚肌都止於一**複雜的腱膜**（下一頁會有說明），此腱膜和跟腱的形成有關。

組成小腿三頭肌的肌肉收縮時長度的變化**會有明顯的不同**（**圖 113**：見圖中資料）：比目魚肌長度的變化（Cs）為 44 公釐，而腓腸肌長度變化（Cg）則為 39 公釐。這些肌肉長度的變化會不一樣，是因為屬於雙關節肌肉的腓腸肌，其效率**主要取決於膝屈曲的程度**（**圖 114**：見膝屈曲下的圖中資料）。當關節處於極度屈曲或是極度伸直的狀態時，腓腸肌從其原始的位置位移，使腓腸肌相對地伸長或縮短（e），此時腓腸肌長度的變化會相等於或是超過 Cg 值。所以當膝蓋伸直時（**圖 115**），被動拉伸的腓腸肌可產生最大的力量，而允許股四頭肌的一部分力量傳遞到腳踝。另一方面當膝蓋屈曲時（**圖 117**），腓腸肌則會處於完全鬆弛的狀態。其 e 值大於 Cg 值，使得腓腸肌失去了其所有的效率。比目魚肌是此時**唯一還活躍的肌肉**，但如果沒有膝伸直的參與，比目魚肌的力量不足以讓我們行走、騎乘或是跳躍。這裡要注意的是腓腸肌並不是膝屈肌。

任何結合了踝伸直和膝伸直的活動，如攀爬（**圖 116**）或跑步（**圖 118 和 119**）都必須啟動腓腸肌。小腿三頭肌在一開始踝屈曲－膝伸直的位置下（**圖 118**）的**效率最高**。小腿三頭肌的收縮會伸直腳踝（**圖 119**），並在步態週期的最後階段提供了**推進力**。

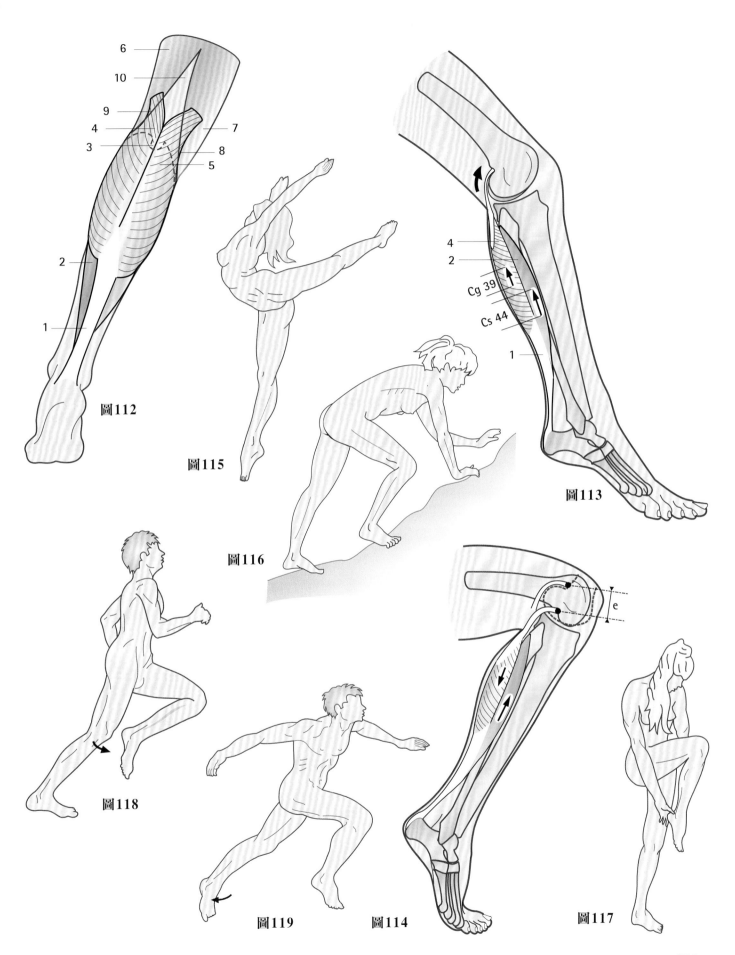

圖112

圖115

圖116

圖113

圖118

圖119

圖114

圖117

小腿三頭肌（續）

　　小腿三頭肌具有非常複雜的腱膜系統（**圖 120**：移除脛骨後的前面觀，從前面可看到肌肉的深處），包含**起點的腱膜**和位於**跟腱**的**止點的腱膜**。

　　小腿三頭肌的起點共有**三個腱膜**：

- 腓腸肌**內側頭（1）**和**外側頭（2）**的**肌腱**附著於股骨內外髁的上方，並構成了起點的外邊界。

- **比目魚肌**（3）的**腱性厚膜**起於脛骨、腓骨和比目魚肌肌腱弓，其下部深深地凹陷成馬蹄形，分成內緣（4）和外緣（5）。

　　小腿三頭肌的止點共有**兩個腱膜**：

- **共有的終端厚腱膜**（6），平行比目魚肌延伸，形成跟腱（7）後附著於跟骨（8）。

- 另一垂直於前述厚腱膜的**矢狀腱膜（9）**，其前表面會和厚腱膜融合在一起。此矢狀腱膜的獨特之處，在於當它穿過馬蹄形的凹陷處後，此腱膜在比目魚肌附著處後表面的後側開始，越往上方就變越細。

　　因此，在小腿的前後側分布了**三個連續的腱膜平面**，分別是兩個腓腸肌肌腱的平面、共有的終端腱膜的平面以及比目魚肌腱膜的平面。而矢狀腱膜會從小腿的前側到後側跨越這三個平面。

　　相對於腱膜系統，**小腿三頭肌的肌纖維**分布如下：

- **腓腸肌內側頭**（10，紅色）和**外側頭**（11，綠色）的肌纖維（**圖 121**：移除比目魚肌腱膜內側一半後的前內側透視圖），直接起於像帳篷一樣的股骨髁上表面，也直接源自肌腱起點的前表面。肌纖維會往內側，朝小腿長軸的方向下行，並止於共有的終端腱膜的前側部分。

- **比目魚肌的肌纖維**（**圖 122**：與圖 121 是一樣的，但圖 122 有完整的比目魚肌腱膜）分為兩層：

  - **前層**（12）的肌纖維（深紅色）大部分附著於共有的終端腱膜的前側部分（圖中僅顯示內側纖維），還有小部分的肌纖維會附著在共有的終端腱膜內緣和外緣。

  - **後層**（13）的肌纖維（深藍色）則附著於矢狀腱膜的兩側。

　　示意圖中還顯示了跟腱呈螺旋式的構造（14）（紅色和藍色纖維），而跟腱的彈性與此螺旋式的構造有關。

　　跟腱的作用力施加在跟骨的後端（**圖 123**）時，跟腱與槓桿力臂 AO 的夾角範圍非常廣。將此作用力 AT（綠色向量）分解，發現垂直於槓桿力臂的**有效分力 T1**（紅色向量）大於向心的分力 T2。如此一來，肌肉在作功時就可以發揮很多的機械利益。由於肌腱在後跟骨表面（k）下部的附著方式（**圖 124**），而且還有滑液囊將其與上部分開，使得無論踝屈曲或是伸直的角度如何，有效分力 T1 永遠大於分力 T2。因此，肌肉的拉力其實是施加在跟腱與後跟骨表面的接觸點 a，而不是作用在附著點 k。在踝屈曲 I（**圖 124**）時，接觸點 a 位於跟骨後表面上相當高的位置。當踝伸直 II（**圖 124**）時，跟腱會「往外滾出」，遠離後跟骨表面，使得其接觸點 a' 在骨頭上的位置下移。如此一來槓桿力臂 a'O 就可以維持在一個幾乎水平的方向，且與跟腱的方向保持著一個固定的夾角。如此的附著方式，讓跟腱可以在由後跟骨表面形成的滑輪的一端上**「往外滾出」**，進而使得跟腱在伸直時可以有更高的機械效率。跟腱的附著方式**和肱三頭肌附著於鷹嘴突的方式是一樣的**（請參考第 1 冊）。

　　將小腿三頭肌收縮到最大時（**圖 125**），

伸直動作與**內收 - 旋後動作**結合，可讓足底面朝**後側和內側**（紅箭號 Add+Sup）。會有內收 - 旋後動作，是因為小腿三頭肌透過距下關節（**圖 126**）作用在踝關節。小腿三頭肌會依序讓這兩個關節動起來（**圖 127**）：首先，小腿三頭肌會讓踝關節繞著橫軸 XX" 伸直 30°。接著，小腿三頭肌會伸直距下關節，並使跟骨傾斜於 Henke 軸 mn，這樣足部就能內收 13°（Ad）和旋後 12°（Su）（Biesalski 與 Mayer）。

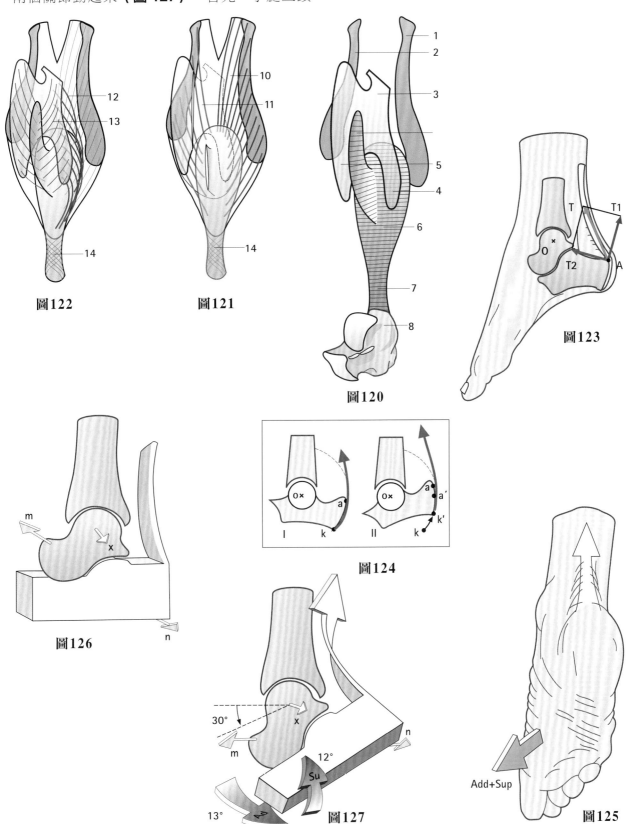

圖122

圖121

圖120

圖123

圖126

圖124

圖127

圖125

踝的其他伸肌群

所有沿著橫軸 XX'（**圖 128**）後側延伸的肌肉均為**踝伸肌**，此橫軸與屈曲伸直動作有關。除了小腿三頭肌（1）之外，還有五條踝伸肌。蹠肌（這裡不會細講），脆弱得幾乎可以忽略不計其功能，唯有在移植修復手術時，蹠肌的肌腱才能派上用場。但可惜的是，蹠肌不一定存在每個人身上。

位於足部**外側**的踝伸肌（**圖 129**：腳踝的外側觀）包括**腓骨短肌**（2）和**腓骨長肌**（3）。它們都在 Henke 軸 UU'（**圖 104**）的外側，因此它們**同時**也是**外展肌和旋前肌**（見下頁）。

位於足部**內側**的踝伸肌（**圖 130**：腳踝的內側觀）有**脛後肌**（4）、**屈趾長肌**（5）以及**屈拇趾長肌**（6）。由於它們都在 Henke 軸 UU'（**圖 104**）的內側，所以它們**同時**也是**內收肌和旋後肌**。

因此，單純的踝伸直只能透過這兩組肌肉發揮**協同拮抗**的作用才能完成（即在內側肌群和外側肌群中各取一條）。然而，這些**輔助伸肌**執行的伸直動作，與小腿三頭肌所執行的伸直動作相比，顯然小很多（**圖 131**：圖中顯示這些伸肌群的相對力量）。

實際上，**小腿三頭肌的力量相當於 6.5 公斤**（左側圖）。小腿三頭肌結合了比目魚肌（Sol）和腓腸肌（Gc）的力量，因此相較於其他伸肌的力量（右側圖）（即相當於 **0.5 公斤**或是**伸肌群力量總和的十四分之一的力量**），小腿三頭肌的力量顯然是大很多的。眾所周知，肌肉的力量與其橫截面及收縮時長度的變化成比例關係，所以可以用三維圖來表示它們之間的關係，該圖的基部和高度分別對應於肌肉的橫切面及收縮時長度的變化。

比目魚肌（Sol）的橫截面積為 20.2 平方公分，收縮拉伸時長度的變化為 44 公釐，而腓腸肌（Gc）的橫截面積為 23 平方公分，收縮時長度的變化為 39 公釐。因此，比目魚肌（Sol）的力量（880 公斤 / 平方公分）略小於腓腸肌（Gc）的力量（897 公斤 / 平方公分）。另一方面，**腓骨肌群**（Fib）的力量，即**腓骨長肌**（FL，綠色）和**腓骨短肌**（FB，橘色），是輔助伸肌群力量總和的一半，在這裡輔助伸肌群以三維圖 AE 來表示（藍色）。而腓骨長肌本身的力量是腓骨短肌的兩倍。

當跟腱斷裂後，若足部懸空且沒有壓在任何平面上時，這些輔助伸肌群可**主動地伸直**腳踝，但不能使腳尖踮起後將身體往上抬離，因此可以通過評估是否喪失這種主動動作而**檢測出跟腱的斷裂**。

小腿三頭肌的構造，不僅有利於在伸直時肌肉力量的傳遞，而且也有助於吸收腳尖在跳躍時承受的衝擊力。事實上（**圖 131-2**），其纖維在中央朝縱向延伸，而在外圍則呈螺旋狀縱橫交錯著。當被動牽拉肌腱時 **A**，其外圍螺旋狀的纖維會束緊，朝中央的方向移動且還會大力地擠壓（外圍的箭號）中央的纖維，導致中央產生出抗壓的力量（中心的箭號）而讓纖維得以恢復到初始的體積 **B**，這就是所謂的肌腱彈性。簡而言之，當肌腱拉伸（**箭號 T**）時，肌腱的長度會增加，而肌腱的直徑，尤其是位於中央的會減少。當壓力移除，此肌腱的直徑會恢復其原本正常值，而使得肌腱變得比拉伸時短（**箭號 R**）。人體內的所有彈性的構造，都具有相同的螺旋結構，因為這些構造的彈性取決於對其中央纖維的擠壓。

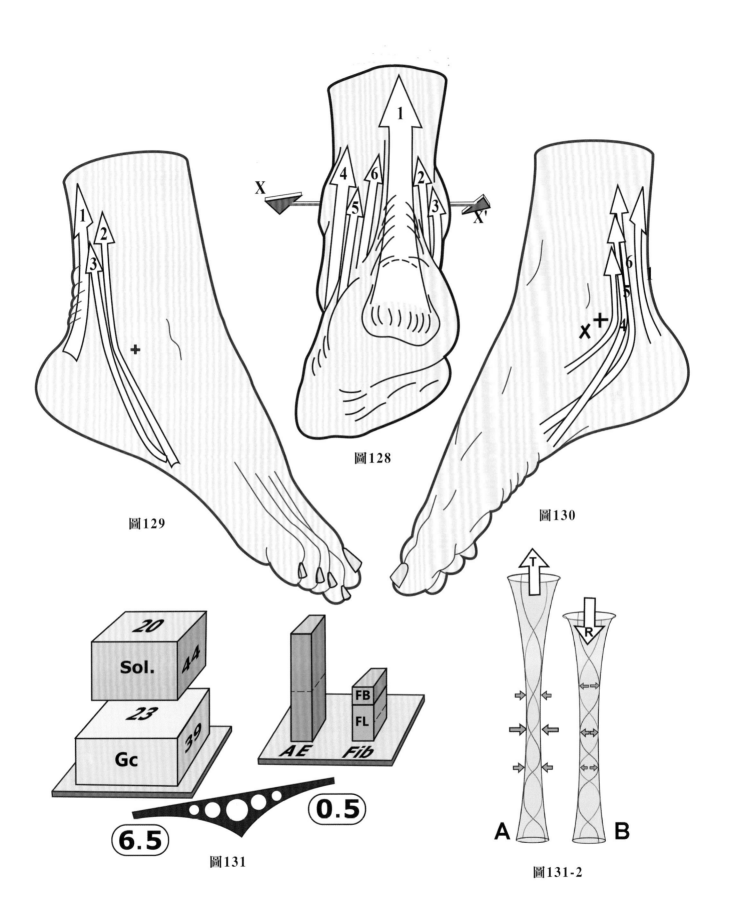

圖128

圖129

圖130

圖131

圖131-2

外展旋前肌：腓骨肌群

　　腓骨肌群沿著橫軸 XX' 的後側及 Henke 軸 UU'（見 P.221 **圖 104**）的外側延伸，因此同時扮演了很多角色（**圖 132**）：

- 伸肌（藍色箭號）；
- 外展肌（紅色箭號），可使軸 ZZ' 朝外側移動；
- 旋前肌（黃色箭號），可使足底面（橘色平面）朝外側。

　　附著於第五蹠骨外側粗隆的**腓骨短肌**（1）（**圖 133**），實質上是足部的外展肌：根據 Duchenne de Boulogne 的研究，事實上腓骨短肌是足部唯一的直接外展肌（P.219 **圖 100**）。當然，腓骨短肌的外展作用比腓骨長肌更有效率。通過將外側蹠骨線（綠色箭號）抬高，且在**腓骨肌**（3）和伸趾長肌（這裡沒有顯示）（它們也屬於外展肌和旋前肌，同時也是踝屈肌）的幫助下，腓骨短肌也可以使前足**旋前**（**圖 134**：紅色箭號）。因此，在這些肌肉的協同拮抗作用下，可使足部做出**單純地外展和旋前動作**，這裡指的協同拮抗作用一方來自於三條腓骨肌，另一方來自於伸趾長肌。

　　對於足部動作及足弓靜態和動態的維持，**腓骨長肌**（2）（**圖 133 和 135**）扮演了關鍵的角色：

1. 腓骨長肌和腓骨短肌一樣是**外展肌**，其攣縮會使得前足朝外側彎曲變形（**圖 137**），也使內踝突出得更明顯。

2. 腓骨長肌可直接與間接地**伸直**足部：
   - 通過使第一蹠骨頭往下降而直接伸直足部（**圖 134** 的藍色箭號和**圖 135** 的綠色箭號）。
   - 朝外側牽引第一蹠骨，並將內側和外側蹠骨鎖定在一起（**圖 135**，藍色箭號），而間接且更強力地伸直足部（**圖 136**）。另一方面，**小腿三頭肌**（4）能直接伸直的只有外側蹠骨（在示意圖中以單束的形式顯示）：因此，若「**合併**」腓骨長肌對內外側蹠骨的伸直作用，小腿三頭肌就可以拉動足底所有的蹠骨線。腓骨長肌的癱瘓能印證腓骨長肌的作用，因為當腓骨長肌癱瘓時，只有外側足弓會被小腿三頭肌伸直，而且足部會**旋後**。因此，小腿三頭肌和腓骨長肌**收縮**產生的**協同拮抗**作用，讓足部可以**單純地伸直**：它們在伸直時互相協同，旋前和旋後時互相拮抗。

3. 腓骨長肌也是**旋前肌**（**圖 134**），因為當足部離開地面時，腓骨長肌會使第一蹠骨頭往下降（藍色箭號）。當外側足弓抬高（綠色箭號）伴隨著中間足弓下降（藍色箭號），會產生旋前動作（紅色箭號）。

　　至於腓骨長肌是如何突顯出三個足弓的曲度以及成為**主要支撐足弓的肌肉**，這些內容稍後會進一步說明（P.241）。

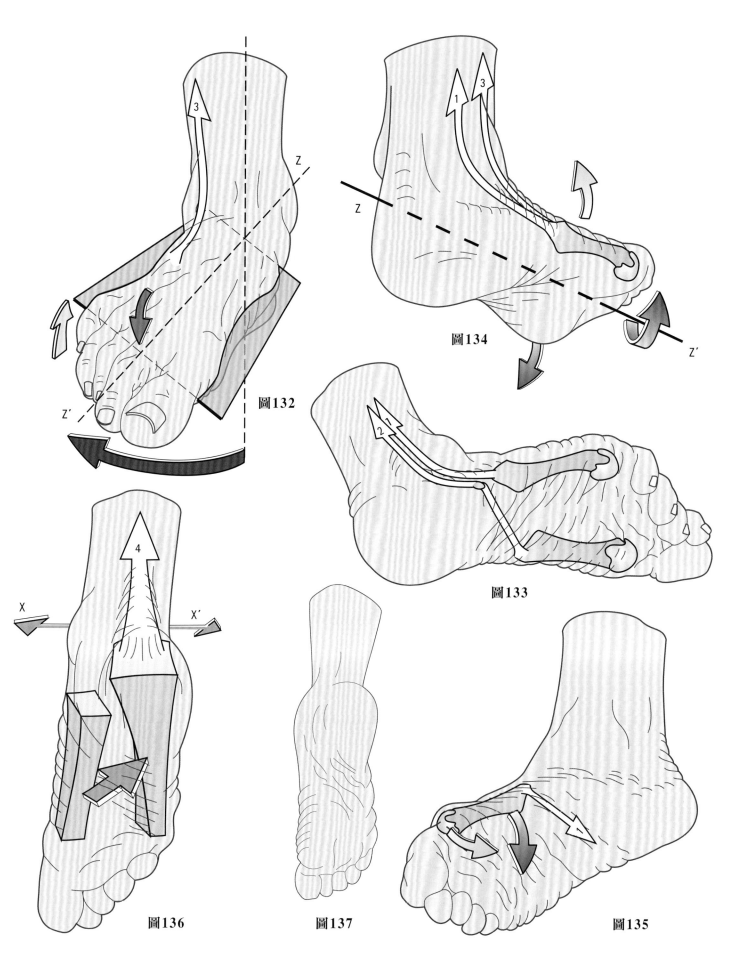

圖132

圖134

圖133

圖136

圖137

圖135

內收旋後肌：脛骨肌群

三條內踝後側肌肉，位於橫軸 XX' 的後側及 Henke 軸 UU' 內側（見 P.221 **圖 104**），同時是（**圖 138**）：

- 伸肌（藍色箭號）；
- 內收肌（綠色箭號），可使足部的長軸朝內側移動；
- 旋後肌（黃色箭號），可使足底面朝內側。

這三條肌肉當中最重要的**脛後肌**（1），附著於（**圖 139**）舟狀骨（黃色）的粗隆。由於脛後肌穿過腳踝、距下關節和橫跗關節，因此脛後肌可同時擔任三個工作：

- 脛後肌是一塊非常有力的**內收肌**，可將舟狀骨往內側拉（**圖 140**），使整個後側跗骨旋轉。（對於 Duchenne de Boulogne 而言，脛後肌更像是內收肌，而非旋後肌。）因此，脛骨後肌是腓骨短肌（2）的直接拮抗肌，其對於第五蹠骨的作用可將前側跗骨往外牽拉（**圖 141**），另外它還可以使後側跗骨反向旋轉。
- 脛後肌也是**旋後肌**，因為其蹠側的擴張結構連接到跗骨和蹠骨（見 P.219 **圖 100**）。它對於足底拱頂的支撐和方向扮演了至關重要的角色。先天性缺失脛後肌的擴張結構被認為是其中一個導致扁平外翻足（pes planus valgus）的原因。脛後肌的旋後範圍是 52°，其中的 34° 發生在距下關節而 18° 發生在橫跗關節（Biesalski 與 Mayer）。
- 脛後肌可使舟狀骨往下降，因此同時屬於腳踝（綠色箭號）和橫跗關節（紅色箭號）的**伸肌（圖 142）**：腳踝的動作可以延續到前足（見 P.161 **圖 5**）。

作為伸肌和內收肌的脛後肌，有屈拇趾長肌和屈趾長肌的協助。

脛前肌（1）和伸拇趾長肌（**圖 142**：這裡僅顯示脛骨前肌）沿著橫軸 XX' 的前側及 Henke 軸 UU'（**圖 104**）的內側延伸，因此它是**腳踝的屈肌，也同時是足部的內收肌和旋後肌**。

脛前肌（**圖 138**，3）**更像是旋後肌，而非內收肌**，因為脛前肌**上提了內側足弓的所有相關結構**（**圖 142**）：

- 脛前肌使第一蹠骨基部的位置高於內側楔形骨（箭號 a），進而使第一蹠骨頭上提。
- 在踝關節屈曲前（箭號 d），脛前肌會使內側楔形骨的位置高於舟狀骨（箭號 b），也將舟狀骨抬高到距骨的上方（箭號 c）。
- 脛前肌使內側足弓變平而旋後足部，因此它是腓骨長肌的直接拮抗肌。
- 與脛後肌相比，脛前肌是較弱的**內收肌**。
- 脛前肌可**屈曲腳踝**，並與其協同拮抗肌合作，即脛後肌，使足部在沒有屈曲或伸直的情況下，做出單純內收和旋後的動作。
- 其**攣縮**會造成足距骨內翻（pes talovarus）和腳趾屈曲畸形（**圖 144**），尤其是在拇趾更常見。

對於產生的內收和旋後動作，**伸拇趾長肌**的能力（4）（**圖 143**）比脛前肌的能力弱。因此，伸拇趾長肌可替代脛前肌以作為踝屈肌，但往往在拇趾會出現殘餘的爪狀變形。

旋後肌的力量（2.82 公斤）會**大於旋前肌的力量**（1.16 公斤）。當足部沒有平貼在地面上時，會自發性地旋轉成旋後的位置。當足部在地面上支撐體重時，這種不平衡的狀態會預先抵消足部旋前的傾向（見 P.242）。

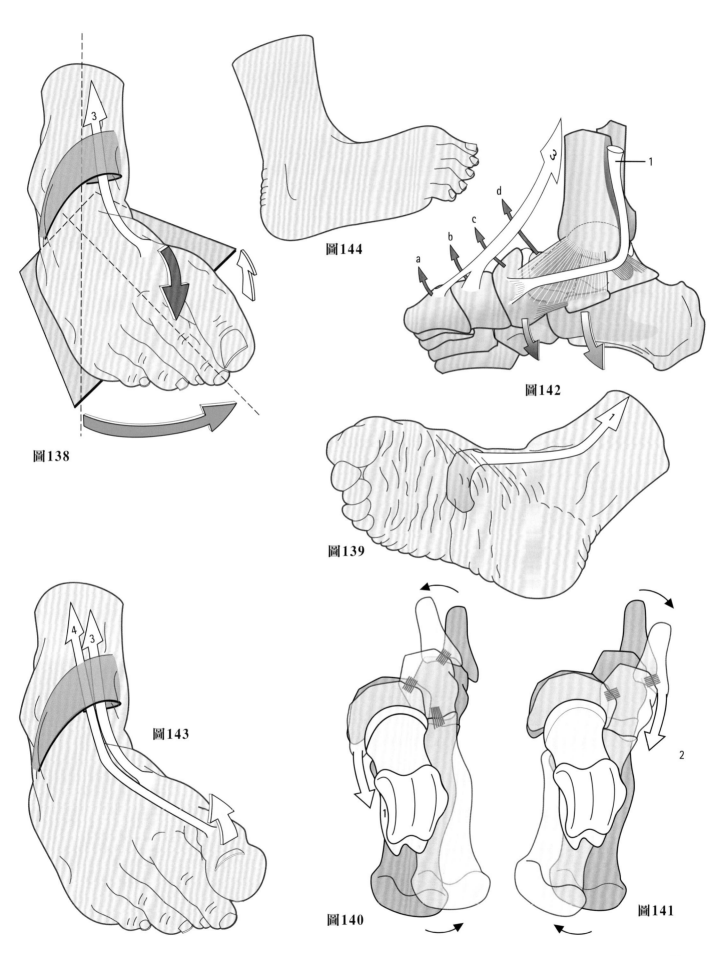

圖138

圖144

圖142

圖139

圖143

圖140

圖141

第5章

足底拱頂

　　足底拱頂是將足部所有骨骼、關節、韌帶和肌肉完美結合運作的結構複合體。

　　足底拱頂之於足部，就像是手掌，之於手部，但經過了演化，足底拱頂有別於手掌承擔了全新的任務，也就是因應各種不同地平，在包括站立、行走、跑動及跳躍的狀態下，**將身體的重力完整傳遞至地面**，這也是所有二足類動物共通擁有的特殊結構，然而擁有足底拱頂的代價就是犧牲掉爬樹的能力（對於可視為四足動物的猴子來說，爬樹是生存所需的必要能力）。

　　足底拱頂的力學結構有助其發揮絕佳功能，不僅富有彈性，又可因應不同地面調整足底拱頂高度，並且可適應因為受**地心引力**影響而產生的身體重力（若所承受的不是地心引力，而是月球引力或木星引力，足底拱頂的結構會變成怎樣呢？這個問題也許值得思考）。足底拱頂的功能就像是**避震器，對於維持正常步態非常重要**。足底拱頂若有損傷，不論是異常高弓或扁平，都會降低足部承受身體重量的能力，進而影響行走、跑動、跳躍及站立。

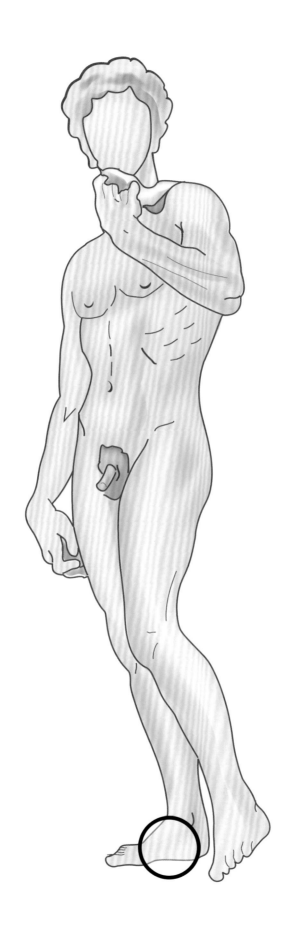

233

足底拱頂結構概述

整體而言，足底拱頂可視為**三個足弓共同組成**的結構，類似的結構可從建築師或工程師所設計的建築物中找到（圖 1：位於巴黎附近，拉德芳斯的新興產業和技術中心）：建築物在地面上有**三個支撐點 A、B 及 C**，共同形成了**等邊三角形**（圖 2，平面圖）。三個支撐點形成的三個等長邊 **AB、BC 及 CA**，各自都擁有一個**足弓**。圖 3 為典型拱形結構示意圖，會先由**拱心石**（箭頭處）承受來自上方的重量，然後再將重量向兩側分散傳遞，而重量最終會由底部 A 及 B 兩個梯形結構承擔，此二處又稱為墩基。

在第一蹠楔關節融合術（Lapidus 手術）發展出來之後，有些學者（如 De Doncker 及 Kowalski）提出足底拱頂結構固定不變的想法是錯誤的，他們堅定地認為不應該將足底圓頂劃分為內側、外側及前側三個足弓，原先的理論僅只是假設而已。學者們提出的新理論，是把足底拱頂結構比擬為「桁架」（圖 4：屋頂桁架），上方由**兩個椽 SA 及 SB** 組成，椽的交會點 S 即為桁架的最高點，兩側的椽腳由**繫桿 AB** 相連，繫桿可提供維持桁架結構的張力，以避免頂部承重時崩塌。如此一來，足部的結構不再是三個足弓，而是**單一軸向**的桁架，再加上**一主、二副的繫桿**所組成，其中主要繫桿是由強韌的足底韌帶及**足底肌肉**組成，而**二個副繫桿**分別代表原先理論的內側及外側足弓。

新的理論比原先的理論更符合解剖學實際狀況，尤其構成足底拱頂底部弓弦的韌帶和肌肉，承受的是向兩側拉開的張力，這個力學特性與新理論中的繫桿相當符合。然而，**足底拱頂**與**足弓**等名詞因已使用長久且難以改變，因此在使用**桁架**和**繫桿**等新名詞來形容足底拱頂時，最好同時加上舊名詞。**在生物力學的研究領域中，出現相互矛盾的見解其實並非罕見，而這些見解在融合後更有助於解決問題**，因此，本書仍將保留使用**足底拱頂及足弓**這兩個名詞。

足底拱頂（圖 5：內側透視圖）並不是等邊三角形，但因為仍是由**三個足弓加三個支撐點**所組成的結構，仍可將其比擬為三角形，儘管三邊長度不同。三個支撐點（圖 6：透視俯視圖）位於足部與地面接觸的區域內，即**足印**（綠色區域），分別對應的解剖位置：A 為第一蹠骨頭、B 為第五蹠骨頭、C 為跟骨粗隆，每兩個支撐點共同組成一個足弓。

前側足弓，是高度最底、長度最短的足弓，由 **A 及 B 兩個支撐點**組成；**外側足弓**則有中等的長度及高度，由 **B 及 C 兩個支撐點**組成；**內側足弓**，則是三者之中最長且最高的足弓，由**支撐點 C 及 A** 組成，不論在行走或站立時，內側足弓都是最重要的足弓。

足底拱頂的形狀（圖 5 底部），可比擬為**受風飽滿的風帆**，圓頂的最高點明顯略偏向後側，身體重量（綠色箭號）也落在圓頂後側的弧面上（紅色箭號），若從俯視來看則落於**腳背的中心**（圖 6，黑色十字處）。

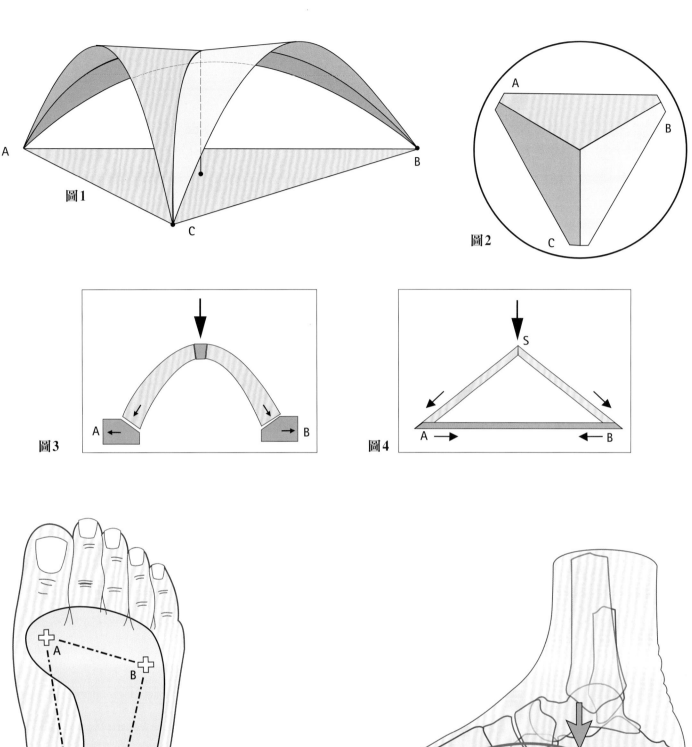

圖1

圖2

圖3

圖4

圖6

圖5

內側足弓

內側足弓是由五塊骨頭組成，縱向排列於**前支撐點 A 及後支撐點 C**之間（圖 7）：

- **第一蹠骨（M1）**，足部著地時，蹠骨頭會與地面接觸。
- **內側楔形骨（C1）**，完全不會與地面接觸。
- **舟狀骨（Nav）**，是形成足弓的重要骨頭（以綠色梯形顯示），通常會離地 15-18 公釐。
- **距骨（Tal）**，功能是承受來上方的體重，並將重量向下分散傳遞至足底拱頂（P.187 圖 15）。
- **跟骨（Cal）**，僅以後端與地面接觸。

　　身體重力在足底拱頂的傳遞路徑，影響了骨小樑的生長方向（圖 8）：

- 起點在脛骨前骨皮質的骨小樑，生長方向為斜向下、向足弓後方，延伸穿過距骨，在跟骨的後距骨關節小面下方呈現扇形擴散，最後抵達足弓位於跟骨的支撐點，此點同時也是跟骨與地面接觸的位置。
- 起點在脛骨後骨皮質的骨小樑，生長方向為斜向前、向下，延伸依序穿過距骨頸、距骨頭、舟狀骨，最後抵達足弓前端的支撐點，也就是內側楔形骨及蹠骨。

　　內側足弓的**弧形結構**主要是靠韌帶及肌肉維持（圖 7）。

　　構成內側足弓的五塊骨頭，是靠多條**足底韌帶**連接，這些韌帶包括楔蹠韌帶、舟楔韌帶、特別是**蹠側跟舟韌帶（1）**及**骨間距跟韌帶（2）**。這些韌帶承受的壓力時間短但強度高，與肌肉所承受的長時間壓力不同。

　　每條足底肌肉長度不盡相同，但都是沿著足弓連接兩塊骨頭，長度可能橫跨部分或整個足弓。這些肌肉可以稱為足弓的**繃緊者**。

- **脛後肌的肌腱（4）**的纖維僅**跨過部分足弓**（圖 10），但對於維持足弓結構非常重要。事實上，它強壯的肌腱（圖 9，紅色箭號）會將舟狀骨（Nav）沿著虛線圓圈拉向下、向後至距骨頭下方（Tal）。肌腱縮短的長度雖然不明顯（e），但已足夠**改變舟狀骨的方向**，使足弓前端的支撐點下移。此外，脛後肌的延伸肌腱 3（圖 7），與足底韌帶融為一體，牽動著中間三塊蹠骨。

- **腓骨長肌的收縮（5）**也可作用於內側足弓、協助維持足弓弧度（圖 11），這是藉由牽動第一蹠骨（M1）屈曲，使蹠骨靠近內側楔形骨（C1），及更後側的舟狀骨（圖 9，Nav）（P.240 另介紹腓骨長肌對橫向足弓的作用）。

- **屈拇趾長肌（6）**幾乎跨過整個內側足弓（圖 12），因此對於穩定足弓非常重要，**屈趾長肌（7）**也發揮了協助的功能，但位置較屈拇趾長肌深層（圖 13）。屈拇趾長肌同時有**穩定距骨**及跟骨的功能，這是因為肌腱從兩個距骨結節中通過，可防止距骨向後位移（圖 14，白色箭號）。舟狀骨若向後位移（白色箭號），骨間距跟韌帶（2）張力會升高，拉動距骨向前回到原來的位置，這個機制就像拉弓一樣，而骨間距跟韌帶的功能**就像弓弦，牽動距骨向前位移**。屈拇趾長肌因通過載距突下方（圖 15），收縮時會帶動**跟骨前端向上位移**（藍色箭號），以對抗距骨頭承受身體重力後下壓的力量（白色箭號）。

- **外展拇趾肌（8）完整地跨過整個內側足弓**（圖 16），可拉攏足弓兩端，發揮特別強大的穩定功能。

　　另一方面（圖 17），伸拇趾長肌（9）及脛前肌（10）的肌腱也有延伸至內側足弓，並且附著於凸面，在特定的狀況下，這兩條肌肉收縮會使內側足弓變平。

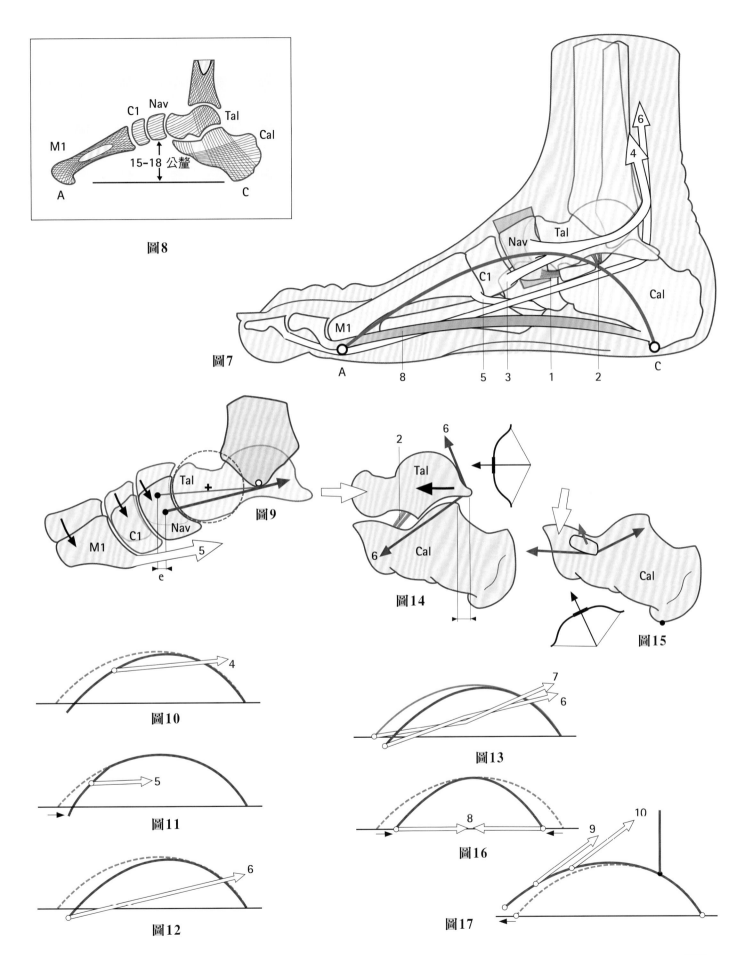

圖8

圖7

圖9

圖14

圖15

圖10

圖11

圖12

圖13

圖16

圖17

15-18 公釐

外側足弓

外側足弓僅由**三塊骨頭**構成（圖 18，顯示外側足弓輪廓的外側視圖）：

- **第五蹠骨（M5）**，蹠骨頭是外側足弓前端的支撐點（B）。
- **骰骨（Cub）**，完全不與地面接觸。
- **跟骨（Cal）**，其內側骨突及外側骨突為足弓後端的支撐點（C）。

不像內側足弓離地面較遠，外側足弓較靠近地面，*僅離地 3-5 公釐*，足部著地時，**會透過軟組織與地面接觸**。

外側足弓有兩個骨小樑系統負責**傳遞應力**，傳遞時會經過距骨及其下方的跟骨（圖 19）：

- **後側骨小樑**以脛骨前側骨皮質為起點，在跟骨的後距骨關節小面下方呈現扇形擴散。
- **前側骨小樑**以脛骨後側骨皮質為起點，向前穿過位於跟骨前突上方的距骨頭，再通過骰骨到達第五蹠骨，以足弓前端的支撐點為終點。

除了上述兩個骨小樑系統，跟骨本身**也有兩個系統**：

- **上弓弧系統**因骨板於跗骨竇匯集，因此中心處呈現向下凹面，主要負責承受**壓力**。
- **下弓弧系統**則匯集於跟骨靠近足底骨皮質處，主要負責承受**拉力**。

上、下弓弧系統之間有一個**弱點**，即十字記號標記處。

內側足弓擁有絕佳彈性，這是因為距骨在跟骨上是可以活動的，而外側足弓的功能是**傳遞來自小腿三頭肌的推進力量**，因此遠比內側足弓剛硬（P.225 圖 127）。**長蹠韌帶**是維持外側足弓剛性的主要組織（圖 20），可分為深層（4）與淺層（5），功能是固定跟骨與骰骨、骰骨與蹠骨的位置，避免在跟骨承受身體重力時產生骨間位移（白色箭號）。外側足弓最主要的解剖結構是跟骨前突（D），此點是足弓後墩基（CD）及前墩基（BD）的交會點，而前、後墩基分別傳遞方向相反的壓力。如果距骨傳來的壓力超過足弓可以承受範圍，像是從高處跌落地面，可能造成的傷害有兩種：

- 長蹠韌帶中的跟骰韌帶雖受牽拉但並未受損，足弓受到破壞是因為**跟骨前突**沿著跟骨弱點骨折，此處也是外側足弓的主要解剖結構。
- **跟骨的後距骨關節小面**會陷入跟骨中，原本為鈍角的 Böhler angle，PT'D 會變成水平或倒置（圖 21）。
- 從內側來看，載距突通常會沿著垂直走向的裂口與跟骨分離（圖中未顯示）。

此類跟骨骨折復位不易，除了必須抬高跟骨的後距骨關節小面，還必須矯正跟骨前突的位置，如此才能確保外側足弓恢復至正常高度。

外側足弓有三條肌肉**負責拉攏骨骼**，以維持足弓形狀：

1. **腓骨短肌**（1）僅跨過部分的足弓（圖 22），但功能跟背側跟骰韌帶一樣，可防止足部下方出現骨間位移（圖 23，e）。
2. **腓骨長肌**（2）的肌肉走向與腓骨短肌平行，功能也相似，附著於骰骨，但因為有透過**腓骨滑車**（6）勾住跟骨，肌肉收縮時也會將跟骨前端帶起（圖 24，跟骨「被懸吊著」），這個功能與屈拇趾長肌的弓弦作用相似，只是腓骨長肌在人體外側。
3. **外展小趾肌**（3）跨過整個外側足弓（圖 24），位置雖與內側的外展拇趾肌相對，功能則相似。

第三腓骨肌（7）、伸趾長肌（8）及小腿三頭肌（9）皆有延伸至**外側足弓凸面**（圖 26），在特定狀況下，會使足弓高度降低。

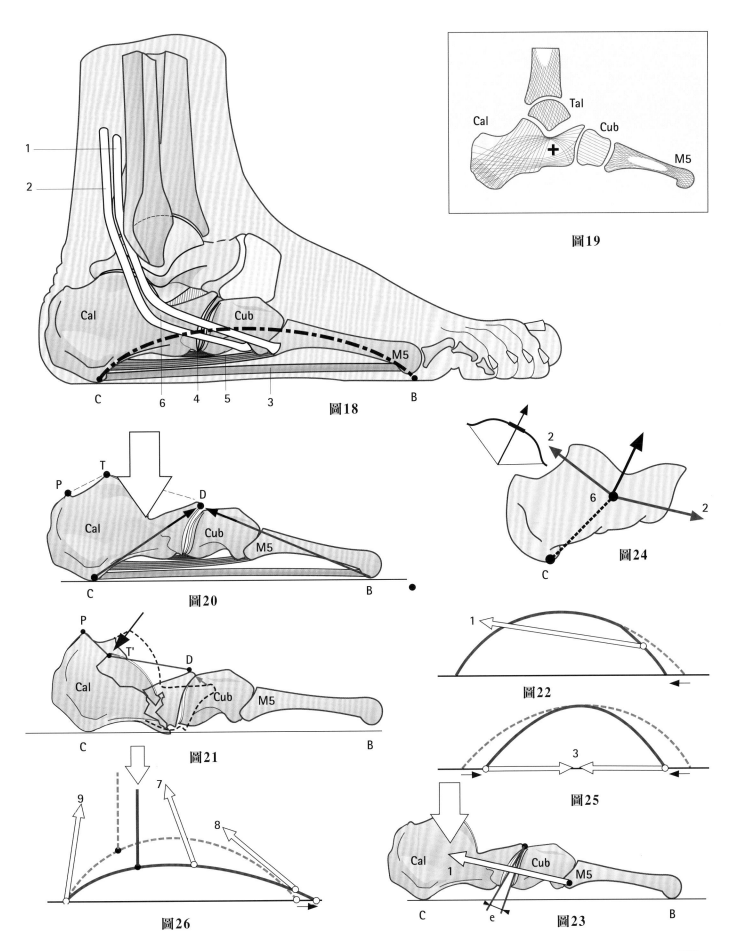

圖18

圖19

圖20

圖21

圖22

圖23

圖24

圖25

圖26

足部的前側足弓與橫向足弓

前側足弓（圖 27，橫截面 I）是從下方有兩塊相臨的種子骨的第一蹠骨頭 A 延伸至第五蹠骨頭 B，種子骨及第五蹠骨頭皆離地 6 公釐。足弓橫穿過中間其他蹠骨頭，最高點為第二蹠骨頭處，離地有 9 公釐，是**前側足弓的拱心石**。第三蹠骨頭（離地 8.5 公釐）及第一蹠骨頭（離地 7 公釐），兩者位處中間高度。

前側足弓相對**較平坦**，下方有柔軟組織作為著地時的緩衝，有些學者就以「**前足跟**」稱之。前側足弓僅以薄弱的足底蹠骨韌帶相連，支持的肌肉也僅有內收拇趾肌的橫頭（1），從第五蹠骨頭至第一蹠骨頭，位於蹠骨頭下方，橫跨全部或一部分的足弓，因為力量相對薄弱且容易超負荷，導致前橫足弓異常的案例相當常見，包括足弓塌陷造成的**前足扁平**，及足弓**倒置**造成的**前足凸**，甚至造成**墜落蹠骨頭下方結繭**（P.259 圖 89 和圖 90）。

前側足弓是**五個蹠骨線的頂點處**。第一蹠骨線（圖 29）有最高的仰角，與平面夾角約為 18–25°（根據 Fick 研究）。從第一至第五蹠骨，仰角呈現逐漸遞減，第二蹠骨仰角為 15°（圖 30），第三蹠骨為 10°（圖 31），第四蹠骨為 8°（圖 32），第五蹠骨為 5°（圖 33），有時甚至與地面平行。

拱頂的橫向弓弧在楔形骨（圖 27，橫截面 II）的位置向前後延伸，由四塊骨頭共同組成，但與地面接觸的僅有最外側的骨頭，即骰骨（Cub）。內側楔形骨（C1）完全不與地面接觸，而中間楔形骨（C2，淡綠色）是橫向足弓的拱心石，並沿著足部長軸（與第二蹠骨共線）形成**橫向足弓嵴線**。腓骨長肌（2）肌腱支撐橫向足弓，對足弓的穩定相當重要。

再來看到**舟狀骨、骰骨**的位置（圖 27，橫截面 III），此處的橫向足弓僅在足部外側與地面接觸，也就是骰骨（Cub）。舟狀骨（Nav）不與地面接觸，並且僅透過外側緣與骰骨相接。此處足弓的弓弧主要靠脛後肌延伸至足部（3）來維持。

左側足底仰視圖（圖 28）（透視圖），顯示有**三條不同肌肉支撐著拱頂的橫向足弓**，分別位於前、中及後的位置：

- 內收拇趾肌（1）走向為橫向。
- 腓骨長肌（2）是最主要的肌肉，在行走過程中**可同時穩定三個足弓**，肌肉走向由外斜向內。
- 脛後肌的延伸結構（3）在站立時特別重要，走向為前外斜向，可強化橫向足弓的張力。

整個足底拱頂的**縱向弓弧**控制機制說明如下：

- 內側由外展拇趾肌（4）及屈拇趾長肌支撐（圖中未顯示）。
- 外側由外展小趾肌（5）支撐。

而在最外側及最內側之間，則是由**屈趾長肌**（圖中未顯示）及**屈趾短肌**（6）來維持中間三條蹠骨線及第五蹠骨線的縱向弓弧。

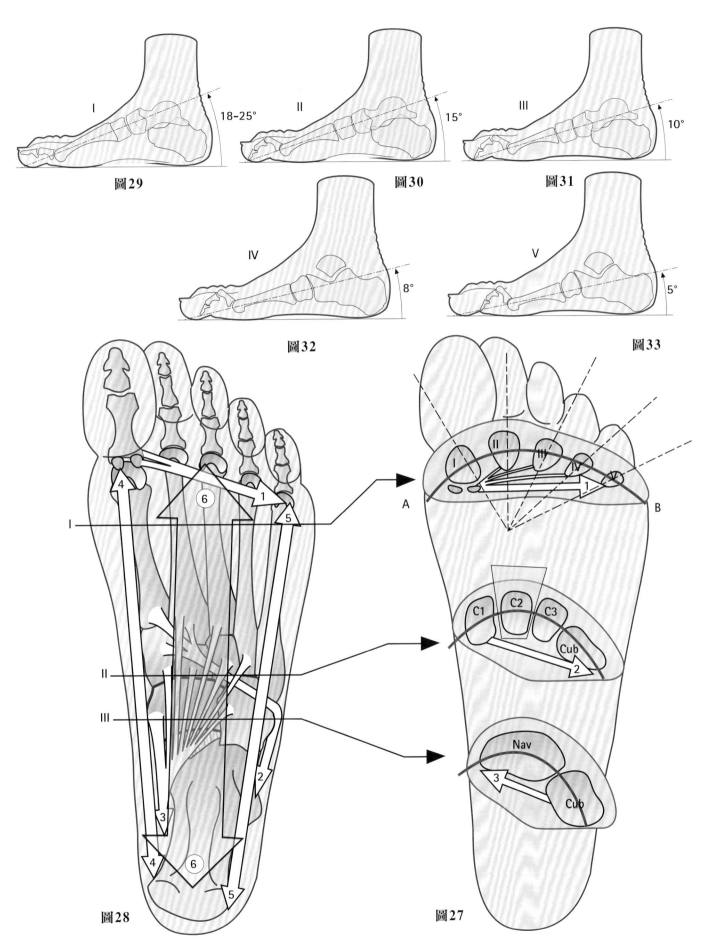

圖29

圖30

圖31

圖32

圖33

圖28

圖27

足底拱頂的負荷分布和靜態形變

身體重力會經下肢向下傳遞，經過**踝關節**並由**距骨滑車**（黑字十字處）傳遞到跗骨後側（圖 34，足部骨骼結構俯視圖），之後，負載會**一分為三**，分別向足底拱頂的三個支撐點（紅色十字處）傳遞（Seitz，1997 年）：

- **向前內側支撐點 A 傳遞**，也是內側足弓的前端墩基，傳至此處的負荷會經過距骨頸。

- **向前外側支撐點 B 傳遞**，也是外側足弓的前端墩基，傳至此處的負荷會經過距骨頭及跟骨前突。向前足傳遞的力線分為 A 及 B 兩個方向，相互夾角約為 35–40°且開口向前，這個夾角就相當於距骨頸及距骨本體的兩個長軸夾角。

- **向後側支撐點 C 傳遞**，也是內側及外側足弓的後端墩基，傳至此處的重力會經過距骨本體，以及跟骨的後距骨關節小面下方的骨小樑系統。

負荷在足底拱頂三個支撐點的分布狀況簡單易記（圖 35）：如果 6 公斤的重量傳至距骨，其中 **1** 公斤會傳至前外側支撐點（B），**2** 公斤會由前內側支撐點（A）負擔，最後 **3** 公斤會落在後側支撐點（C）（Morton，1935 年）。在站立不動狀態下，足跟承受最大重力負荷，約為體重一半。穿著鞋跟僅有 0.5 平方公分的高跟鞋，為何會在非硬地留下鞋跟印，從足底拱頂壓力分布就可得到答案。

當足底拱頂承受負荷後，足弓會變平、拉長，各個足弓的形變說明如下：

- 在**內側足弓**（圖 36，內側視圖）處，**跟骨粗隆的內、外側骨突**，原本應離地 7–10 公釐，受壓力後會降低 1.5 公釐，載距突則降低 4 公釐；距骨相對於跟骨向後退縮；舟狀骨相對於距骨向上位移，但仍向地面靠近；楔舟

關節及楔蹠關節下方的關節間隙會打開；第一蹠骨與地面的夾角會變小；**足跟向後退，而位在大拇趾的種子骨則會向前位移。**

- 在**外側足弓**（圖 37）處，承重後跟骨也會出現類似的垂直位移情形；骰骨會降低 4 公釐，第五蹠骨粗隆高度減少 3.5 公釐，跟骰關節及楔蹠關節會出現骨間位移，下方關節縫隙會加大；**足跟會向後退，第五蹠骨頭則些微向前。**

- 在**前側足弓**（圖 38，蹠骨橫截面圖），弓弧會受力壓平，並以第二蹠骨為中心向兩端展開，第一與第二蹠骨間隔加寬 5 公釐，第二與第三蹠骨間隔加寬 2 公釐，第三與第四蹠骨間隔加寬 4 公釐，第四與第五蹠骨間隔加寬 1.5 公釐，**前足水平延展的寬度總共是 12.5 公釐。**行進間若足跟離地，前側足弓的弓弧會完全消失，此時所有的蹠骨頭都會與地面接觸，並且承受各不相同的重力。

足部的**橫向弓弧**也有受力形變的現象，可觀察到的位置在楔形骨處（圖 39，楔形骨橫截面圖）及舟狀骨處（圖 40，舟狀骨及骰骨截面圖），這兩個橫向足弓的形變方式都以外側著地點為軸心，內側靠向地面，改變角度為 x，這個角度與內側足弓承重後的改變相當。

此外（圖 41，右足俯視圖），距骨頭會向內位移 2–6 公釐，跟骨的前側骨突則向內位移 2–4 公釐，造成**足部從橫跗關節處分離與扭轉**：後足的長軸會**向內位移**，而前足的長軸則**向外位移**，前、後長軸的夾角為 y。因此，後足會出現**內收、旋前且些微伸直**（箭號 1），而前足則相對呈現**屈曲、外展及旋後**（箭號 2），這種現象**扁平外翻足**尤其明顯（P.255）。

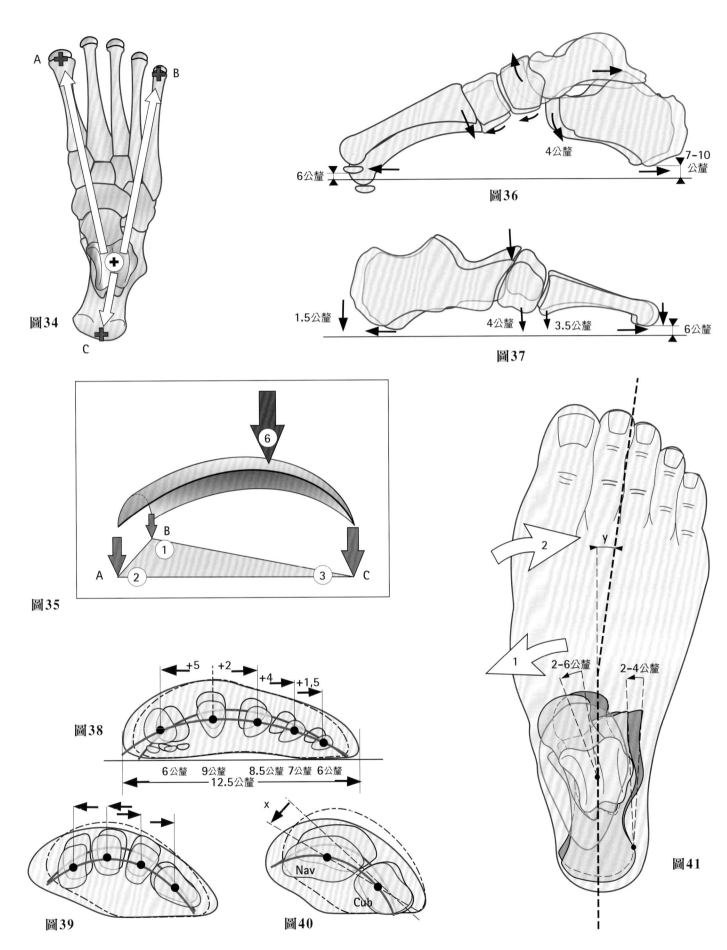

圖34

圖36

6公釐　　　4公釐　　　7-10
　　　　　　　　　　　公釐

圖37

1.5公釐　　4公釐　3.5公釐　6公釐

圖35

圖38

+5　+2　+4　+1,5

6公釐　9公釐　8.5公釐 7公釐 6公釐
12.5公釐

圖39

圖40

Nav

Cub

x

y

2-6公釐　　2-4公釐

圖41

243

足部的結構平衡

足部是**三角形結構**（圖 42），三個邊分別說明如下：

- **下表面 A**，也是**足底拱頂**的基座，有肌肉及足底韌帶支持；
- **前上表面 B**，包含有踝屈肌群及趾伸肌群；
- **後表面 C**，包含有踝伸肌群及趾屈肌群。

足部三角形結構提供足底順應不平地面調整的能力，並**讓各自沿著三角形三個邊作用的力量達到平衡**（圖 43），這由踝關節及後跗骨關節複合體彼此連結的三個骨線所構成。

因此，**足底拱頂的弓弧過高**所引起的**空凹足**，成因可能包括了足底韌帶縮短、足底肌肉攣縮及踝屈肌群主動收縮不足。

足底拱頂的弓弧過低所引起的**扁平足**，可能原因包括了足底韌帶鬆弛、足底肌肉主動收縮不足，及足部前側或後側肌肉異常高張。

風浪板是另一個**三邊平衡**的例子（圖 44），可以用來瞭解足部力學平衡，其中包括三個力量的動態平衡：

1. 使風浪板浮於水上的浮力，又稱為阿基米德推力；
2. 因風吹動風帆而產生的推進力；
3. 風浪板玩家的體重，這股重量的作用目標，會在風帆與浪板之間不斷變化。

我們常習慣用二維的模式思考平衡關係，**對於三因子或多因子的相互平衡反而難以想像**，但實際上多因子平衡確實存在，美國著名畫家兼雕刻家 *Alexander Calder* 就提出了這個觀念，進而發明**動態雕塑**。

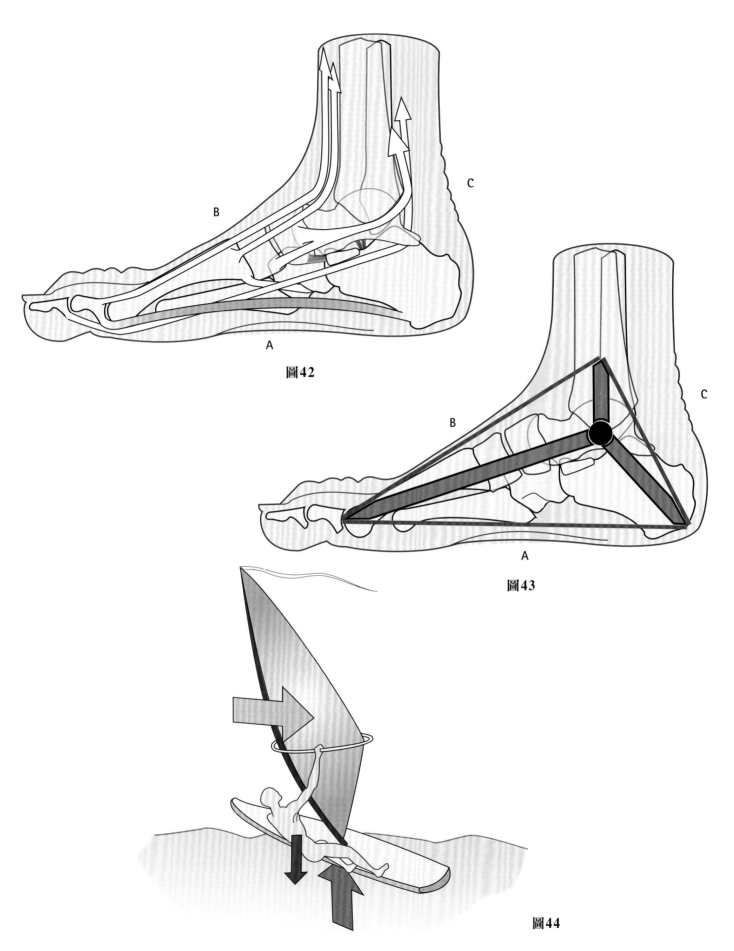

圖42

圖43

圖44

行走時足底拱頂的動態形變

行走時，處於承重狀態的足底拱頂會受力產生形變，是重要的吸震功能。步態週期共可分為四期：

第一期：足跟觸地（圖 45）

此時期擺盪結束，肢體準備與地面接觸，踝關節角度呈現垂直，甚至因踝關節屈肌群（F）收縮而呈現**輕微屈曲**。接著足部觸地時，會以**足跟**著地，也就是足底拱頂後側的支撐點（C）。承受**小腿傳來的身體重力**後（紅色箭號），足部其餘部分接觸地面（箭號 1），踝關節因受重力而被動伸直。

第二期：最大接觸（圖 46）

此時期足底**以最大面積與地面接觸**（圖46），並在地面形成足印，身體受對側肢體推進向前，重心移至承重肢垂直線的前方，此時期也稱為**單肢承重期**。因身體重心位置改變，承重側踝關節會從第一階段的伸直，被動地**變成屈曲**（箭號 2），受身體重力同時下壓影響（紅色箭號），足底拱頂高度會變成較為平坦。同時，足底肌肉（P）會收縮以抵抗足底拱頂變平，這也是足部**吸震的第一階段**，隨著步態進行，足底拱頂會變平，足底肌肉會受力拉長，原本足底的**向前位移**會集中在前端支撐點（A），但因身體重力移至足部前端，位移會逐漸變成集中在後端支撐點（C），也就是足跟處，穿著高跟鞋會對於足部位重心改變特別敏感。**承重肢小腿的重心越過與地面垂直線時，足底與地面接觸面積達到最大。**

第三期：主動推進第一階段（圖 47）

身體的重心已移至承重肢前方，且因為**踝關節伸肌（T）收縮**的影響，尤其是小腿三頭肌，**足跟會抬離地面**（箭號 3）。在踝關節主動**伸直**同時，足底拱頂會**以前端支撐點（A）為軸心旋轉**，身體會因**推力向前移動**，此階段是步態推進的重要階段，需要強大肌肉力量參與才能完成。此階段足底拱頂是三點受力的槓桿，第一受力點是前端支撐點，力量由地面向上，第二個受力點是後側的肌力牽拉，力量也向上，第三個施力點是身體重力向下落於足底拱頂中段。三點受力的結果會使足底拱頂變得較平坦，也**形成了吸收震力的第二階段**，震力位能會由小腿三頭肌（P）吸收，以作為下個步態階段推進的動力。另一方面，因為身體重心前移，**前側足弓會受力壓平**（圖 48），進而使**前足完全平貼於地面**（圖 49）。

第四期：主動推進第二階段（圖 50）

第一推進力量會先來自小腿三頭肌，緊接著是**屈趾肌群收縮**（f）形成第二推進力量（箭號 4），這些肌肉包括與種子骨相連的肌肉及屈拇趾長肌。此時已是步態末期，足底會更加抬高，**前足跟離開地面，只剩下第一至第三趾與地面接觸**（圖 51）。第二推進階段期間，足底拱頂的肌肉會再次收縮，提供張力**防止足底拱頂變平**，作用的肌肉包括趾屈肌群。步態週期最後，所有儲存於足底拱頂肌肉的力量都會釋出，**肢體隨後完全離開地面，而對側肢則進入承重期，開始相同的步態週期**，也就是說，雙足會有短時間同時接觸地面，稱為**雙腳支撐期**。當步態持續進行，對側肢已開始承重，而原承重肢則進入擺盪期，這時未承重肢的足底拱頂會利用本身的彈性，恢復至原本的高度。

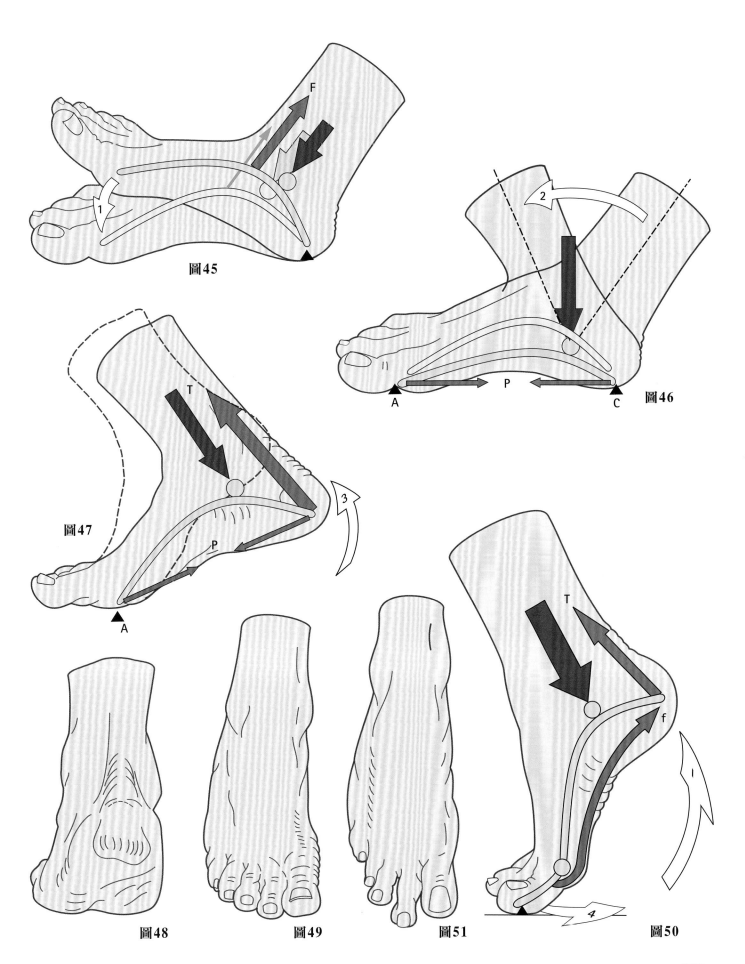

圖45

圖46

圖47

圖48　　　　圖49　　　　圖51　　　　圖50

足部內翻導致小腿傾斜引起的足底拱頂動態形變

前面的章節已經介紹了足底拱頂在步態中的動態形變，也就是小腿於矢狀切面上活動而產生的足部動作。

然而，在行進間，為了適應不平坦地面，小腿**必須也要有能力在冠狀切面上活動，也就是向內或向外側傾斜**。小腿傾斜的主要動作關節是距下關節及橫跗關節，因此也會改變足底拱頂形狀，值得一提的是，踝關節並沒有因為小腿傾斜而產生動作，這是因為內、外踝已緊緊固定住距骨，使得關節動作主要發生在距骨與跗骨之間。

足部固定於地面，而小腿卻向內側傾斜，這種情況會使**足部內翻**（圖 52），並對足部造成**四種影響**：

1. **小腿相對足部向外旋轉**（箭號 1），這種情況只有在足部固定於地面時才會出現。很明顯的，與足部還垂直於小腿且僅些微以內緣初始碰地時相比（圖 53，足部正常位置前側視圖），**外踝的位置會相對足部向後位移**。由於雙踝嵌夾結構同時外轉，會把距骨**稍微帶向外側**，尤其以距骨頭最為明顯，而與距骨頭相接的是舟狀骨的凹面。

2. **後足外展及旋後**（圖 54）。外展是因為小腿外轉而未代償所引起，而旋後則是因為跟骨向內側位移，此現象可藉由觀察跟骨長軸與小腿長軸之間的夾角 x，並與已離開地面的足底相較得知（圖 55，正常足部位置的後側視圖）。跟骨的「內翻」位移可由觀察**跟腱內緣處折彎**得知（**圖 54**：足部處於內翻位置的後外側視圖）。

3. **前足內收及旋前**（圖 52）。為了使前側足弓完全接觸地面，前足必須向內側位移，讓通過前足長軸的矢狀切面 P（即第二蹠骨），能向內轉動到最終位置 P'，P 與 P' 中間的夾角為 **m**，也就是**內收**位移的角度。前足除了內收，同時也會**旋前**，但這些動作都只是前足相對於後足的位置改變，而且只發生在橫跗關節。

4. **內側足弓中空**（圖 52）。由於前足相對於後足位移，進而使內側足弓的弓弧增加（箭號 2），也代表舟狀骨與地面距離增加。造成舟狀骨位置改變的原因有兩個，一是因為距骨頭向外側外移而引起的**被動**位移，二則是因為脛後肌收縮而引起的**主動**位移。足底拱頂異常空凹在臨床上稱為**空凹內翻足**，觀察此種足型的足印，可以發現**內側空凹異常增大**。

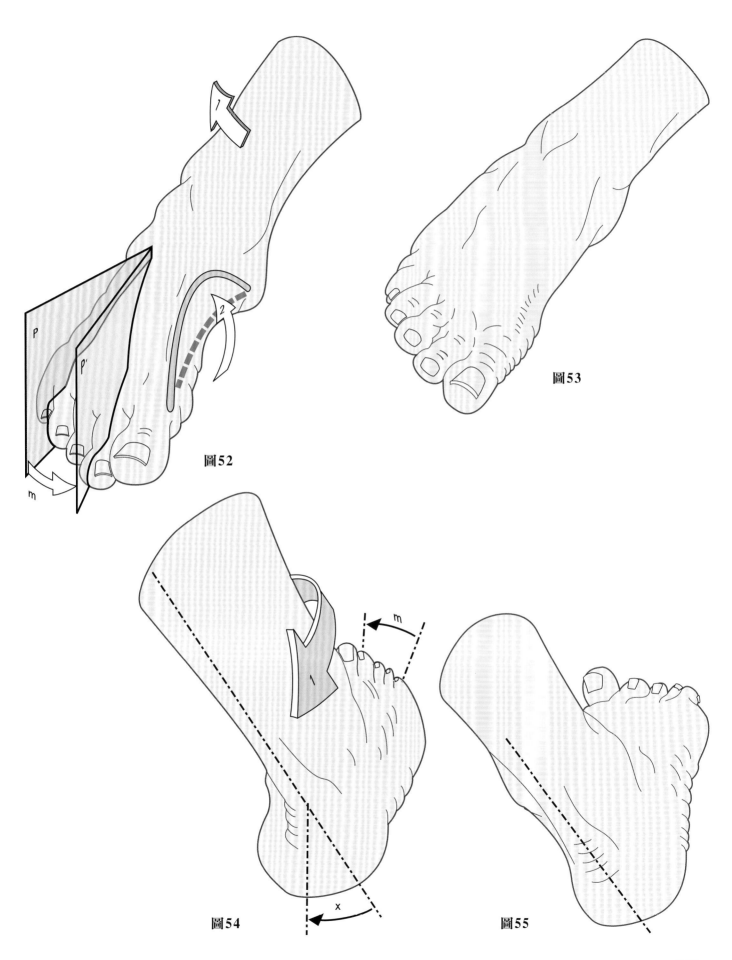

圖 52

圖 53

圖 54

圖 55

足部外翻導致小腿傾斜引起的足底拱頂動態形變

直行於側向傾斜地面時（P.253 圖 62），足部須一側內翻、另一側外翻，如此才能保持小腿及身體向上直立，如圖 62 中所示，右足為內翻、左足則為外翻。

足部固定於地面，而小腿卻向外側傾斜，這種情況會使**足部外翻**（圖 56：外翻足的前內側視圖），並對足部造成**四種影響，這些影響剛好與內翻足完全相反。**

1. **小腿相對足部向內旋轉（箭號 3）**。與足部僅以外緣著地但未將重量壓向地面時的位置相比，內踝會向後位移（圖 57），此時距骨會向內側位移，距骨頭也會靠向足部內側。

2. **後足內收及旋前**（圖 58，外翻足的後內側視圖）。後足內收是因為小腿內轉的不完全代償引起，而旋前則是因為跟骨外翻位移，形成開口向外的夾角 y，夾角的兩個長軸分別是跟骨長軸及小腿長軸，並且可與沒有受力形變的足部相比較（圖 59）。

3. **前足外展及旋後**（圖 56），就如同內翻一樣，從外展角度 n 反映平面 P 與平面 P' 之間的改變。

4. **內側足弓變平**（箭號 4）。原本足印中內側空凹的部分變小，而整個足印面積增加，與**扁平外翻足**的足印相似。

上述的足部適應機制，是因應行走於不平或傾斜路面，主要的動作關節是在距下關節及橫跗關節，**對於非平面上維持正常步態非常重要。**

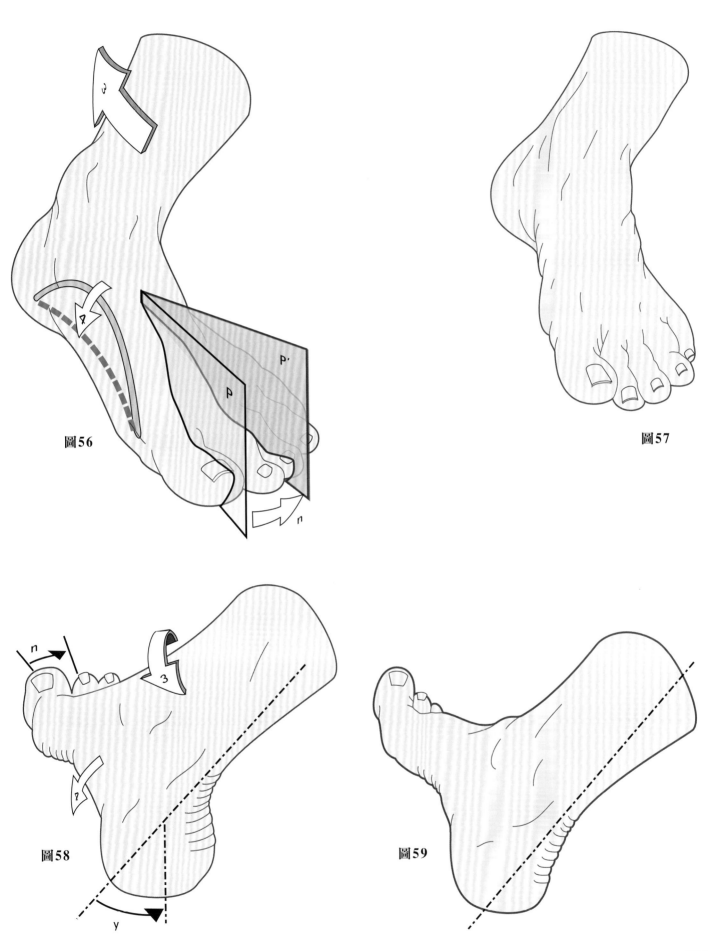

圖56

圖57

圖58

圖59

251

足底拱頂對地形的適應

　　都市居民大多行走於平坦硬地，且足部都有鞋子保護，因此顯少有機會讓足底拱頂適應地形，足底肌肉也因沒有刺激而逐漸萎縮，甚至有人類學者表示，扁平足是演化的代價，而人類最終有朝一日會以僅存的殘肢「行走」；之所以提出這樣的理論，是由於人類腳趾已萎縮，且足部大拇趾的對掌能力已消失（現今猴類仍保有足部對掌功能）。

　　但學者們的擔憂近期還不會發生，至少現今居住於都市中的人，還是有能力可以赤足行走在海灘或石子路上。「以原始方式行走」對足底拱頂其實益處極多，可以訓練足底拱頂**因應地形調適的能力**：

- **行走於不平地面的適應能力**，因為足底拱頂的空凹構造，使足部仍可緊貼於地面（圖 60）。
- **相對於身體直立時，行走於斜坡的適應能力**：

　　– **足部前端支撐面積**會增加，這是因為蹠骨線內外之間的寬幅減少（圖 61）。
　　– **站立於橫向傾斜斜坡時**（圖 62），位置較低的肢體足部會旋後，位高者則會足部外翻或距骨外翻（如前幾頁所述）。
　　– **上坡行走時**（圖 63），位置較低的肢體足部會固定於地面，並且與地面垂直，意即處在扁平內翻足的位置；而位置較高的肢體足部，踝關節會完全屈曲且沿著斜坡踩在地面上。
　　– **下坡行走時**（圖 64），足部會保持內翻，以發揮最大抓地力。

　　因此，就像手掌可以透過改變弧度及位置以增加抓握功能（參見第 1 冊），腳掌也有相似的功能，**可以因應地形做出適當改變**，以提升抓地能力。

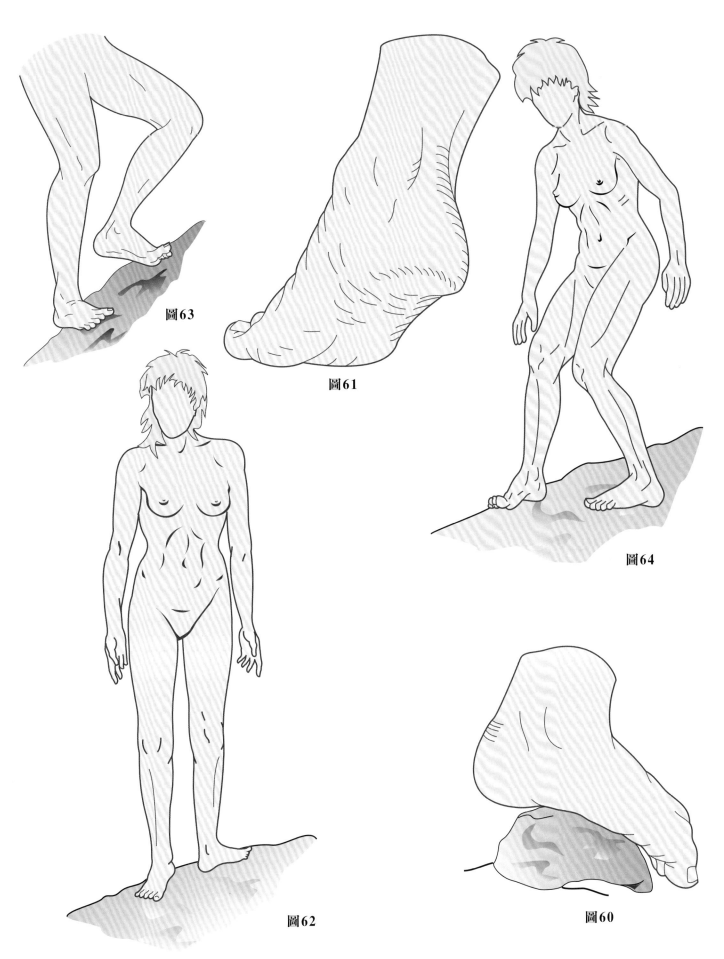

圖63

圖61

圖64

圖62

圖60

各種類型的空凹足

要保持足底拱頂弓弧穩定，需仰賴極為平衡的足部肌肉來協調控制，且可藉由法國整形外科手術醫師 Ombrédanne：繪製的模型圖來探討（圖 65，足部肌肉及骨骼圖）：

- **足底拱頂會因承受身體重力而變平**（藍色箭號），而附著於足底拱頂凸面的肌肉收縮也會造成同樣結果，這些肌肉包括小腿三頭肌（1）、脛前肌及第三腓骨肌（2）、伸趾長肌及伸拇趾長肌（3），其中標記 2 及 3 的兩組肌肉，需要在近端趾骨受到骨間肌（7）協助固定不動下才能發揮功能。
- 附著於足底拱頂凹面的肌肉收縮，**會使足底拱頂弓弧變高**，這些肌肉包括脛後肌（4）、腓骨長肌及腓骨短肌（5）、足底肌群（6）及趾屈肌群（8）；另一方面，**附著於凸面的肌肉若呈現放鬆狀態**，足底拱頂也會變高；相反的，附著於凹面的肌肉若放鬆，則足底拱頂會變平。

上述這些肌肉中只要任一者收縮不足或攣縮，就會破壞足底圓頂力學平衡，進而導致變形。根據法國醫師 Duchenne de Boulogne 的觀點，單一肌肉麻痺遠比全部肌肉麻痺來得好很多，至少足部仍能維持相對正常形狀與位置。

空凹足有**三種類型**：

1. **後足空凹型**（圖 66）：主要異常出現在足跟處，像是小腿三頭肌（1）功能失常。這種狀況下，位於足底拱頂凹面的足底肌肉（6）會相對強勢，肌肉力量不平衡的結果，就會造成足底空凹增加，且踝關節會受到屈肌群（2）牽拉，最後形成後空凹足（圖 67），且因為足部外展肌群攣縮（腳趾的長伸肌及腓骨肌群），而會伴隨足部向外側水平**外翻**（圖 68）。

2. **中足空凹型**（圖 69）：相對少見的空凹足

類型，導致異常的原因為穿著鞋墊過硬的鞋子，導致足底肌群（6）或足底腱膜攣縮（Ledderhose disease）。

3. **前足空凹型**，可再細分為兩型，但都有馬蹄樣足畸型的特性（圖 70），兩者分述如下：
   - 前足馬蹄樣畸型（e），原因是足底拱頂前支撐點的高度降低；
   - 足跟與前跗骨的排列異常（d），這種排列異常在下肢體重承重的狀態下會變得較不明顯。

根據受到影響的足弓穩定機制，前空凹足可分為以下幾類：

- 脛後肌（4）及腓骨肌群（5）攣縮，造成**前足位置降低**（圖 71）；若僅有**腓骨肌群攣縮**，則會造成合併有足部水平外翻的空凹足（圖 72），即**馬蹄樣外翻空凹足**。
- **蹠趾關節之間受力不平衡**（圖 73），是造成空凹足的常見原因。足部骨間肌（7）收縮能力不足，會助長趾伸肌群（3）收縮作用，使得近端趾骨**過度伸直**；同時會造成位於前足的蹠骨頭隨著前足下降而向下（b），進而變成**爪狀趾空凹足**。
- 脛前肌（2）收縮能力不足，也可能會造成**蹠骨頭位置降低**（圖 74）。為了代償脛前肌，趾伸肌（3）會加強收縮，同時會將趾骨近端拉起向後；同時，足底肌群（6）也會收縮，使足底、足背受力更加不平衡，也使足底拱頂的弓弧更為增加，而小腿三頭肌（1）收縮也使足部呈現些微馬蹄樣變形。過度收縮的伸趾長肌也會導致足部外翻（圖 75），形成**馬蹄樣外翻空凹足**。
- **穿著鞋身過短或高跟的鞋子**（圖 76），也是造成空凹足的常見原因。腳趾因受到鞋尖擠壓而呈現過度伸直（a），同時壓低蹠骨

頭（b）。受到身體重力影響（圖77），足部會順著鞋面**向下滑動**，使得**足跟向腳趾位移**，造成足底拱頂的弓弧增加。

要診斷是否有空凹足，觀察**足印**是較簡單的方式（圖78）。與正常足印（I）相比，較輕微的空凹足（II）會在外緣有凸出（m），此外內緣的凹痕會加深（n）。較嚴重的空凹足（III），足印的內緣已與外緣相疊（p），並將足印一分為二。 最後，**空凹足若持續長久時間**（IV），腳趾部分的足印也會跟著消失（q），這是因為腳趾已出現**爪狀變形**。

值得注意的是，沒有外緣足印的變形，除了空凹足，也可見於**距骨扁平外翻足，且成人及兒童皆可能出現**；受到跟骨外翻及內側足弓降低影響，外側足弓會些微抬高導致腳掌中段無法接觸地面。由於空凹足與扁平足可能有相同足印，因此單憑足印診斷可能會導致誤診，但仍可**透過以下扁平足足印的特徵加以鑑別**：擁有完整的五趾印，且如果站立時小腿外旋，使內側足弓抬高，足印外緣就會再次出現，而足印內緣則可能消失。

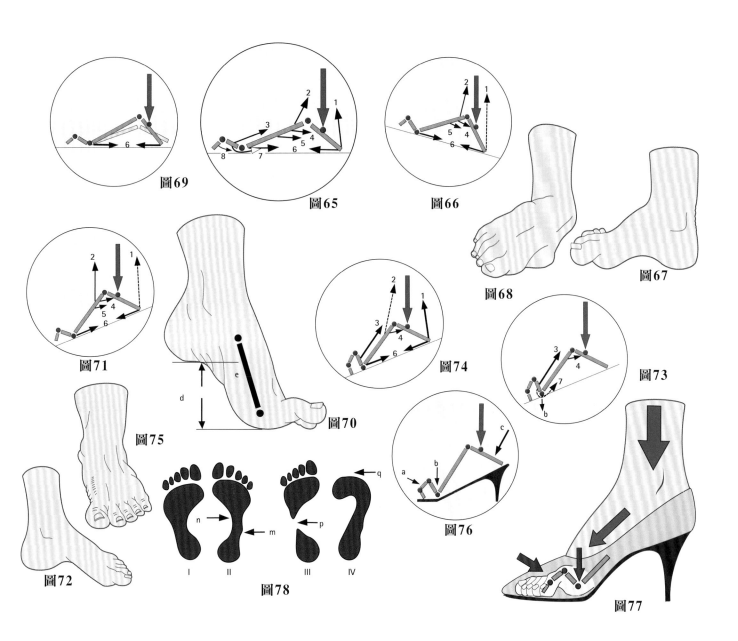

圖69

圖65

圖66

圖68

圖67

圖71

圖70

圖75

圖74

圖73

圖72

圖76

圖77

圖78

各種類型的扁平足

　　足底拱頂完全塌陷變形，是因為維持足底拱頂的**肌肉與韌帶系統皆失去功能**。下肢手術後，就算失去肌肉功能，正常足印仍可維持一段時間，顯示單靠足底韌帶即可短暫支持足底拱頂；除非足底韌帶也受到手術影響，足底拱頂才會於術後立即塌陷變形。然而，**如果肌肉無法發揮正常功能，足底韌帶終究會因長期受力而失去張力，最終導致足底拱頂完全變形**。造成扁平足最主要的原因就是足部肌肉功能異常（圖79），包括脛後肌（4）或腓骨長肌（5），其中又以腓骨長肌失去功能最為常見。沒有腓骨長肌作用，足部離地會**呈現內翻**（圖80），因為腓長肌是外展肌；然而，只要足部承受身體重量，**內側足弓就會受力壓平**，如圖81中的紅色線所示，同時**足部也會「旋轉」成外翻**。造成足部外翻有以下兩個因素：

1. 足底拱頂的**橫向弓弧**通常是由腓骨長肌支持（圖82，白色箭號），而失去腓骨長肌支撐的足部，橫向弓弧會跟著消失（圖83），同時併有內側足弓降低。造成的結果包括足弓拉長（3），前足繞足部長軸旋轉（e），足底完全貼平地面，前足位置也向外側偏移（d）。

2. **跟骨繞其長軸旋前**（圖84），並且偏向以內側表面著地。足跟外翻的偏移角度，可由量測跟腱及跟骨長軸的夾角（f）得知，此夾角的正常值上限為 5°，在扁平足中可發現此夾角已超過 5°，甚至達到 20°。有些學者認為夾角超過正常值，主要是因為距下關節平面異常，及骨間韌帶異常鬆弛；但也有其他學者認為上述兩個異常不是原因，而是結果。

　　不論成因為何，在身體重力的影響下，**跟骨都會偏移並以內緣著地，距骨頭位置也會降低並向內側位移**，從內側觀察，可發現**大概三處異常明顯的骨突處**（圖83）：

- 內踝異常突出（a）
- 距骨頭內側異常突出（b）
- 舟狀骨結節異常突出（c）。

　　三個異常突出的結構會在足部內側形成開口向外的鈍角，鈍角的兩邊即為後足長軸及前足長軸，鈍角的頂點為舟狀骨結節：**後足的內收旋前，會由前足的外展旋後代償**，同時造成**足底拱頂弓弧的消失**。這些改變背後的機轉，是由多位專家學者研究得知，包括 Hohmann、Boehler、Hauser 和 Soeur。

　　這種形態的變形組合，雖然比較輕微，但是在提及**靜態負載下的足底拱頂形變**就已經描述過（P.243 圖41）。輕微程度的足底拱頂變形其實在**青少年**相對常見，又稱為**有症狀的扁平外翻足或跗骨痛**，這種變形很容易發現（圖84），從後側觀察足部可看到向外翻的跟骨（f）。

　　要簡單快速地診斷扁平足，可以利用**足印**（圖85），只要準備暗色乾燥的平面，再將待觀察的足部踩上去即可。與正常足印（I）相較，扁平足從輕微變形（II）至嚴重變形（III），足印內側的**凹缺區域**會逐漸變小；到後期，原本應為凹缺處會完全填滿，甚至變成凸出的足印（IV）。

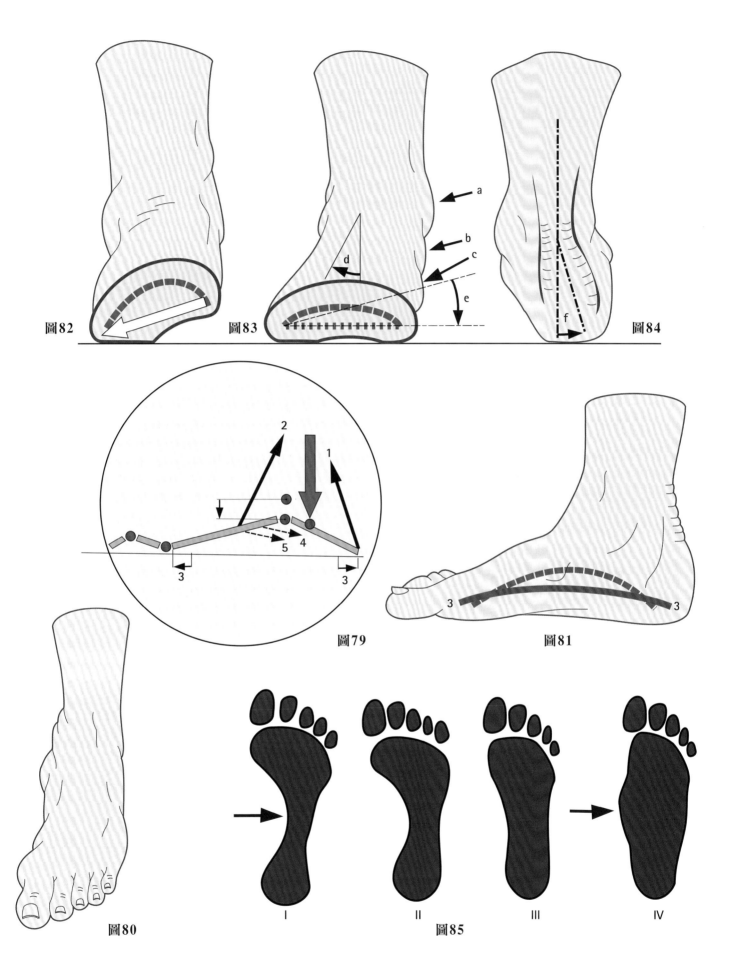

圖82

圖83

圖84

圖79

圖81

圖80

圖85

前側足弓不平衡

足底拱頂若受力變形，**前側足弓的支撐點也會跟著受力不均**，或出現**弓弧結構扭曲**。

前側足弓會受力不均，是因為位於前足的空凹足所形成的馬蹄樣足畸形，並帶給前側足弓以下三種壓力：

1. **前足的馬蹄樣足畸形為內外對稱**（圖86，蹠骨截面圖），沒有伴隨旋前或旋後，且前側足弓弓弧不受影響。這種狀況下，前側足弓位於足部內緣及外緣的兩個支撐點，會因為承受重量增加，而在第一蹠骨及第五蹠骨下方形成繭*（箭號處）。

2. **前足的馬蹄樣足畸形伴隨旋前**（圖87），這是因為脛後肌或腓骨長肌攣縮，而造成內側的蹠骨線降低。由於前側足弓的弓弧並未改變，因此身體重量會過度集中於內側，並且在第一蹠骨下方形成繭（箭號處）。

3. **前足的馬蹄樣足畸形伴隨旋後**（圖88），由於前側足弓的弓弧並未受影響，因此身體重量會過度集中於外側，並且在第五蹠骨下方形成繭（箭號處）。

有些前足空凹足會**改變前側足弓**，造成足弓弓弧消失甚至反轉：

- **前側足弓受力拉平至消失時**：圖89顯示為前足扁平，身體重量分散至每一個蹠骨頭，並在各個蹠骨頭下方形成繭（箭號處）。
- **前側足弓完全反轉**（圖90），這種變形又稱為圓前足或**前凸足**，身體重力會過度集中於中間三根蹠骨頭，造成下方形成三個非常疼痛的繭（箭號處）。

繭是由於組織受到過度局部壓力而形成的**角質異常增厚**現象（皮膚表層細胞為**角質細胞**），增厚的組織經常**延伸至皮膚深處**，即使受到輕微壓力也會引起**強烈疼痛**。治療繭是足科醫師日常工作之一，需要使用特殊手術刀或刨刀才能去除，但患者對於治療結果常不滿意，因為刮除異常組織並不能消除病因，最主要原因仍為異常壓力分布。要永久治療長繭問題，需要將**前側足弓的解剖位置恢復至正常排列**，才能使身體重量正常分布，而這常需要借助鞋墊矯正。

---

*足部出現繭或足部釘胼（雞眼），反映因足弓變形而導致足底壓力分布不均的情形。

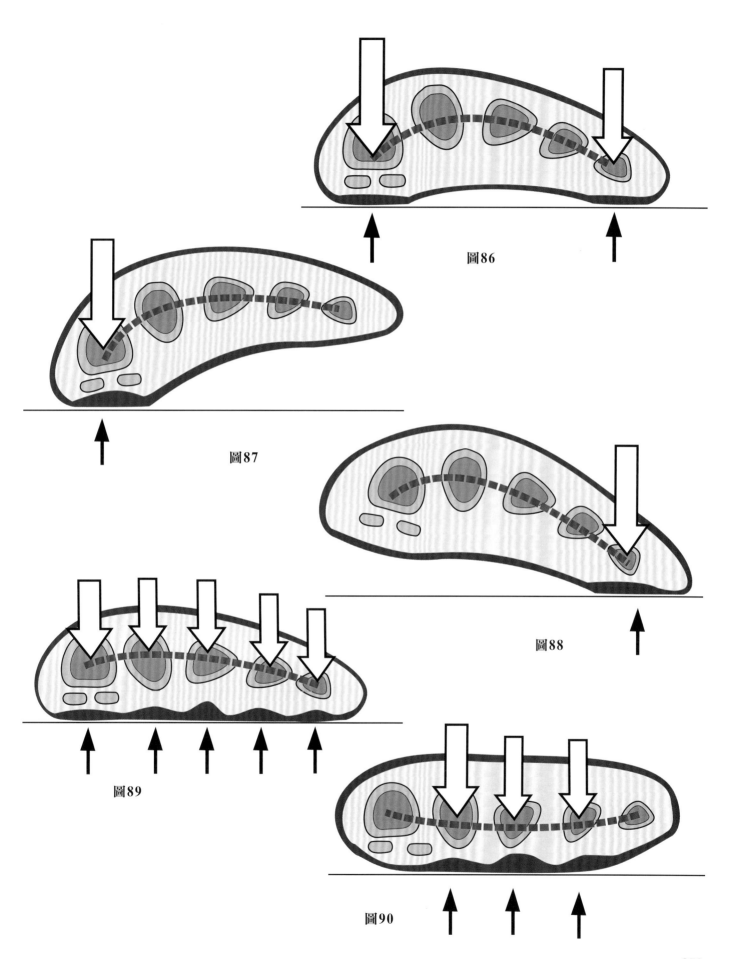

圖86

圖87

圖88

圖89

圖90

足部的類型

　　足部肯定是人體中最不受妥善照顧的部位，尤其女性更不善待自己的足部。在自然狀態下，人類的足部可以自由自在且不受拘束地延展。

　　觀察**人類祖先的足部**（圖91，足部骨骼圖），可讓人想起尚未演化至人類前的足部，不僅大拇趾有抓握能力，每根蹠骨及腳趾也都可分開，使足部與地面接觸面積最大化。

　　進展到文明社會，人類多穿著鞋子，使足部受到約束而**必須適應**；尤其拜時尚所賜，女性**尖頭鞋**跟著出現，為足部帶來更嚴重的負面影響（圖92，尖頭鞋內足部骨骼示意圖），新的足部變形**「拇趾外翻」**也跟著出現。

- 第一蹠骨會與第二蹠骨分開，稱為**蹠骨內翻或內收**，使得第一蹠骨遠離足部中線，進而導致大拇趾必須斜向前外側位移（**a**）。

- 位移的結果會**造成第一蹠骨頭異常凸起**，並且持續與鞋內面磨擦，並形成外生骨疣（**b**），隨後結繭，最終變成拇囊尖腫，並且可能伴隨感染。

- 第二蹠骨的前端會明顯超過其他蹠骨，**成為步態著地期最後的支撐點**，因而承受過度壓力，引發跗蹠關節疼痛，甚至會造成疲勞性骨折。

- 第五蹠骨也會受到影響而偏離足部中線，（**第五蹠骨外翻或外展**），而第五趾則會向內側位移（**c**）。

- 上述改變會造成**關節囊退縮、種子骨向外側脫位（d）**及屈肌肌腱位移（e），很快就會導致不可逆的形變。

- 向外偏移的大拇趾會**擠壓中間腳趾**，甚至跑到第二趾下方（圖93）。

- 於足部外側的第五趾則是受到相反的影響，又稱為**小趾內翻**，因為內側腳趾空間受到擠壓，使中間腳趾出現**錘狀趾變形**（圖94），另外也會在近端趾間關節的背側出現繭，又稱為足部釘胼（雞眼）。

- 中間區的腳趾會擠壓蹠骨頭向下，使蹠骨頭位置降低，使前側足弓弓弧由凹變凸，即**前足凸**。

　　總而言之，這種常見的變形集合了拇趾外翻、錘狀趾變形及前足凸，造成穿著鞋子時非常不適，而且最終只能通過**手術**矯正。

　　足型與足部各類變形關係密不可分。圖95至圖97分別顯示常見的**三種足型**：

- **希臘足**（圖95），古希臘雕像中可觀察到，特色是第二腳趾最長（x），接著是長度相等的大拇趾與第三趾，而第四趾及第五趾分別又更短。希臘足是最常見的足型，平均分散壓力的能力為三種足型中最佳。

- **埃及足**（圖96），可在法老王的雕像上看到，特色是大拇趾最長（y），並且長度自大拇趾至第五趾依序遞減。埃及足型最容易出現足部變形，最突出的大拇趾易受壓迫位移，進而形成拇趾外翻，並且在步態承重末期足跟離地時反覆承受壓力，造成蹠趾關節炎，又稱為**拇趾僵硬**。

- **波利尼西亞足**（圖97），可從高更的畫作中觀察到，又可稱為**「方形足」**，特色是腳趾幾乎長度相同，或至少大拇趾至第三趾長度相等，此足型也屬於不易受力變形的足型。

　　總之，應盡量避免穿著過小或跟過高的鞋子（尤指女性），以確保腳趾不受到擠壓而出現重疊情形（圖93）。多種因素的共同影響而造成拇趾外翻。

　　從鞋子對足部的影響，可得知選擇鞋子時應謹記：**「勿削足適履」**。

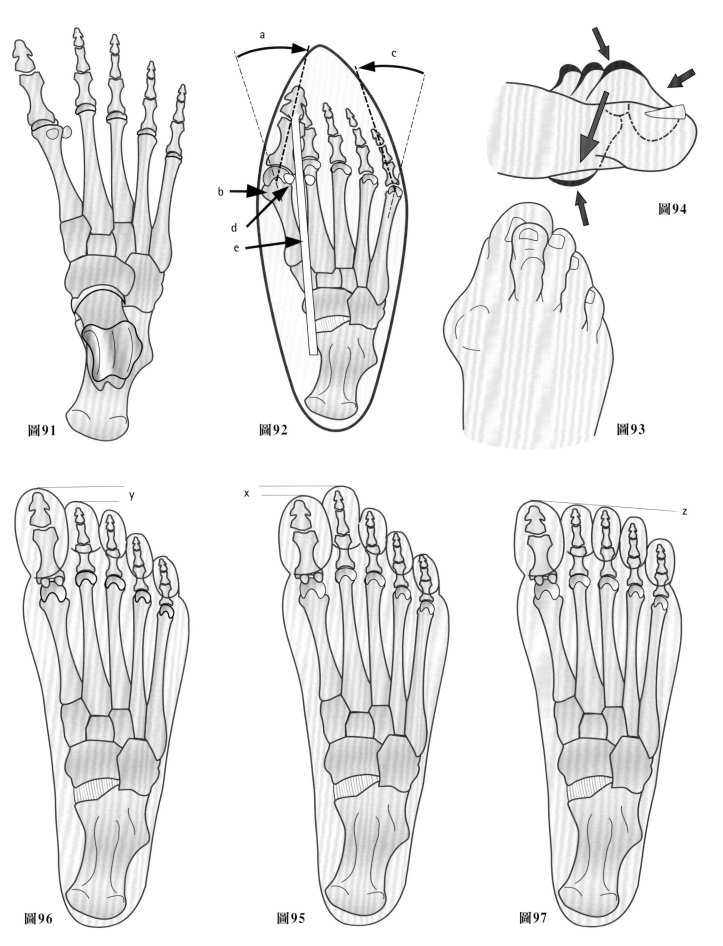

圖91

圖92

圖93

圖94

圖96

圖95

圖97

第6章

行走

以雙足站立行走，與說話及書寫一樣，都是人類行為特色之一。（在米開朗基羅的畫作中，可看到大衛左手持著彈弓行走。）有些動物也可以直立上半身，僅用後腿支撐行走數步，但畢竟這不是牠們的正常姿勢，即便猿類演化程度已接近人類，仍然無法長時間以雙足行走。

人類能以雙足行走，演化出不同於遠古祖先的能力，而猿類並沒有發展出這種能力。

新生兒自出生後，須經過長時間訓練，才能學會站立及行走，過程中更有不計其數的跌倒，這個過程與其他動物非常不同，像是瞪羚在出生後就有能力跟在母親後方奔跑（野生動物賴以為生的重要能力）。人類的雙足須要培養出不穩定平衡的能力，並且在行進間調整因為步態而產生的身體前傾衝力。行進間，身體會從已經不穩的靜止雙足站立狀態，進入更不穩定的動態，此時身體重心會不斷地向前傾

倒，而向前的衝力是由上一個步態週期產生。行走的過程就像一連串的動態奇蹟，需要身體肌肉協調運作才能完成，而人體的動作系統又受神經系統控制。

對人類來說，用雙足行走是自由活動的必要保證，失去這個能力，就等於失去身體自主，變得需要依賴他人。雙足行走使人類可以克服多種環境，包括攀登高山。拜高等智慧之賜，人類發明了輪子，這是自然界中未曾見過的物體，另外也為自己創造了多種不同的移動方式，移動範圍遍及陸地及水域，另外透過模仿鳥類飛行發明了飛機，甚至將移動目標設定到太空，但不可否認，步行絕對是人類最喜歡也最依賴的移動方式。希臘神話中，獅身人面獸斯芬克斯就曾出了這樣的謎題給伊底帕斯：「猜一種動物，幼時走路四條腿，中年兩條腿，晚年三條腿」*。

---

* 欲知謎題答案，請見本章末。

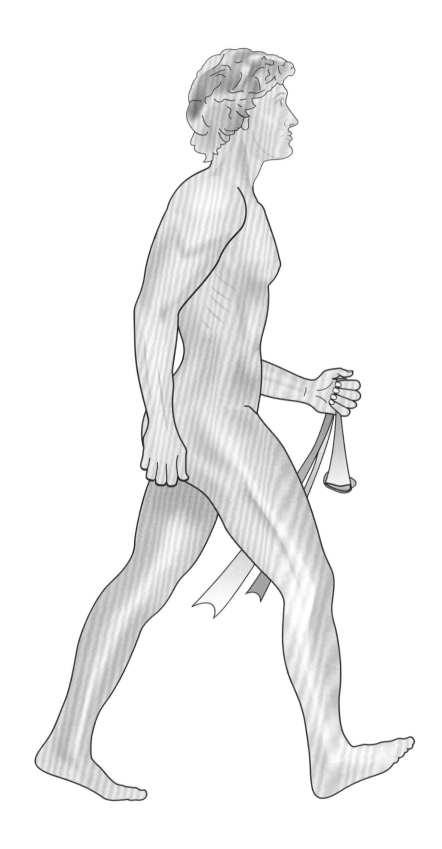

雙足行走的演化

人類的遠古祖先是四足類，於三億年前自海洋中演化至陸地，成為陸生四足動物。所有脊椎動物都有相同解剖構造：擁有四肢，能以四足水平行走。即便是演化程度較高的猿類，行走時也是四足並用，與其他動物不同的是猿類生活在樹上，需要依靠上肢爬樹，這也是從四足動物演化至雙足動物的必經過程。

演化過程漫長且工程浩大，需要身體結構徹底改變。

以脊椎彎曲變化來看，四足動物只會有凸面向上的彎曲（圖 1），隨著身體直立（圖 2 和圖 3），腰椎會先打直（箭號 1），薦椎也會變成與地面垂直（箭號 2）。同時，為了保持水平視線，頭部位置也須跟著改變，枕骨大孔因此須向前端位移（箭號 3）。

為使薦椎垂直於地面，骨盆須配合後傾（圖 4 和圖 5），而這樣的變化會造成髖關節被動處於伸直位置，關節前方的韌帶會處於高張，關節表面接合也須同步適應；如此，會造成股骨頭「暴露」於關節前方（P.31 圖 71）。

髖關節前側韌帶（1）如果延展不足（圖 4），骨盆就無法後傾（藍色箭頭），進而導致薦椎（2）維持在前傾 45°，而非完全垂直地面，這種狀況會造成腰椎過度前凸（3），其他部分的脊椎也會連帶受到影響；相反的，如果髖關節前側韌帶的延展足夠（圖 5），骨盆就會後傾（藍色箭頭），使薦椎得以垂直地面（5），腰椎前凸的弧度（6）就會處於正常範圍，其他部分的脊椎也能維持正常排列。

法國學者 A. Delmas 針對上述解剖構造變化有深入研究（參見第 3 冊 P.15 圖 16），並將變化的程度分為三種，如圖 6 所示：

- 骨盆後傾不全（**a**），造成薦椎仍與地面保持水平，連帶造成腰椎、胸椎及頸椎排列不良，例如：腰椎過度前凸、胸椎過度後凸和頸椎過度前凸
- 骨盆後傾完全（**c**），薦椎會呈現與地面垂直，脊椎的弧度也會變為平坦。
- 最常見的是骨盆維持在後傾完全及後傾不全之間，此時薦椎會前傾 45°，脊柱弧度也會落於兩個極端之間。

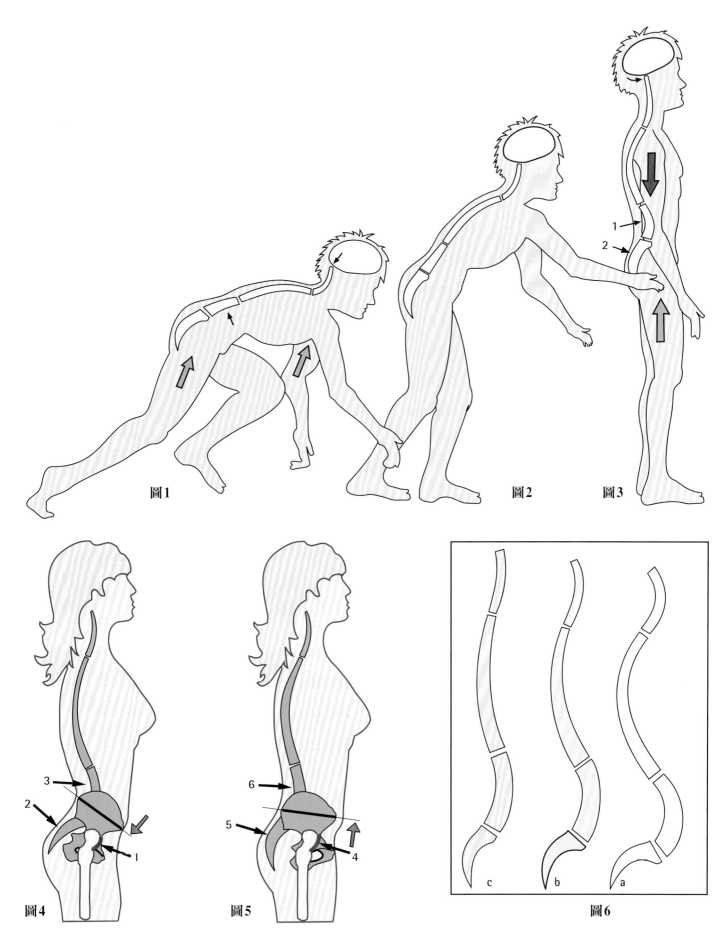

圖1

圖2

圖3

圖4

圖5

圖6

雙足行走的奧妙

從力學角度而論，**雙足行走**是異常的力學表現，可以說是現存的奇蹟之一。事實上，在雙足支撐直立姿勢下，人體處於**極不穩定**的力學狀態（圖7，參考希臘藝術中的青年雕像所繪製），造成的原因有三個：

1. 第一，對比整體高度，直立時地面的支撐面積**非常小**。

2. 再者，身體**上半部比下半部長，體積也較大**，就像一個截頂且倒置的金字塔。

3. 最後，人體直立時並**沒有地基深埋在地下**（圖8）：目前還沒有建築物會不蓋地基，因為沒有地基的建築物極容易倒塌。摩天大樓的地基通常會深埋入地底（圖9），但人類以雙足直立時，就沒有這樣的穩定機制。

人體站立時如要穩固不倒，**先決條件是身體重心必須落於支撐底面積內**；在圖10中，支撐底面積就是包括雙腳足印的綠色方塊。

重心是理論上的概念，是物體全部質量集中處，又稱為**質心**。以**圖10-2**為例，此圖的重心就是三個物體（**A**、**B**、**C**）各自的重量（**P1**、**P2**、**P3**）集中處：第一步是要先找到**B**與**C**的公共重心，該中心會落在兩點連線上，距離會與各自的重量成反比（P3/P2），也就是靠近質量較重者，因此所得到的重心落於**O**點；而**O**點所代表的質量就是**P2**及**P3**的總合。用同樣的方法也可以找到**A**、**B**之間的重心**O'**，而**O'**點所代表的質量就是**P1**及**P2**的總合。最後，在O和O'的連線上找到三個物體**A**、**B**及**C**的共同質心**M**，質心M所代表的質量就是**A**、**B**及**C**的總合。

人體各部位都有自己的質心，可以視為各自分開的物體。例如，上肢的質心落在手肘下方（綠色點），下肢的質心位於膝上（紫色點），軀幹的質心則約在上腹部（藍色點）。

物體的質心會隨著物體的幾何外型變化，例如：上肢彎曲時，質心可能會移出上肢本體，來到手肘前方。直立姿勢下，身體的質心（紅點）**取決於全身各部位質心位置的總合**，位置大約在骨盆中，高度為薦椎第2至第3節之間，也就是身高55%之處。

隨著身體姿勢改變，人體重心也會明顯改變，例如撐竿跳時，重心高度雖然仍維持在骨盆處，但已完全不在身體範圍中。如**圖9-2**所示，四肢向身體後側擺動，會使各自的質心（**藍色星星**）移向身體後側，四肢的質心總合也會移向身體後側（**綠色空心**），全身的質心也會因此移至身體外。重心在身體中的位置非常重要，尤其對**女性**而言（圖11，女性身體重心示意圖），因為胎兒發育的位置約在骨盆處，非常靠近身體質心，如此可以保護胎兒不受到衝擊。**圖11-2**顯示為懷孕女性的身體質心，受到子宮內胎兒質心（**黑色星星**）的影響，新的身體質心（**藍色星星**）會向上、向前位移，質心位置與未懷孕的女性（紅色星星）已不同。因胎兒造成身體質心前移，腰椎也會變得較為前凸，但仍保持在骨盆邊界上方。

從圖11中還可看出**姿勢肌群**（又稱**抗重力肌群**）**對於身體直立的重要影響**。

人體在直立時，按理說身體各部分會因重力影響而塌陷，有了姿勢肌群協助才得以抵抗重力，這些肌肉包括：臀大肌（1）、腰椎（2）及胸椎（3）旁肌群、頸椎後側肌群（4）、股四頭肌（5）及小腿三頭肌（6）。

姿勢肌群的收縮與強直活動是由神經系統控制，而有效控制則仰賴多方的神經訊息輸入，包括了足底傳來的壓力訊號、身體各部位相對於**整體**的體感覺訊號、內耳**耳蝸**產出的**頭部位置**訊號，及由**眼部**產生的水平視覺訊號。

對雙足動物而言，有能力依照不同姿勢及動態狀況調整姿勢肌群張力極為重要，沒有神經系統協調，就無法維持以雙足行走；患有中樞神經疾病或肌肉病變的患者，因疾病影響姿勢肌群功能，就會出現無法維持雙足行走的狀況。

走鋼鎖表演者（**圖8-2**）通常手上會握有平衡桿，其桿子特性為兩端向下彎曲，如此可使表演者重心降低（**紅色箭號**），大大提升穩定度及敏捷度，並可使用橫桿來抵抗原本身體質心偏移。

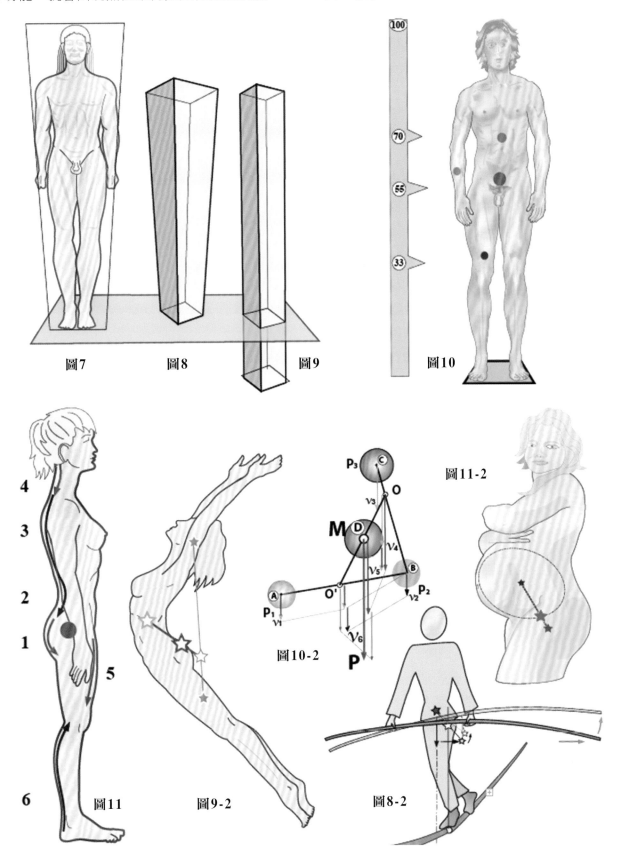

圖7　　圖8　　圖9

圖10

圖11-2

圖11　　圖9-2

圖10-2

圖8-2

步態起始與後續動作

步態起始，又稱**步態開始**，與幼童踏出人生的**第一步**是不同的觀念，後者會受到整個家族的祝福，是指雙足行走的開端，這個階段會一直持續到生病或終老，直到恢復至永久平躺狀態為止。

當幼兒在沒有父母的協助之下，憑自己能力邁出第一步時，通常會因為步伐不穩而近乎跌倒，但透過「步態起始」的反應，不僅可成功防止幼童跌倒，**還可誘發後續的正常步態**。實際上，**身體若對稱直立（圖 12）**，身體重量會平均分散於兩側下肢，這種狀況下無法舉起任一下肢向前邁步，而透過步態起始反應，**將身體重量移至單側下肢**，成功解決這個問題，**使未承重下肢得以活動**。

通常，慣用腳為右側者會先踏出右下肢，就像右側為慣用側的足球員，會選擇用右腳踢球。**步態起始的準備階段**，是骨盆須先向承重側傾斜，（**圖 12**，前側視圖），在這裡也就是左側下肢為承重側。**左側大腿內收肌群**會先收縮（**長紅色箭號**），以使骨盆向左位移（**藍色箭號**），同時臀小肌及臀中肌也會收縮（**短紅色箭號**），抬起右半側的骨盆（**黑色箭號**）。此時，身體的質心會向左移動（**白色箭號**），原本由右側下肢承受的身體重量也會轉移到左側。上述的肌肉收縮及重心位移，是**步態起始的第一階段**（**圖 12-2**，步態起始側面圖），接著透過**左側膕旁肌群收縮**，將骨盆推向前（**藍色箭號**），並達到重心向前失衡的狀態，此時身體雖然失衡，但不會真的跌倒，這是因為左側小腿三頭肌收縮（**黑色箭號**），限制左側踝關節無法屈曲。除了左側下肢肌肉收縮，右側髖關節屈肌群也會收縮，將右側膝關節帶向前

（**黑色小箭號**），**右側踝關節屈肌群也會收縮，使踝關節屈曲，如此加上已經抬起的右下肢，可使腳趾更離開地面**。在行進間腳尖離地非常重要，不僅可以避免絆倒，也可確保擺盪肢能向前移動。如果**踝關節屈肌群麻痺**而造成行進間腳尖離地不足，就可能出現**跨閾步態或垂足步態**。由上可知，成人步態的起始其實是從重心失衡開始，這是步態週期不可或缺的階段。

向前推進的第一階段是後腳足跟抬高（**圖 13**），這是因為**小腿三頭肌**與膕旁肌群同時收縮，動作結果是將骨盆推向前（**藍色箭號**）。此時，前腳的大腿股四頭肌會收縮，將大腿帶向身體前方，並同時保持膝關節伸直，另外踝關節也會保持屈曲，以確保擺盪結束時會以腳跟先著地。

接著來到**站立中期（圖 13-2）**，此時前腳的腳跟會與地面接觸（**A**），且腳掌不再上抬而是放平於地面；同時，承重腳會**以足跟為中心向前轉動**，對側腳則因為髖關節屈肌群收縮而向前移動超過承重腳（**B**），此時膝關節與踝關節皆處於屈曲狀態，重心也處於向前失衡位置以便進入向前推進的第二個階段，這在前段已說明（**圖 13**）。腳趾屈曲可視為每個步態週期的開端，尤其是大拇趾，這個動作會使後腳呈現踮腳尖狀態，以帶動肢體轉向前方，而前腳的足跟則在同時著地，這就是步態週期中的雙腳承重期，在向前推進的第一階段前出現，且僅維持非常短暫的時間。

總結而論，正常的行走過程是連續**不斷的重心向前失衡**，多虧前腳足跟及時著地，才沒有出現跌倒的狀況。

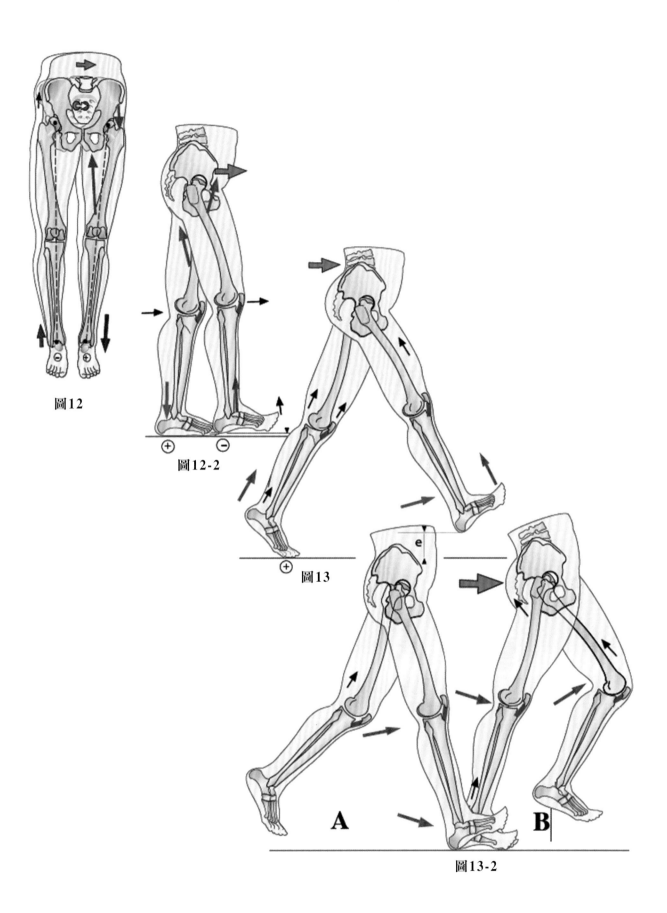

圖12

圖12-2

圖13

圖13-2

A

B

e

步態週期的擺盪期

步態起始所造成的重心向前失衡，是**單腳承重期**的開端，而後腳擺盪向前超越前腳，則是防止跌倒發生。對**擺盪腳**來說，最主要功能就是**在行進過程中向前跨步**。

首位研究步態的學者是法國生理學家 **Etienne Jules Marey**，他在 19 世紀末期開始紀錄步態並將其分期（圖 14，由法國科學家 Marey，拍攝的連續步態影像圖），在實驗的過程中，他使用了「拍攝槍」的設備，而這個設備也就是照相機的前身，因此，說他**開創了電影**和連續動作攝影（或稱**閃頻攝影**）也不為過。圖 14 非常清楚地顯示了**步態分為兩期**：

- **單腳承重**站立期（A）是從前腳足跟著地後開始，足跟著地後踝關節會由屈曲變為伸直，尤其以大拇趾位置改變最為明顯，足部貼平地面除為了承擔身體重量，另也為後續**推進**做準備。

- 同一時間，非承重腳是處於**擺盪期**（B），**透過髖屈曲動作將肢體帶向前，且在足跟著地前以膝及踝屈曲動作縮短肢體**，防止身體在著地前最後一刻向前跌倒。

- 步態的**雙腳承重期**是從推進末期開始起算，過程非常短暫，此時後側承重腳的足跟會離開地面。

- 步態週期中的下肢動作可想像為兩個不同半徑的圓圈，雖然非真實存在，但可藉此看出下肢動作**在不同半徑圓圈中交替變換**：

- 從**前腳**（圖 15，動作圓圈示意圖）可看出半徑長的圓圈是從足底平放於地面，一直持續到推進期。

- **擺盪腳**所對應的圓圈半徑，會隨著肢體動作向前而逐漸縮短，直到該肢體再次承重為止。

圖 14 中可見三排點所連成的線，由下至上分別代表髖部、肩膀及頭部於步態中的位置，並可觀察到下列現象：

1. 在**站立期的第一階段**（第 1 點至第 2 點），下肢會以地面接觸點為軸心向前轉動，並且帶動身體向前。此時髖部約在與地面接觸點正上方，是其運動軌跡的**第一個低點**。

2. 在**站立期的第二階段**，承重肢仍先處於些微屈曲（第 3 點），接著膝關節會伸直（第 4 點），踝關節也會接著伸直（第 5 點）。此時髖關節的運動軌跡達到最高點。

由此可見，步態是連續向前失衡又成功防止跌倒的過程。

兩個交替的圓圈並不會直接接觸地面，因為還有距下關節作為與地面接觸的緩衝，並提供下肢適應不平地面的能力，因此這兩個圓圈輪子並不需要行駛於道路般平坦的表面，而使人類得以於最崎嶇的地方活動，甚至爬山登頂也沒問題！

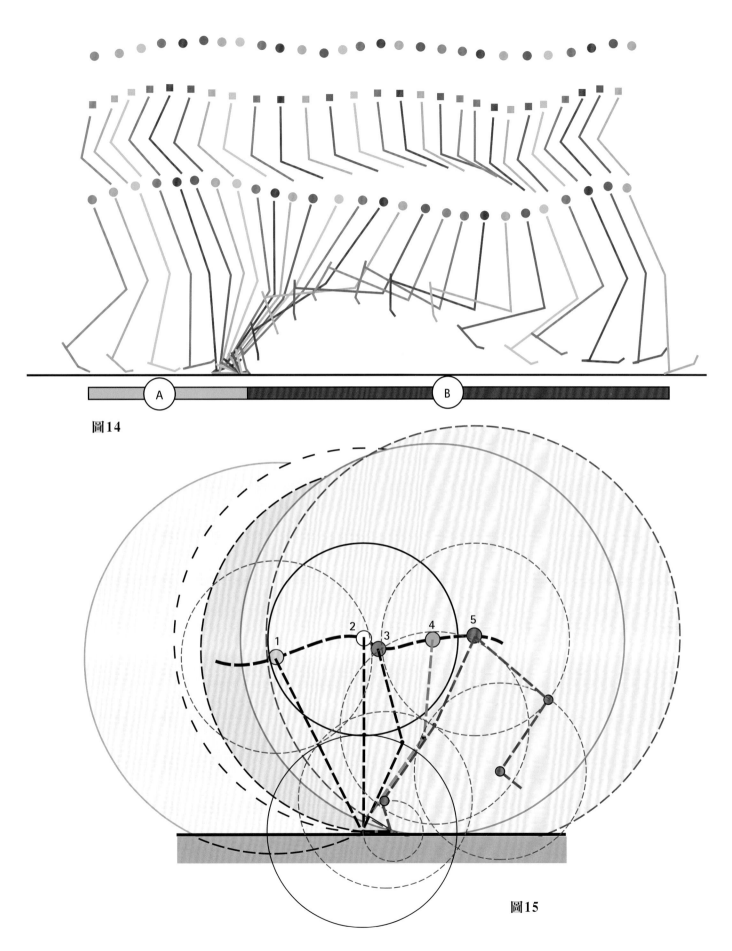

圖14

圖15

步態週期的站立期

行進間，從前腳的足部著地開始，即進入下肢**站立期**，全期又可細分為**四個階段**。

圖 16 為足部於站立期間的變化，以重疊影像顯示，可看出過程中足部經歷**三個不同支撐點**，分別以三個黑色三角形標記：

1. 位於**後端的初始接觸點**，是足部與地面接觸的初始位置，同時也將身體動能（紅色箭號）傳遞至地面。

2. **較前端的支撐點**，位置約與前側足弓相同，當足部逐漸變為平放於地面（綠色箭號），支點中心會落在第一蹠骨頭下方，以承受踝關節伸肌群收縮而產生的推進力量（藍色箭號）。

3. **最前端的支撐點**，承受的是大拇趾屈曲所產生的推進力量（黃色箭號）。

圖 16 中有**三個圓弧**，分別以上述各個支撐點為圓心：

- 最前端的圓弧，是第一蹠骨頭從懸空到觸地的軌跡。
- 靠足跟的圓弧，就是足跟的運動軌跡。
- 最後一個圓弧是蹠骨頭的運動軌跡，因為步態中的最終推進力量而離地。

正常情況的步態週期中，因為**重力及粗糙地面摩擦力**影響，上述三個支撐點會保持與地面相對不動，但如果摩擦力不足，像是行走於冰面，*足跟就無法固定於地面*，而導致滑倒。值得注意的是，**重力作用在步態中非常重要**，可以決定支撐點是否正常發揮功能；換言之，在重力不足的地方將出現行走困難，而在無重力的地方，像是太空中，則無法行走。

以下是站立期四個階段的詳細描述：

1. **足跟觸地**（圖 17），此時受到地面摩擦力影響，足跟停止向前移動，且踝關節會逐漸伸直至平放於地面。踝關節屈肌群會控制踝關節角度變化速度，尤其是脛前肌（TA）。

2. **足底平放**（圖 18），又稱為平足階段，此時足弓會受身體重力影響而減低弓弧，且承重腳的重心會向前方腳趾移動。踝關節屈肌群此階段仍協助控制踝部動作，內側足弓則是由足底肌群收縮協助維持弓弧

3. **推進第一階段**（圖 19），又稱足跟離地階段，此階段強力的小腿三頭肌會收縮（藍色箭頭），與之對抗的則是足底肌群，動作結果是使足跟離開地面。

4. **推進第二階段**（圖 20），又稱擺盪前階段，是由腳趾屈肌群收縮造成，特別是大拇趾兩個屈肌收縮（F），而小腿三頭肌（T）也同時持續收縮。

推進第二階段是否有效，會取決於重力與地面摩擦力的交互作用，若地表過於濕滑，第二次推進就會從步態週期中消失。

可以說，若沒有重力，人類就無法行走。

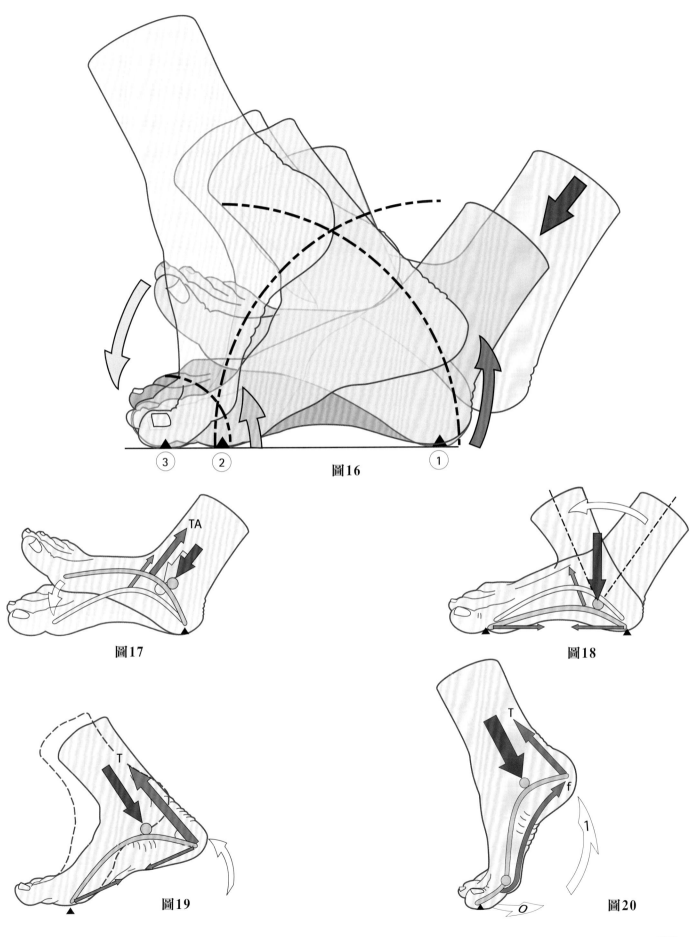

圖16

圖17

圖18

圖19

圖20

足印

潮濕的腳走在乾燥地面，或是走在沙灘上，都很容易留下足印。沙灘上的**足印深淺**會與體重有關，且足印的後端與前端分別都會較深，代表了承重期的其中兩個支撐點，分別是足跟著地及第一次推進。

連續的足印變化紀錄（圖 21），有助於定義步態中的各個階段，並且分析每個階段的各自特色。

觀察**直線行走**（SL）的足印：

同一腳的兩個足印之間的距離稱為**步幅**（s，粉紅色足印）。

- 而**步長**（r 及 l）則為步幅的一半，為右腳足印與左腳足印之間的距離。

也就是說，步幅是右腳步長（r）加上左腳步長（l）的距離。

觀察足印可發現足部長軸與行進方向夾角**約有 15˚**，且開口向前向外，這其實是正常步態現象。但是，還是有些人行走時會呈現「內八」，尤其是尚在成長期間的幼童。

行走於彎曲路徑時（C），髖關節會是主要旋轉關節，以帶動整個下肢跟著旋轉。圖 21 中，綠色足印顯示了行走於向右彎曲道路情形，右髖關節外轉肌群會先收縮，以帶動右腳跟著向外旋轉。如果道路持續右彎，左髖關節內轉肌群就會收縮，以帶動左腳向內旋轉。左腳內轉及右腳外轉的角度總合，就會是**行走方向改變的角度**（r），這些角度的改變都是由髖關節旋轉所帶動。

每個人的**步幅特徵都各不相同**。**步幅距離**與**個人身形**非常相關，不同身形會有不同的腿長，也可能會有不同的性格，因此人人以不同的方式行走，有時甚至靠聽覺就可辨別不同步態。就像下肢不等長而造成行走跛行，有時用聽的反而更容易發覺。

兩個足印相對於中線的水平寬度約為 10-15 公分，但平衡能力有問題者，或是酒醉者，會採取較寬的步態，以增加底面積來維持平衡。走在人為打造的平坦路面，足印的長軸方向就會越接近行進方向，例如行走於伸展台。圖 22 的足印，代表**站立期**各個階段足部與地面接觸的情形：

- 足印後端圓形區（**a**）對應的是足跟觸地。
- 完整足印（**b**）甚至連腳趾印都清楚呈現。
- 第一次推進（**c**），顯示了作為支撐點的前足及全部腳趾。
- 第二次推進（**d**）施力於腳趾的情形，由於前足已呈現外翻，所以足印僅剩下靠內側的前足及腳趾。
- 大拇趾印（**e**）則出現在站立期最末階段。

針對肌肉功能有缺陷而造成的步態異常，使用足印分析是非常有效的辨析方式。

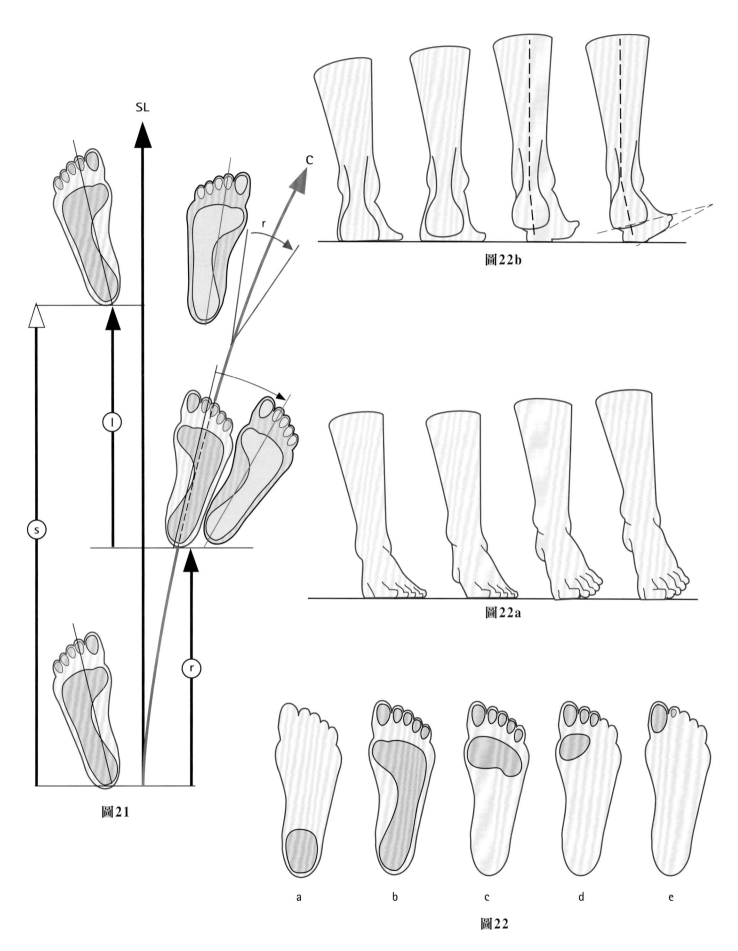

SL

C

r

l

s

r

圖21

圖22b

圖22a

a b c d e

圖22

骨盆的擺動

下肢要在行進間流暢地完成動作，還需要**骨盆擺動**才能達成。有了電子量測技術，現今的研究可以精確觀察行進間身體各部位的位移情形，尤其骨盆及身體質心的變化。

骨盆擺動會在兩個切面上出現（圖23，三維空間平行六面體圖），曲線反映身體質心位移情形：

- **左右擺動**（藍色曲線）出現在水平切面上。
- **垂直擺動**（紅色曲線）出現在矢狀切面上。

將位移曲線繪於平行六面體中，是為了便於以圖說解釋，其中包括了兩個基準軸，分別是水平軸（淺黃色）及垂直軸（淡藍色）：

- 從**水平切面**來看，骨盆會從中線向承重側位移2-2.5公分，若以左右步幅計算即為兩倍，總位移距離為4-5公分（藍色曲線）。
- 從**矢狀切面**來看，**承重腳**與地面垂直時，骨盆位置會在最高點，而擺盪期則會出現最低點；因此，每走一步就會出現一次最高點（h）及最低點（lo），這也代表**骨盆在矢狀切面上的擺動頻率為水平切面的兩倍**。在**矢狀切面**上的振動幅度是**5公分**，也就是最高點與最低點的距離。

要取得**身體質心於行進間真實的位移情形**（圖24），就須要把水平切面及矢狀切面上的位移同時納入考量，最後得到的**合成曲線**（深藍色）同樣以平行六面體呈現。

骨盆於空間中擺動情形說明如下：

- 首先看到**矢狀切面**的擺動（圖25）：圖中左側顯示單次步幅中所有骨盆高低位置變化，但為了便於觀察，**右側以兩次步幅為間隔來顯示骨盆位移變化**，也就是總共省略了三個最高及最低點，藉此可以更清楚的看到高點（h）與低點（lo）的位移情形。
- 再來看到**水平切面**的擺動（圖26），因為擺動頻率減半的關係，圖示也較為易懂，分別顯示了右步幅（r）、左步幅（le）及右步幅（r）。

上述說明仍不足以代表骨盆真實擺動情形，因為除了水平切面及矢狀切面的位移，骨盆還會以兩種模式轉動，一是繞垂直軸轉動，另一則是繞前後水平軸轉動，將於下節中詳細介紹。

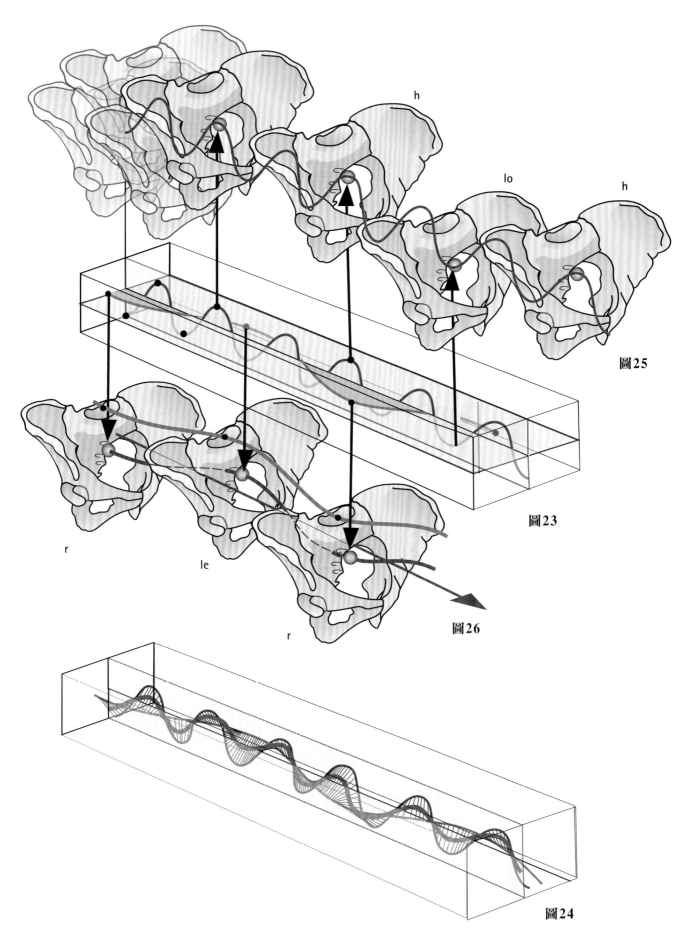

h

lo

h

圖25

圖23

r

le

r

圖26

圖24

277

骨盆的傾斜

　　行進間的骨盆位移，除了側向及垂直位移，還會伴隨轉動，一是繞垂直軸轉動，另一則是繞前後水平軸轉動。

　　骨盆繞前後水平軸轉動會造骨盆左右傾斜，看起來就像船舶於水面上的左右晃動（圖27，行進間後側視圖）。

　　於單腳承重期，即便承重腳的臀小肌及臀中肌已經收縮以作為抗衡，對側腳的骨盆位置仍會降低。以兩側薦椎關節小面的連線，也就是**兩側髂後上棘的連線**，更能觀察到骨盆傾斜的情形（參見第 3 冊 P.83 圖 76 和 78）。行進間薦椎朝擺盪腳傾斜，會造成**腰椎向同側彎曲**，甚至會影響胸椎及頸椎的排列，**同時造成**

肩胛帶反向彎曲，可由肩線向承重腳傾斜驗證這個現象。

　　總而言之，雙腳水平站立時，肩線與骨盆線應為兩條平行線，但在步態單腳承重期間，**兩條線會呈現反向傾斜，兩線的交會夾角會出現在承重腳**。

　　在連續步態中，骨盆線與肩線會以脊椎為中線，呈正弦方式傾斜，但互為反向。

　　以圖示表現行進間骨盆線與肩線之間的關係（圖 28），骨盆線的傾斜變化刻意以波浪帶繪製，以突顯**骨盆在空間中的位置變化**；**肩線**的傾斜變化也以同樣方法繪製，更可看出與骨盆呈現相反的律動。

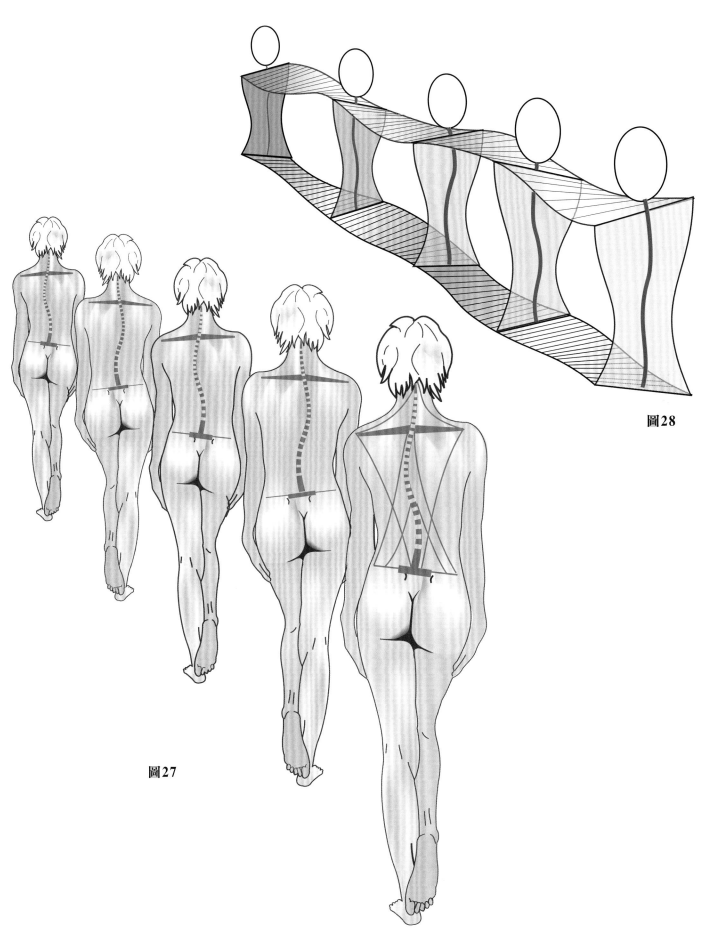

圖27

圖28

軀幹的扭轉

行進間骨盆除了前後水平軸的轉動，還會伴隨**垂直軸轉動**，這是配合**擺盪腳向前位移**而引起的轉動，因為擺盪腳向前，骨盆就會同時受牽引向前。骨盆的轉動是**以承重腳的股骨頭為軸心（圖29）**，說明如下：

- I 為雙腳水平站立的起始位置，可看到髖關節的連線（紅色線）與運動方向垂直。

- 如果**右腳**向前踏，會造成骨盆（II）**向左側旋轉，左側髖關節的股骨頭會內轉，而右側髖關節的股骨頭則是外轉。**

- 再踏出下一步時（III），情況就會剛好相反：右腳變成承重腳，右側髖關節的股骨頭會內轉，而左側則變為擺盪腳，同時**左側股骨頭會外轉，進而造成骨盆向右側旋轉。**

由於行進間**上肢也會自然擺動**（詳見 P.282），而且前擺的上肢剛好是擺盪腳的對側（圖30），也會造成肩胛帶及肩線**律動方向與骨盆相反：**

- 在位置 A，**左手臂在向前的位置，而右腳則為擺盪腳**，因此肩線與骨盆線呈現互相斜向交叉。

- 從 B、C、D 的位置上都可以發現，肩線與骨盆線不停地變換位置，但保持互相斜向交叉。

若要以圖像來表現**軀幹扭轉**情形，可以繪製成**扭曲風帆圖**（圖31），想像風帆 * 的上端為肩線，下方則為骨盆線。

因此，步行可以說是全身各部位都有參與，可能唯一保持不動的就是頭部，這是為了行進間可以保持向前凝視，而這也需要頸椎代償性轉動才能達成。頭部在行進間只會出現**垂直擺動**，而且律動與骨盆的上下擺動同方向，但頭部的擺動範圍較小，無法藉由攝影觀察。

---

* 風帆是以水平桿依桅桿升起的設備，全部展開時通常是水平結構，下方是縱帆下桁，與帆身相連，可視為人體的骨盆（**圖30 和圖31**）。

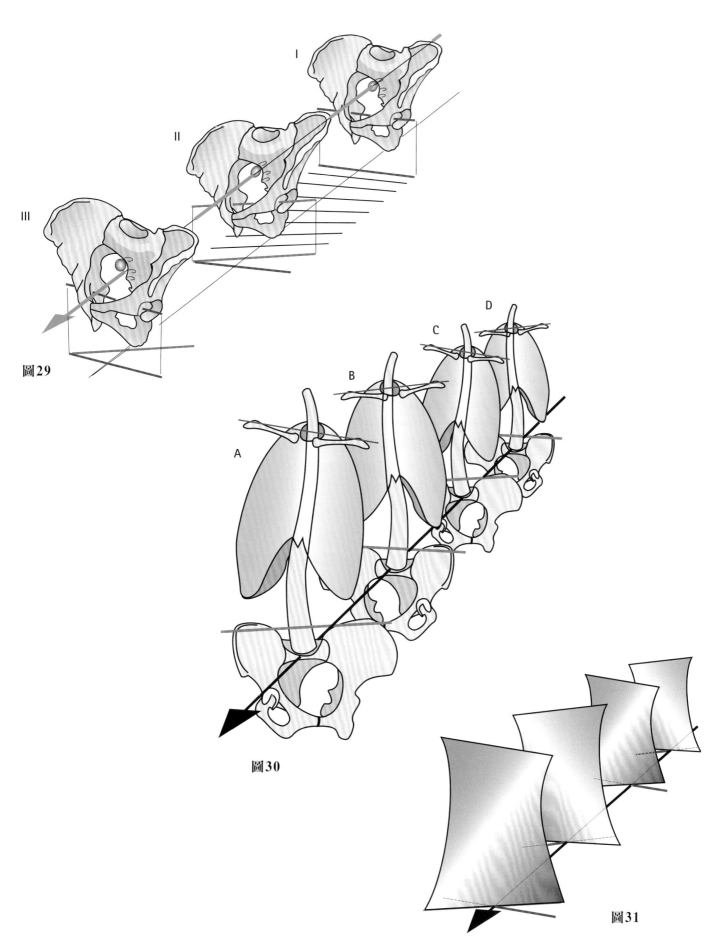

圖29

圖30

圖31

281

上肢的擺盪

人類行進間上、下肢以對角方式擺盪，其實是遺傳自遠古四足祖先，算是基因遺傳的特徵。在陸生動物中（**圖 32**），僅有爬蟲類（如蜥蜴或鱷魚）還像四足動物祖先（魚石螈）一樣移動，這些動物的四肢呈現水平向外伸展（a），行走時並非移動肢體，而是以肩關節及髖關節的前後動作來帶動四肢；哺乳類行走時，肢體動作則是在兩側矢狀切面上，與身體的長軸平行（b）。所有四足動物，例如馬（**圖 32-2**），行走時有能力同時移動對角線的肢體，這是因為承重肢仍為雙數，提供了足夠的穩定性以支撐身體。長頸鹿（**圖 33**）、駱駝、大象、駱馬、熊及獚狍狓，是少數行走時能夠同側肢體同時移動的動物。馬也可以改用同側肢體行走，但必須先經過特殊的馬術訓練。人類行進時（**圖 34**），單側上肢與對側下肢會同時屈曲，以三個連續動作示意圖表現，可看到左側上肢與右側下肢同時向前移動，當左側下肢踏向前，右側上肢就會向前移動，因此步幅的前半部與後半部剛好動作相反。

這種上、下肢的對角擺動是自然動作，不經思考就會出現，且肩關節擺動至伸直位置時，手肘的屈曲角度會加大；罹患某些神經系統疾病，會導致肢體失去自然擺盪的能力，像是帕金森氏病，而行軍步態又是另外一回事，留在稍後說明。

接著說明這種肢體對角擺盪的重要性。

行進間上肢向前擺盪（**圖 34**），會使上肢共同的質心（藍色方塊）向前位移（由 a 至 b），並且將四肢的共同質心也帶向前（見插圖，紅圈處），這會造成身體的質心也向前，由粉紅色星星處移至紅色星星處，為身體帶來更多向前位移的動能。

俯視圖可以用來觀察踏步向前所帶動的軀幹扭轉（**圖 35**），也可看出肢體擺盪的情形：當左腳踏出第一步（a），右手臂會向前擺盪，經過站立中期，左腳逐漸換到身體後側，右手臂也會擺動至身體後側。

當行走速度加快，或是在比賽進行中，上肢除了前後擺動，還會再加上手肘屈曲。上肢的擺盪有助增加身體向前動力，可藉由俯視圖來說明（**圖 36**）：

- 首先算出身體質心，並以實心圓圈 C 標記（**圖 a**）。
- 加上手肘屈曲，身體質心會向前移動，來到空心圓圈 C 處（**圖 b**），也為身體帶來更多向前動力。
- 透過手肘屈曲，就可以大幅增加上肢擺盪的效能，為行走增加動能。
- 少了上肢擺盪，將使行走變得困難。這也就是為什麼囚犯的雙手會銬於背後，因為這會使他們難以逃跑；而婦女偏好將嬰兒背於身後以空出雙手，也是基於同樣的理由。

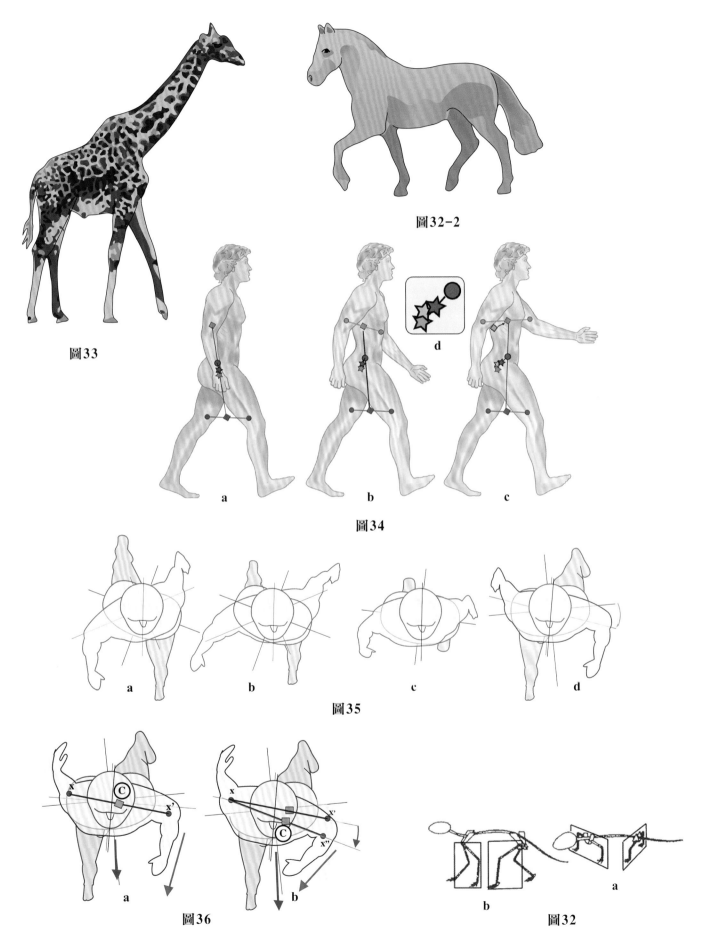

圖32-2

圖33

d

a　　　b　　　c

圖34

a　　　b　　　c　　　d

圖35

a

b

圖36

b

a

圖32

與行走相關的肌群

下肢所有的肌肉對於正常步態都非常重要，任一肌肉出現收縮不足，或多或少都會影響步態表現。

P.285 共有 9 張圖，主要顯示右下肢於行進間的肌肉活動，而左下肢在圖中僅供參考。從圖 37 到圖 45，顯示了一個完整的步態循環，並且包含一次左右下肢交替：

1. 向前踏步初期（圖 37）

– 髂腰肌收縮，帶動髖關節屈曲（**1**）。
– 膕旁肌群及股二頭肌收縮，帶動膝關節屈曲（**2**）。
– 踝關節屈肌群收縮，包括了脛前肌及第三腓骨肌（**3**）。
– 伸趾長肌、短肌及伸拇趾肌收縮，帶動腳趾伸直（**4**）。

2. 足跟觸地期（圖 38）

– 髂腰肌持續收縮，但髖關節逐漸變為伸直（**1**）。
– 股四頭肌收縮，膝關節伸直（**5**）。
– 踝關節屈肌群收縮，但踝關節逐漸變為伸直（**3**）。
– 伸趾肌持續收縮（**4**）。

3. 單腳垂直承重期（平足期或負重反應期，圖 39）

– 股四頭肌持續收縮（**5**）。
– 臀大肌預先收縮（**6**）。

4. 站立中期且重心越過承重腳（圖 40）

– 臀大肌收縮，帶動髖關節伸直（**6**）。
– 膕旁肌群收縮（**7**）以增加髖關節伸直。
– 股四頭肌收縮（**5**），以作為髖關節伸直

的拮抗肌。
– 踝關節屈肌群收縮（**3**），以增加臀大肌收縮（**6**）效果。

5. 第一次推進期（足跟離地且雙腳承重末期，圖 41）

– 臀大肌（**6**）及膕旁肌群（**7**）持續收縮，使髖關節更為伸直。
– 股四頭肌收縮（**5**），帶動膝關節伸直。
– 小腿三頭肌（**8**）及趾屈肌群（**9**）收縮，帶動踝關節伸直。

6. 第二次推進期（擺盪前期，圖 42）

– 承重腳完全伸直，而對側腳則準備與地面接觸。
– 所有伸肌群加強收縮，包括股四頭肌（**5**）、臀大肌（**6**）、膕旁肌群（**7**）、小腿三頭肌（**8**）及屈拇趾長肌（**9**），其中又以屈拇趾長肌（**9**）收縮最為強烈。

7. 擺盪初期及對側腳承重（圖 43）

– 膕旁肌群（**7**）及踝關節屈肌群（**3**）收縮，使下肢位移至身後。
– 髂腰肌收縮（**1**），帶動髖關節屈曲。

8. 擺盪中期且肢體向前位移（圖 44）

– 髂腰肌（**1**）及股四頭肌（**5**）加強收縮，同時踝關節屈肌群（**3**）逐漸放鬆。
– 股四頭肌（**5**）收縮，使膝關節伸直。
– 伸趾肌收縮（**10**），使腳趾抬起。

9. 擺盪結束再次觸地（圖 45）

– 步態週期準備再次開始，髂腰肌（**1**）、股四頭肌（**5**）及踝關節屈肌群（**3**）收縮

圖37

圖38

圖39

圖40

圖41

圖42

圖43

圖44

圖45

跑步時的肌肉鏈

移動過程中，下肢肌肉絕非單獨肌肉各自收縮，而是必須協調運作。事實上，下肢肌肉的收縮受神經系統精確控制，收縮順序完全按照既定的**動作藍圖**，主要控制中樞為小腦（動作協調中心），調控著**拮抗肌**與**協同肌**的交互作用，這類具有交互協調功能的肌肉群就稱為**肌肉鏈**。

肌肉鏈的功能非常重要，例如在**推進期**（圖46，起跑），**下肢伸直肌群**組成的肌肉鏈就是動力的主要來源。肌肉鏈突顯了雙關節肌肉的作用，像是股直肌（R）及小腿三頭肌（T）。**雙關節肌肉收縮對於遠端關節會造成什麼影響，會因為近端關節的位置而不同**，這是因為近端關節的位置會決定肌肉收縮前的張力。圖46中，臀大肌（G）收縮會使髖關節伸直，同時會牽拉股直肌，使此狀態下的股直肌更是膝關節伸直肌；隨著股直肌收縮，膝關節伸直，腓腸肌就會受到牽拉，進而增強了小腿三頭肌伸直踝關節的功能，也使推進力量得以發揮至最大。

總之，**臀大肌的部分力量會先傳遞至股直肌，然後再通過股直肌傳遞至小腿三頭肌**。肌肉鏈系統大大增強肌肉**收縮效能**，尤其肌肉質量與肌力密切相關，而人體最強大的肌肉即為臀大肌，因此該肌肉正位在肢體近軀幹端，**靠近身體質心的位置**。大質量肌肉靠近身體近端的優點，**是使肢體的質心較為靠近身體，大幅減少了下肢肌肉的力矩**，進而可以增加下肢肌肉收縮的效能。

然而人類步態並非完全如前一節所述標準，有些情況下可見到刻意或特殊的步態，例如閱兵時可見到的踢正步（圖47），這種步態需要髖關節屈肌群強力收縮，非常耗費體力，是無法持久的步態。

最後要說明的是奔跑（圖48），是行走的變形，特點是**沒有雙腳支撐期**（可見圖中雙腳與影子有段距離），並且由**雙腳懸空期**取代，這也是跳躍的初始階段。

本節由於篇幅限制，將暫不細述各種變形步態，留於下節討論。

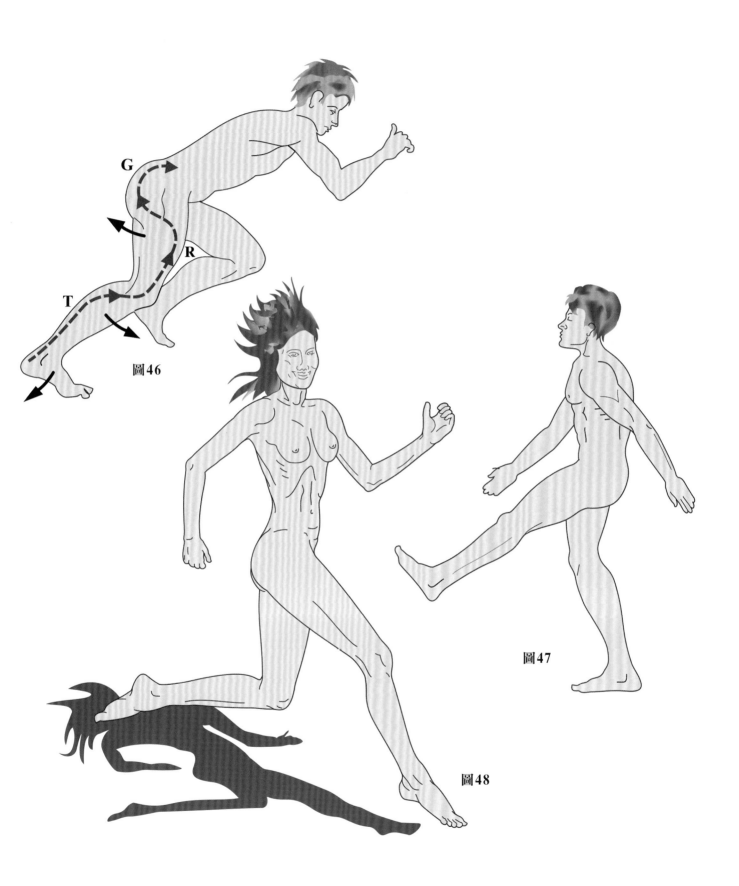

G

R

T

圖46

圖47

圖48

不同類型的行走及跳躍

各種行走方式各具特色，有時甚至光靠走路方式就可以辨別身分。上肢擺盪可以增進行走表現，但除了罹患神經系統疾病外（如帕金森氏病），有時候仍無法於行走時擺盪上肢，像是雙手皆提重物的狀況（圖49）。這種狀況下行走就會變得比較困難，除了受到額外重量的影響，還少了上肢擺盪，向前動能也會減少。為了有效利用兩側上肢以增進行走表現，出現了各種不同的走路方式，像是把重物頂在頭上（圖50），這種走路方式在非洲很常見，需要非常好的平衡感及強大的負重能力，而這種走路方式會將頸椎附近肌肉訓練得非常強壯。

頭頂上也許可以置重物，但絕對不能放幼童，為了騰出雙手，婦女會用束帶將幼童固定於胸前（圖51），如此可確保行走時上肢仍可參與擺盪，但這種方式並無助於工作進行。若要工作，婦女會選用另一種束帶，或單純使用衣服包裹，將嬰幼兒改為固定於背後（圖52），非洲婦女會採用這種方式，以同時兼顧工作與照顧幼童，而照顧者的身體晃動對幼童來說也有助益。

步行的一種變形是競走（圖53，長距離競走），競走選手必須要保留雙腳承重期，若雙腳皆離地，就會變成奔跑，立刻就會遭判失格。跑步時，雙腳承重期會消失，取而代之的是在非支撐期出現雙腳皆離地的情形。圖54顯示為跑者的下肢已結束擺盪，正準備著地。

雙腳皆離地，是跳躍運動的必要動作，跳高選手採用的是背向式跳高技術（圖55），也是現今跳高競賽的標準動作，這種跳高方法可使身體質心高於橫桿，過桿後下肢仍可及時抬起，有效防止觸桿。

對於撐竿跳的選手來說，不僅須要藉速度來換取動能以抬升身體，更需要用上肢撐竿使身體呈現倒立，如此才能確保身體質心能夠抬得比橫桿高（圖58）。

跳遠競賽中，上肢的作用也很重要（圖56），跳遠選手起跳後，兩側上肢會迅速抬起，以增加向上動能，再加上向前衝的動能，如此才能產生最長的拋物線軌跡（圖59）；著陸時，選手四肢會盡可能地向前伸，如此可以降低身體質心，並確保會以臀部著地，同時會合併軀幹屈曲，以使沙坑落點盡可能地向前（圖57），也就是說，手的位置絕不能落於身體後方。

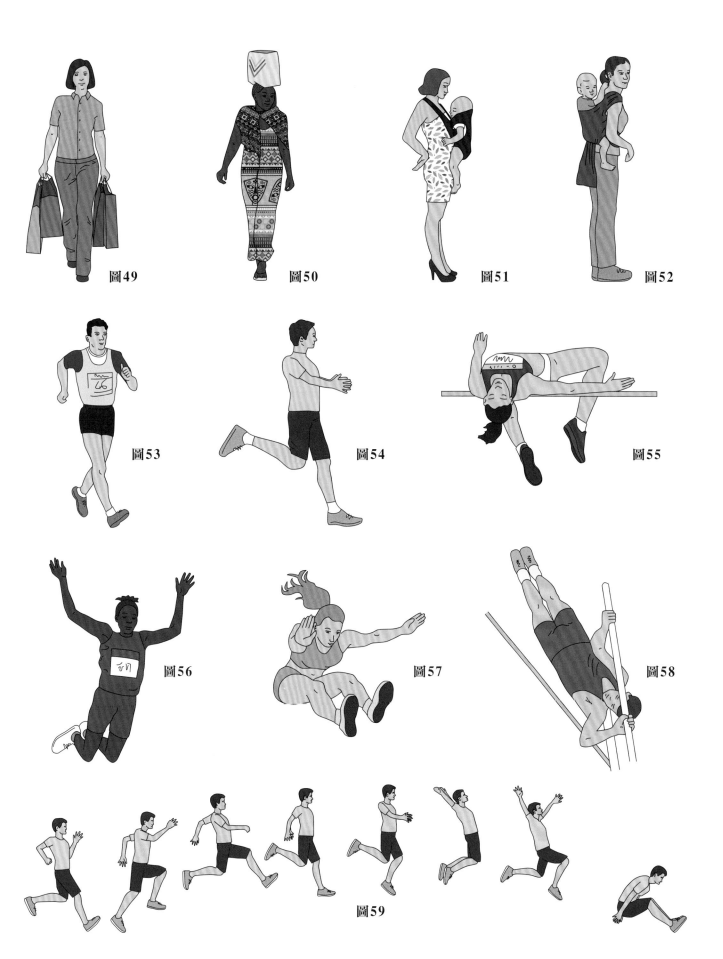

圖49　　　　　　圖50　　　　　　圖51　　　　　　圖52

圖53　　　　　　圖54　　　　　　圖55

圖56　　　　　　圖57　　　　　　圖58

圖59

行軍步與舞步

　　軍人於公眾場合採取的踢正步，與市民日常生活的漫步，兩者步態差異極大，主要差別有兩點：

- 步伐節奏可能比平常快或慢，不同的軍隊會有自己的特徵，例如「山地步兵」強調快速行軍，而拿破崙親衛隊則採用較慢的「領事行軍」，在古奧斯曼帝國採用的「土耳其行軍」則特別強調慢步。

- 閱兵過程中，所有士兵的步伐會完全相同，而且為了突顯整齊美感，每行、列的步伐動作必須同步，以觀看者的角度而言，只會看到排列最外側的士兵，而隊伍中的其他士兵則「隱藏」在後方，這種精確的同步必須貫徹至每一行列，某些國家的軍隊又特別以精準協調聞名。

　　值得一提的是，閱兵過程中使用的軍樂，使節奏及精確性更容易掌控，因為軍樂的節奏感與鼓點可以充當節拍器。

　　在正常步態中（**圖 60**），上肢會自然擺盪，這是最常採用的行軍方式，耗損體力也最少，執行勤務中的軍人也會採用正常步態（**圖 61**），就算持槍也不會造成行走困難；然而持槍行軍，雖可使軍人保持於戒備狀態，卻會造成手臂無法自然擺盪，增加行走時耗能。真實行軍時（**圖 63**），軍人會將裝備放在背包中，槍枝則是斜背於肩上，如此雙臂仍可自由擺動，也使行走較為容易。

　　某些正式場合的行軍（**圖 64**），軍人會以右手持槍，僅剩左臂可以擺動。

　　又有某些國家的行軍會特別強調誇張的手臂擺動（**圖 65**，精神抖擻的中國女兵），這種步伐會增強動作氣勢。最後，在某些「極權主義」國家可以看到踢正步的行軍方式，強調擺盪腳的膝關節完全伸直，髖關節則至少彎曲至 80°，這種步態極為耗能，非常容易導致疲乏。

　　人類與其他動物不同之處很多，除了能說話、作詩、計算及玩音樂，人類雙腳還有其他功能，像是跳舞。有人說文明社會中的人應該要對社交舞蹈有所涉略，而有時這種舞蹈也確實帶有誘惑之意。社交舞蹈跟古典舞蹈（**圖 69**）是不同的類別，後者有複雜卻又優美的動作及態度，可以詮釋為人體生物力學的詩歌，亦或是用肢體表述的內心語言。如此看來，造物主的確給予人類極大特權，去擁有其他動物所沒有的能力。

　　回歸正題，也就是正常行走，有些人會想辦法回到四足行走的方式，像是在雪地行走（**圖 70**）。這種行走方式源自越野滑雪，人們手持滑雪桿，以增加向前的推力。這種步態仍然保持了對角肢體動作，而且是現今社會認為較為時尚的行走方式，按其推崇者的說法，是因為有更明顯的肩線律動變化。這種行走方式唯一的缺點，就是打破了「晚年三條腿」的謎底，使得獅身人面獸斯芬克斯給的謎題變得無解。

圖60

圖61

圖62

圖63

圖64

圖65

圖66

圖67

圖68

圖69

圖70

行走是一種自由表徵

有行走能力是確保個人自由的第一步，也是有能力**獨立生活**的重要關鍵，這種能力可以用來逃避危險，尋找食物及飲水，或是翻山越嶺與世界各地的人接觸。

然而這種能力也易受到某些因素影響而消失，像是神經系統疾病、動作協調能力喪失、神經傳導阻斷、脊柱損傷、肌肉病變導致的功能不全、關節發炎退化導致的活動角度不足，甚至因意外遭受嚴重創傷。

有些人經過長時間復健後，有辦法重拾行走能力；而有些人則會永久喪失行走能力，或是在輔具幫助下短距離行走，像是手持拐杖或穿戴義肢，但是一旦使用了輔助裝置，若行走能力完全喪失，行走的自主權就會受到影響。就可能要依賴輪椅，甚至只能臥床。

有行走能力的人，應該視其為自由的表徵，因為這代表他們有能力可以奔跑、跳躍及跳舞，可以充分地享受生活。

此頁插圖是取材自義大利畫家米開朗基羅。

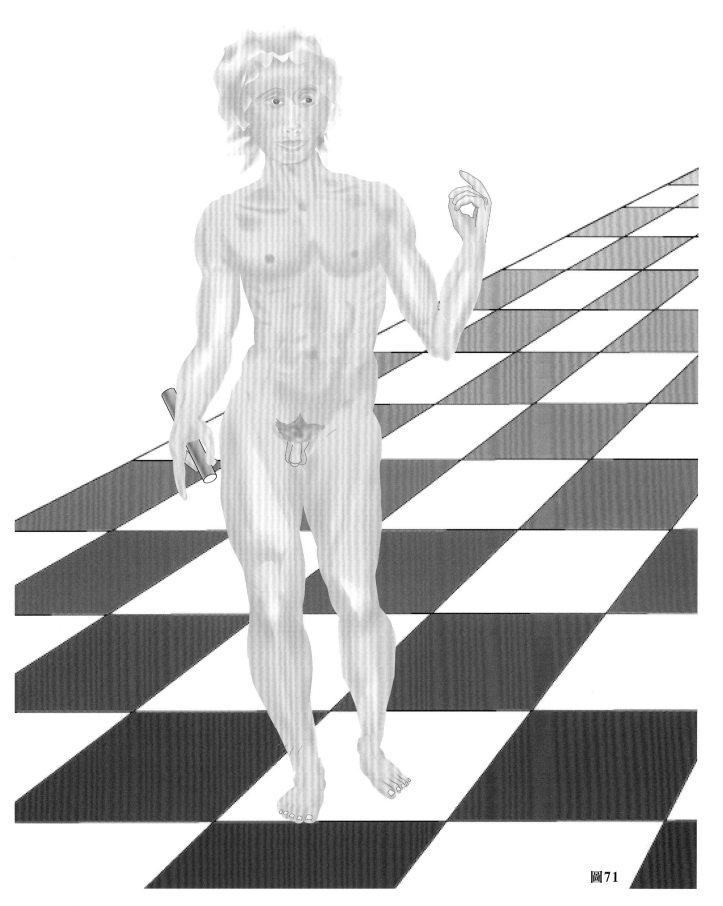

圖71

附錄

下肢神經

簡單易懂的「下肢神經概要表」（圖1）詳盡地說明腰叢和薦叢的神經及其分支，它們都分布於下肢。每條肌肉均按照「國際解剖學術語」（International Anatomical Terminology）來命名。這些神經的起源及交通支雖然很多，但總體而言，要辨識每一個主要神經幹的功能及其支配的區域其實是很容易的。

腰叢

腰叢將運動神經分布於下肢神經根支配的肌肉群。其三個神經根（腰椎 L2–L4）分支成兩個主要神經幹：股神經和閉孔神經。

1. 股神經

股神經支配幾乎所有的骨盆肌肉，尤其是大腿前腔室的肌群，即股四頭肌、縫匠肌及屬於內收肌群的內收長肌，因此股神經是支配**膝伸直**的神經。它也分支了一條非常長的感覺神經，即**隱神經**，分布於下肢到足部的前內側表面。

2. 閉孔神經

閉孔神經雖然只支配了一塊骨盆肌肉，即閉孔外肌，但它是支配內收肌群的主要運動神經。因此閉孔神經是產生**內收動作**的神經。它在大腿內側表面也有感覺神經的分布。

薦叢

薦叢由三個上薦神經根組成，且薦叢有一部分是來自於腰叢，即腰薦幹（由腰椎 L4 和 L5 的神經根組成）。薦叢將運動神經分布於骨盆肌肉，尤其是臀肌。它形成了大腿後側表面的兩大神經幹：後股皮神經及坐骨神經：

1. 後股皮神經

後股皮神經支配骨盆肌肉，特別是臀大肌的運動，因此後股皮神經是產生**大腿伸直動作**的神經。它也包含了大腿及小腿上半部後側表面的感覺神經纖維。

2. 坐骨神經

坐骨神經支配了大腿後側表面的肌肉。因此坐骨神經是產生**膝屈曲動作**的神經。此外，它也發出神經到大腿前腔室，有助於**內收動作**的執行。坐骨神經在遠端有兩大分支，即脛神經和總腓神經。

- **脛神經**發出運動神經分支到小腿後腔室的肌肉，因此脛神經是產生**踝伸直動作**及**腳趾屈曲動作**的神經。脛神經接著分支成兩條終末分支，即**內蹠神經和外蹠神經**，共同支配足底的屈肌和腳趾的內收外展肌群，且將感覺神經帶離足底。脛神經也發出了**腓腸神經**，腓腸神經會將感覺神經纖維分布於小腿後側部分及足底。

- **總腓神經**發出運動神經分支到小腿前腔室和外腔室的肌群，即腓骨肌肉，因此總腓神經負責產生**踝屈曲動作**、**踝的側向動作**和**腳趾伸直動作**。總腓神經止於伸趾短肌，此塊肌肉是唯一位於足背的肌肉。它也將感覺神經帶離小腿的前側表面、外側表面及足背。

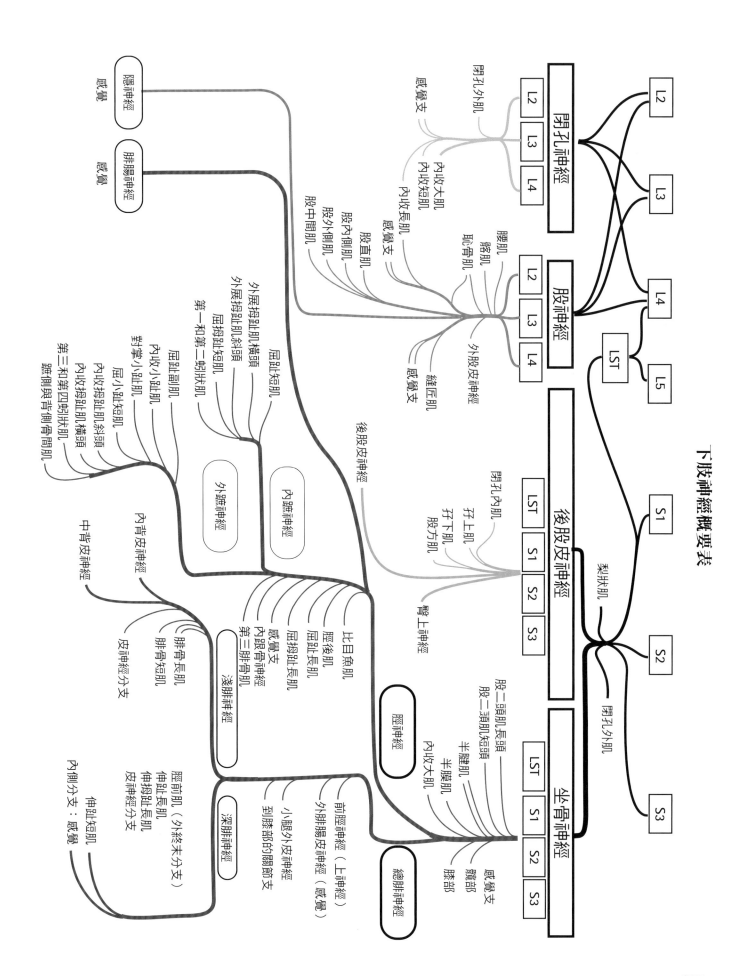

下肢神經概要表

297

下肢的感覺腔室

下肢的感覺腔室沿著整個下肢形成的一些不規則的區塊，可以在圖 2 中的前面觀（左）和後面觀（右）清楚地看到。

大腿的外股皮神經是股神經的分支之一，負責支配大腿的外側表面 **1**。

髂下腹神經為腰叢（腰椎 L1）的側分支，將感覺神經分布於髂前上棘附近的皮膚區塊 **2**。而髂腹股溝神經則分布於靠近生殖器官的大腿內側部分的上部。

臀部 **3** 由大腿後股皮神經的下臀分支支配。

大腿前側表面 **4** 由大腿的中股皮神經支配。

殖股神經分布於股三角 **5**。

大腿內側表面 **6** 由大腿的內股皮神經支配，此神經是股神經的分支之一。

大腿外側表面 **1** 由外股皮神經支配，此神經為腰叢的分支之一。

膝部內側表面 **7** 接收來自於閉孔神經以及隱神經的髕骨下分支的感覺神經纖維，隱神經為股神經的分支之一。

小腿外側表面 **8** 接收來自於外腓腸皮神經和腓腸交通分支的感覺神經纖維，它們為總腓神經的分支。

大腿的前內側表面 **9**、膝部的前內側表面以及小腿的內側表面由隱神經支配，此神經為股神經的分支之一。

足背表面 **10** 接收來自於肌皮神經（總腓神經的分支之一）的感覺神經纖維。其外緣處 **11** 由腓腸神經的終末分支支配，而足底及腳趾的遠端趾骨 **12** 則由蹠神經支配（脛神經的終末分支）。根據一項有趣的臨床觀察結果，由於腳拇趾和第二腳趾 **1** 間間隙的背側部分由深腓神經的末梢纖維支配，因此若該有限的區域喪失了感覺，就表明了此神經發生病變，例如大腿前腔室壓迫症候群。

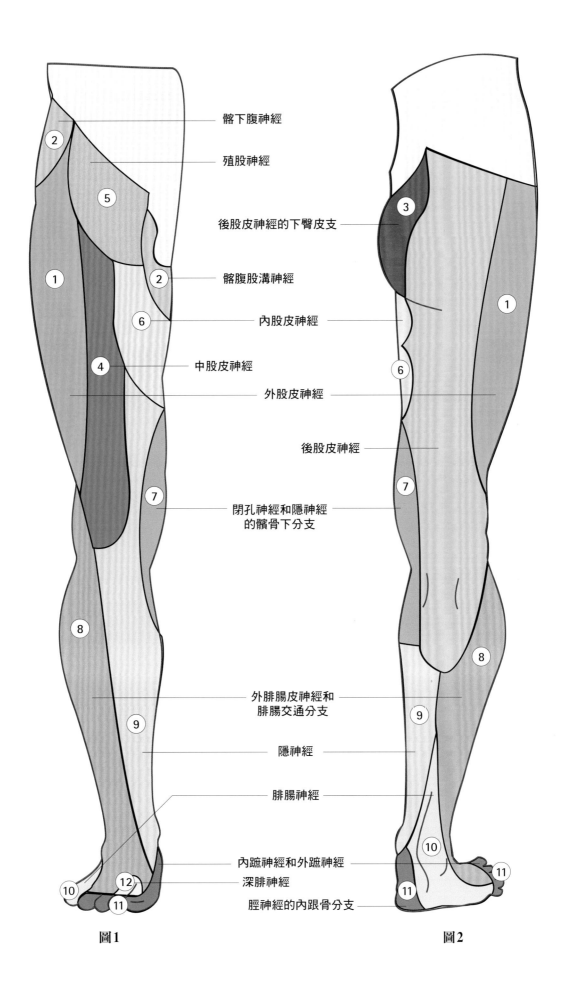

髂下腹神經

殖股神經

後股皮神經的下臀皮支

髂腹股溝神經

內股皮神經

中股皮神經

外股皮神經

後股皮神經

閉孔神經和隱神經
的髕骨下分支

外腓腸皮神經和
腓腸交通分支

隱神經

腓腸神經

內蹠神經和外蹠神經

深腓神經

脛神經的內跟骨分支

圖1

圖2

參考書目

Barnett C.H., Davies D.V. & Mac Conaill M.A. ; *Synovial Joints. Their structure and mechanics.* C.C. THOMAS, Springfield U.S.A., 1961

Barnier L. ; *L'analyse des mouvements.* P.U.F, Paris, 1950

Basmajian J.V. ; *Muscles alive. Their function revealed by electromyography.* Williams and Wilkins, Baltimore, 1962

Biesalski K., Mayer L. ; *Der physiologische Schnerwerps flanzung.* Springer Berlin, 1916

Bonnel F. ; *Abrégé d'anatomie fonctionnelle et biomécanique* : tome III Membre Inférieur. Sauramps, 2002

Bridgeman G.B. ; *The Human Machine. The anatomical structure and mechanism of the human body.* 1 Vol., 143 p., Dover Publications Inc., New York, 1939

Bunnell S. ; *Surgery of the hand.* Lippincott, Philadelphia, Ed.1., 1944., Ed.5 revised by Boyes, 1970

Cardano Gerolamo, mathématicien italien (1501−1576) ; à propos du Cardan. Voir sur Internet

De Doncker E., Kowalski C. ; *Cinésiologie et rééducation du pied.* Masson, Paris, 1979

De Doncker E., Kowalski C. ; Le pied normal et pathologique. *Acta Orthop.Belg.*, 1970, 36 : 386−559

Descamps L. ; *Le jeu de la hanche.* Thèse, Paris, 1950.

Duchenne (de Boulogne) G.B.A. ; *Physiologie des mouvements*, 1 Vol., 872 p., J−B. Ballière et Fils, Paris, 1867 (épuisé). Fac similé : Hors commerce édité par les Annales de Médecine Physique, 1967

Duchenne (de Boulogne) G.B.A ; *Physiology of motion*, translated by E.B. Kaplan, 1949. W.B. Saunders Co, Philadelphia and London

Fick R. von ; *Handbuch der Anatomie und Mechanik der Gelenke, unter Berücksichtigung der bewegenden Muskeln*

Fick R. ; *Handbuchder Anatomie und Mechanik der Gelenke − 3.* Teil Iena Gustav Fischer, 1911

Fischer O. ; *Kinematik orhanischer Gelenke. Braunsschweig*, F. Vierweg und Sohn, 1907

Gauss Karl Friedrich, mathématicien allemand (1777−1855) ; *La géométrie non euclidienne* (à propos du paradoxe de Codmann), Voir sur Internet

Ghyka Matila C. ; *Le Nombre d'Or*, 1 vol., 190 p., Gallimard, Paris, 1978

Henke J. ; *Die Bewegungen der Hanwurzel. Zeitschrift für rationelle Medizine.* Zürich, 1859, 7, 27

Henke W. ; *Handbuch der anatomie und mechanik der gelenke.* C.F. Wintersche Verlashandlung, Heidelberg, 1863

Hilgenreiner H. ; *Zur Frühdiagnose der angeborenen Hüftgelenksverrenkung. Med. Klin.*, 21 (1935), 1385−1388, 1425−1429

Kapandji A.I. ; *Qu'est−ce que la biomécanique ?*, 1 vol., 592 p., Sauramps Medical Ed. (Montpellier)

Kapandji A.I. ; La Biomécanique « Patate ». *Ann. Chir. Main*, 1987, 5, 260−263

Kapandji A. I. ; The knee ligaments as determinant of trochleo−chondylar profile. *Med. Biol. Illustration*, 1966, 17, 26−32, London, Brit. Méd. Assoc.

Kapandji A.I. ; Vous avez dit Biomécanique ? La Mécanique « Floue » ou « Patate ». *Maîtrise Orthopédique*, n° 64, 1997, p. 1−4−5−6−7−8−9−10−11

Le Cœur P. ; *La pince malléolaire. Physiologie normale et pathologique du péroné.* Louis Arnette, Paris, 1938

Mac Conaill M.A., Barnett C.H., Dvies D.V. ; *Synovial Joints.* Longhans Ed., London, 1962

Mac Conaill M.A. ; Movements of bone and joints. Significance of shape. *J. Bone and Joint Surg.*, 1953, 35B, 290

Mac Conaill M.A. ; Studies in the mechanics of the synovial joints : displacement on articular surfaces and significance of saddle joints. *Irish J. M. Sci.*, 223−235, 1946

Mac Conaill M.A. ; *Studies on the anatomy and function of Bone and Joints.* 1966, F. Gaynor Evans, Ed. New York

Mac Conaill M.A. ; Studies in mechanics of synovial joints ; hinge joints and nature of intra−articular displacements. *Irish J. M. Sci.*, 1946, Sept., 620

Mac Conaill M.A. ; The geometry and algebra of articular Kinematics. *Bio. Med. Eng.*, 1966, 1, 205−212

Mac Conaill M.A. & Basmajian J.V. ; *Muscle, and movements : a basis for human kinesiology.* Williams & Wilkins Co, Baltimore, 1969

Maquet P.G.J. ; *Biomechanic of the knee.* Springer, Berlin, 1976

Maquet P.G.J. ; Biomécanique de la gonarthrose. *Acta Orthop.Belg.*, 1972, 38, 33−54

Maquet P. ; Un traitement biomécanique de l'arthrose fémoro−patellaire : l'avancement du tendon rotulien. *Rev. Rhum. Mal Osteoartic.*, 1963 ; 30 : 779

Marey E. J. ; *Emploi de la chronophotographie pour déterminer la trajectoire des corps en mouvement avec leur vitesse à chaque instant et leurs positions relatives. Application à la mécanique animale.* C.R. à l'Académie des Sciences, 7 Août 1882, 267−270

Marey E. J., Deemeny ; *Locomotion humaine ; mécanisme du saut.* C.R. à l'Académie des Sciences, 24 Août 1885, 489−494

Marey E. J., Pages ; *La Locomotion comparée : mouvements du membre pelvien chez l'homme, l'éléphant et le cheval.* C.R. à l'Académie des Sciences, 18 Juillet 1887, 149−156

Marey J. ; *La machine Animale*, 1 Vol., Alcan, Paris, 1891

Menschik A. ; Mechanik des Kniezelenkes. *Z. Ortop.*, 1974 , 112, 481−495

Menschik A. ; Mechanik des Kniezelenkes. *Z. Orthop.*, 1975 , 113, 388−400

Menschik A. ; Biometrie. *Das Konstruktionprinzip des Kniesgelenks, des Hüftgelenks, der Beinläng und der Körpergrosse.* Springer, Berlin, 1987

Merkel F. S. ; *Die Anatomie des Menschen.* Editions PLUS, 1913

Moreaux A. ; *Anatomie artistique de l'Homme*, 1 Vol., Maloine, Paris, 1959

Ockham Guillaume (d') ; Moine franciscain anglais, philosophe scolastique (1280−1349) ; *Le Principe d'Économie Universelle.* Voir sur Internet

Ombredanne L., Mathieu P. ; *Traité de chirurgie orthopédique.* Paris,

Masson, 1937

Poirier P. & Charpy A. ; *Traité d'Anatomie Humaine*, Masson, Paris, 1926

Rasch P. J & Burke R.K. ; *Kinesiology and applied Anatomy. The science of human movement,* 1 Vol., 589 p., Lea & Febiger, Philadelphia, 1971

Riemann Georg Friedrich Bernhard, mathématicien allemand (1826–1866) ; *La géométrie non euclidienne (à propos du paradoxe de Codmann)*, Voir sur Internet

Roud A. ; *Mécanique des articulations et des muscles de l'homme.* Librairie de l'Université, Lausanne, F. Rouge & Cie, 1913

Rouvière H. ; *Anatomie humaine descriptive et topographique.* Masson, Paris, 4ᵉ ed., 1948

Slocum D.B. ; Rotatory instability of the knee : its pathogenesis and a clinical test to demonstrate its presence (1968). *Clinical Orthop. And Rel. Research*, 2007 Janv., 454 : 5–13

Steindler A. ; *Kinesiology of the Human Body.* 1 Vol., 708 p., Ch. C. Thomas, Springfield, 1964

Strasser H. ; *Lehrbuch der Muskel und Gelenkemechanik.* Vol. IV, J. Springer, Berlin, 1917

Testut L. ; *Traité d'anatomie humaine.* Doin, Paris, 1893

Trendelenbour G. F. *Deutsche Med.* Woch, 1985

Vandervael F. ; Analyse des mouvements du corps humain. Maloine Ed., Paris, 1956

Von Recklinghausen H. ; *Gliedermechanik und Lähmungsprostesen.* Vol. I, Julius Springer, Berlin, 1920

Weber W., Weber E. ; *Mechanik der menschlichen Gehwerkzeuge.* Dietrich, Göttingen, 1836

Weber W., Weber E. ; Über die Mechanik der menschlichen Gehwerkzeuge nebst der Beschreibung eines Versuches über das Heraufallen des Schenkelkopfes il luftverdünnen Raum. *Ann. Phys. Chem.*, 40

Welker H. ; *Ueber das Hüftgelenk, nebst Bemerkungen über Gelenke überhaupt.* Zeitschrift für Anatomie und Entwicklungsgeschichte, Leipzig, 1876, 1

Wiberg G. ; Rœntgenographic and anatomic studies on the patellar joint. *Acta Othop. Scand.*, 1941, 12 : 319–410

關節生物力學模型

建議

在製作關節生物力學模型的過程中，讀者需要有足夠的耐心和用心。那為什麼我們需要這些模型呢？這是因為這些**手作模型**是名副其實的關節**三維示意圖**，因此它們可讓讀者直觀地瞭解關節的運作原理。而且，這些模型還可用於教學上，既可以讓學生組裝它們，也可以作為演示用。因此這些模型，在本書數冊中對於人體運動系統的功能解剖學的介紹，是功不可沒的。

如果想要開始組裝其中一組模型，讀者首先必須將此模型的繪圖，轉移到一張**1公釐厚**的紙板上，或是轉移到厚的布里斯托紙板（Bristol board）上也可以。當然，最簡單的轉移方法就是將書本上每一頁的模型繪圖直接黏在紙板上，但最好還是不要這樣做，因為這樣做不但會把書本弄壞，而且如果組裝的過程中有任何的失誤都無法彌補了。因此建議讀者先**將相關的頁面拿去影印**，然後再將模型繪圖的複本黏在紙板上。最佳的做法是**直接在紙板上描摹模型繪圖的複本**，如此一來就可以省掉之後還要使用膠水將複本黏在紙板上的麻煩。最後，還有另外一個有效可行的做法是將模型繪圖的複本放大（A3格式），這樣就可以製作更大的模型了。模型的組裝指示都會有很多的插圖和文字說明，所以如果能嚴謹地按照指示進行組裝，這些模型其實是很容易組裝的。**在將所有的說明閱讀完之前，切勿開始任何的裁剪動作**。如果組裝的過程中有失誤，都可以將模型繪圖再轉移到另一張相同厚度的紙板上，然後重新開始相同的步驟。

用刀片、美工刀或是手術刀在紙板**摺痕**的外部輕輕地裁割至紙板厚度的四分之一處，使得紙板的摺線變得明顯且整齊。還要留意紙板是如何摺疊的，其**摺疊方式**如下所示：

- 用虛線表示的摺線，指的是**以這條線為界，將紙板的正面往背面摺疊**（供讀者參考：正面指的是有模型繪圖的那一面，而背面指的是空白面）。

- 用連續交替的點和破折號表示的摺線，指的是**以這條線為界，將紙板的背面往正面摺疊**。為了能在正面標記出這些摺線，讀者可以**在每一條摺線的末端別上一根細針**。

用可快速黏合的纖維素膠**將模型板塊黏在一起**。以虛線（不要與摺痕的虛線混淆）劃分出的**陰影表面**就是**紙板正面用來黏合**其他紙板的地方。兩個要黏在一起的表面，會盡可能以相同的字母標記。將模型的板塊一片一片地黏合起來。在同一片板塊上，建議要等到其中**兩個黏合處的膠水乾了之後才黏其他的黏合處**。

在等待其中一片板塊的膠水乾的同時可以處理其他板塊的黏貼。當板塊的膠水乾了，用橡皮筋將這些板塊綁在一木板上，或也可用針頭標記摺痕，使板塊更加穩固。

比較例外的是，因為模型5中的摺痕代表的是關節樞紐，因此並不需要裁割模型5中的摺痕（或是輕輕地劃過就好），以避免模型在使用時磨損。讀者還需要準備**以下的材料**：

- 一個厚紙板（1公釐厚），用於加固一些模型板塊或是作為模型的基底（用於模型1和3）。

- 可以固定紙張的扣件夾（用於模型3），盡可能越小越好。這些扣件夾都可以從文具店買到。

- 襪口的細彈性線，可從縫紉用品店買到。

- 粗線或細繩，或更好是用編織繩來代表肌腱。

搭建模型

模型 1：用來說明膝蓋的十字韌帶以及副韌帶的作用

此模型可用來說明十字韌帶和副韌帶在某些動作下（見 P.125）是如何選擇性拉伸的，特別是還可以用來解釋在屈曲－伸直動作時，股骨髁是如何在脛骨關節表面上被「往回拉」。

組裝模型（插圖 I）

在將此模型的任何一片板塊裁剪出來之前，建議最好還是將此模型的其中兩片板塊的繪圖（圖 1），即股骨橫截面的板塊 A 以及脛骨橫截面的板塊 B，轉移到厚紙板（1 公釐厚）上。然後按照組裝的說明，將橡皮筋（盡可能使用不同顏色的橡皮筋）放置在兩條十字韌帶和內側副韌帶的相應位置上。為此，先取三條橡皮筋把它們切斷，然後在每一條切斷後的橡皮筋的其中一端打一個結。將這些橡皮筋，各別從背面到正面穿過脛骨橫截面的板塊上的孔洞，使得橡皮筋的結會位於板塊的背面。接著將脛骨橫截面的板塊黏貼到一塊堅硬的矩形紙板上（見組裝的說明，圖 2）。如果橡皮筋的結會干擾板塊黏貼到紙板上，可以將紙板稍微挖空後把結拉到紙板的後面。

然後再將每一條橡皮筋，分別從正面到背面穿過股骨橫截面的板塊上相應的孔洞，形成：

- 從孔 a 延伸至孔 b 的前十字韌帶；
- 從孔 c 延伸至孔 d 的後十字韌帶；
- 以及從孔 e 延伸至孔 f 的內側副韌帶。

啟動模型

屈曲時，前十字韌帶會被拉長（紅色箭號），也可感覺得到橡皮筋的張力。如果要讓此韌帶保持在相同的長度，就一定要把股骨髁向前側拉回，這個動作相當於***股骨髁因前十字韌帶而被「往回拉」的動作。***

同樣地在伸直時，後十字韌帶會從原本處在的屈曲位置被拉長（藍色箭號）。為了恢復其一開始的長度，就一定要把股骨髁向後側拉回，這動作相當於***股骨髁因後十字韌帶而被「往回拉」的動作。***

透過讓股骨髁在脛骨關節表面上***滾動和滑動，***可以觀察到這些韌帶，***在伸直時比在屈曲時被拉得更遠。***

模型 2：插圖說明了膝部前後側的穩定性（見 P.125 圖 185）

此模型（圖 3）可讓讀者瞭解十字韌帶在沒有阻止膝關節屈曲和伸直的情況下，是如何防止前後側的滑動動作。

組裝模型（插圖 I）

1. 裁剪出繪圖中的矩形 A 和 B（插圖 I）。
2. 在一張更硬的紙板上，裁剪出兩個與 A 和 B 大小完全一樣的矩形。
3. 在一張普通的紙上，沿著紙（A4 格式的紙）的長邊裁剪出三條寬度為 1 公分的紙條。
4. 按照**組裝說明**（圖 4），將那三條紙條的一端分別黏貼在矩形 A 的陰影區域 a、b 和 c，且還要確保這些紙條完全平行於矩形 A（**步驟 a**）的長邊。
5. 將從硬紙板裁剪出來的其中一個矩形，黏貼到矩形 A 和已經黏在矩形 A 的那三條紙條末端的上方，且還要確保硬紙板可以完全覆蓋在矩形 **A** 上。
6. 將這個已經黏貼好的組合放置在桌上（**步驟 b**），而此時硬紙板的矩形會是在這個組合的底部。將那三條紙條往這個組合的上方摺疊，且摺疊後那三條紙條依然互相平行，且也平行於矩形 A 的長邊。
7. 接著，將矩形 B 放置在這個組合的上方。放置的方式是以矩形 B 的正面朝上，且其陰影區域 **a'** 位於中間紙條未黏貼端的上方。
8. 那三條紙條的未黏貼端往矩形 B 的上方摺疊

後，才可以分別黏貼在矩形 B 的陰影區域 a'、b' 和 c'。一定要將這三個矩形彼此壓緊。

9. 在矩形 B 的上方黏貼另一塊塊硬紙板的矩形（**步驟 c**），然後用力拉扯那三條紙條。在這個已經黏貼好的組合上方放置一個重物，將它們彼此壓緊，直到膠水乾為止。

10. 最後，把多出來的紙條剪掉（**步驟 d**）。在這個組合中，相對應於膝蓋十字韌帶的那三條紙條，在空間中互相交叉，使得矩形因這些紙條產生的張力而無法垂直拉開。

啟動模型

透過這個模型，得以證明（圖 5）是不可能讓任何一個矩形沿著另一個矩形縱向（a）地滑行。

另一方面，如果僅拿起上方的矩形並將之擺動到其中一側，會發現它會**圍繞著位於此組合（b）或（c）短邊的樞紐旋轉**。這兩個矩形彼此並沒有完全黏在一起，它們**只有在末端是鉸接的**。

股骨髁和脛骨關節表面的分布類似，只是在組合中用來對應於十字韌帶的紙條長度不相等，且它們的基部長度也不一樣。結果不僅會圍繞兩條軸旋轉，而且還會**圍繞著一系列沿著股骨髁曲線的軸旋轉**，如同下一個模型所示。

模型 3：實驗演示股骨滑車和股骨髁輪廓的決定因素

通過這個模型（見 P.87 圖 54 和 55），讀者可以自行繪製出股骨滑車和股骨髁的輪廓，從而說明**韌帶是如何影響關節表面的形狀**。

組裝模型（插圖 II）

1. 裁剪出此模型的不同板塊：

- 脛骨平台 A；
- 股骨**基部** B，將之放置在甲板 C 上；
- 用來繪製輪廓的矩形平台。已經繪製了的兩條粗線，分別對應於關節輪廓和股骨骨幹之

間的交界處，之後會再將之繪製完成；

- 被髕骨韌帶往下延伸的髕骨；
- 髕骨支持帶（PR）；
- 前十字韌帶（ACL）；
- 後十字韌帶（PCL）；
- 三條厚帶，用於製造組裝模型時所需要的三個厚盤。

2. 以摺裝的方式摺疊這些厚帶製成「疊圈」狀，然後在其上打孔貫穿這共有六層的「疊圈」。（這個步驟一點也不簡單！）

3. 在 PCL 的每一末端摺出兩條摺線，然後在其上穿孔 3 和 4。

4. 也按照指示的位置在其他的板塊上穿孔。

組裝模型（插圖 III）

用文具店買到的最小的扣件夾將這個模型組裝起來（圖 6）

板塊上孔洞的編號為彼此對應的。按照數字的順序配對這些孔洞，且切記要將「疊圈」插入孔洞 5、6 和 7。最後，將股骨基部 **B** 固定於甲板 **C** 上陰影區的孔洞 8 和 9。此時讀者會發現，為了讓模型可以正常地運作，讀者必須在不造成 PCL 凹陷的情況下，在「疊圈」4 那裡做個凹陷（箭號 p）。

啟動模型

已完工的模型如今可供使用了（圖 7）。

由於在孔洞 4 的「疊圈」凹陷的關係，使得脛骨平台 A 會盡可能被拉向左側。伸直時，脛骨平台 A 會漸漸往右側移動（紅色箭號），其經過的每個位置可擬繪出髕骨的後輪廓及脛骨平台的上輪廓。

當脛骨平台 A 向右側移動時，讀者可從其**上表面追蹤觀察得到股骨髁的曲度**，且同時也可從其**後表面和髕骨後上角描繪出滑車的輪廓**（圖 8）。如果此模型組裝得夠完美，這兩個曲線可連接到已經在矩形平台上繪製好的兩條粗線，且滑車的曲線還可與股骨髁的曲線相連。

此實驗也展示了股骨髁和股骨滑車的輪廓，分別與脛骨平台 A 和髕骨經過的那些**連續位置所形成的曲線**相對應，且在此**機械力學組合**中，還會因**十字韌帶和髕骨韌帶的長度及排列而受到影響**。讀者也可更換此機械力學組合中的一個或多個組件，而輕鬆地繪製出其他的輪廓。

模型 4：足部模型

此模型是第一版中的足部模型的簡化版，它更容易搭建，且讀者也可以拿它來進行幾乎相同的實驗。

搭建模型 4（插圖 IV）

1. 將以下的模型板塊裁剪出來：

- 小腿 **A**。此板塊的下端為小腿形成關節的部分，對應於腳踝的萬向關節。使用手術刀或是美工刀小心地在板塊上割出兩個切口；
- 中間的板塊 **B**，相對應於前跗骨；
- 對應於跟骨的板塊 **C**；
- 用來穩固跟骨的板塊 **D**；
- 足部的五束分支，分別給予編號 I–V。

2. 為了讓小腿的板塊 A 更加穩固，可以沿著此板塊的兩條邊緣，分別黏上兩條互相平行，材質大小相同的紙板以加固板塊 **A**。

組裝模型（插圖 V）

放大圖（圖 9）顯示了各板塊的排列和相互的連接：

- 小腿的板塊 **A** 有三個摺疊處，分別朝 x、y 和 z 三個不同的方向延伸（圖 10）。在組裝完成的模型中，這三個摺疊處，相對應於腳踝的「**異動萬向關節**」，以及其踝關節軸 x 和 Henke 軸 z。
- 為了要讓模型更加**穩固**，可以在板塊 A 上插入跟骨的板塊 **C**，即將板塊 C 上像耳朵一樣凸出來的兩個邊角，正確地插入板塊 A 上的兩個切口，並用**開口銷**穿過邊角的孔洞將之

固定。讀者可以使用牙籤或是火柴枝作為開口銷。

- 在板塊 **C** 上插入板塊 **D**，即將板塊 **D** 的切口插入板塊 **C** 的切口，使得板塊 **D** 的邊緣可以與板塊 **C** 的邊緣齊平。
- 為了要搭建成足部的五束分支，先在這五個板塊的上端輕輕劃過，以便可以更容易地將板塊的折翼朝彼此摺疊，之後再將板塊的折翼黏起來（圖 11），形成立體的分支。等膠水都乾了之後再進行下一步驟。
- 將每一束分支黏貼到中間板塊 **B** 上相對應的黏合處，而此中間板塊 **B** 代表的是前跗骨。如板塊 **B** 上所標示，每一束分支在板塊 **B** 上的黏合處都有一定的距離和傾斜度，因此要確保每一束分支都黏得準確。在板塊 **B** 的前端，每個分支黏合處的基部上的割痕，相對應於蹠骨的屈曲－伸直軸。
- 等到板塊 **B** 和五束分支都黏貼牢固後，就可以將它們黏貼到小腿板塊 A 上區域 **T** 的上表面，如此一來跗骨和蹠骨就連接在一起了。

足部的模型已組裝完成，但**還沒在此模型裝上緊線器**。緊線器是用來確保此模型至少放置在水平面時是牢固的。

縫紉時使用的彈性線，可作為此模型的最佳**緊線器**。可以用手術刀或美工刀先在紙板上割出小夾縫，然後就可以輕輕鬆鬆地將這些彈性線卡進這些小夾縫後固定在紙板上。

在足部模型（圖 9）中，共有五個用紅色小箭號標記的縫隙。

從**前內側觀**（圖 12）、**內側觀**（圖 13）或是**外側觀**（圖 14）都可以看到為了模擬**肌肉張力的平衡**，這些彈性線是如何分布的：

- 位於第一束分支和跟骨之間的**藍色彈性線**，模擬了形成**前側足弓**的肌肉。讀者可以從此線附著於跟骨的同位處，輕易地去控制此線的張力。
- **紅色彈性線**，從跗骨穿過小腿的板塊後連接至跟骨結節，構成一個**三角形**，可模擬**踝屈**

肌群和伸肌群的平衡作用。讀者可從小腿板塊上縫隙的同位處去控制此線的張力平衡。

經過反覆的**耐心**測試以找到這些線最合適的張力後，一個在水平面上也可以維持平衡狀態的足部模型終於完成了，這真是一個讓人期待已久的奇蹟時刻！讀者可以讓模型做出所有足部相對於小腿的動作，尤其是足底的外翻動作（圖 15）以及內翻動作（圖 16）。由於**腳踝萬向關節異動的特性**，使得這兩個動作在某些方向特別容易出現。讀者還可以讓模型的跟骨呈垂直狀態而模擬空凹足（圖 17），也可以透過使模型的內側足弓塌陷和跟骨外翻而模擬扁平足（圖 18）。

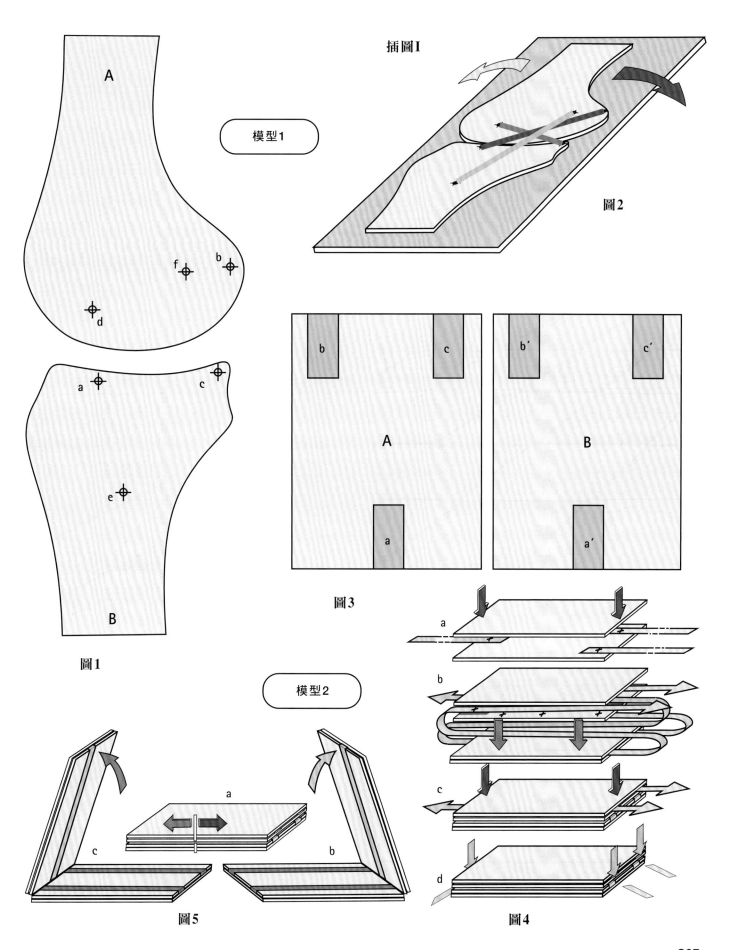

A

模型1

插圖I

圖2

f b

d

a c

e

B

圖1

模型2

a

c b

圖5

圖3

b c

b' c'

A B

a a'

a

b

c

d

圖4

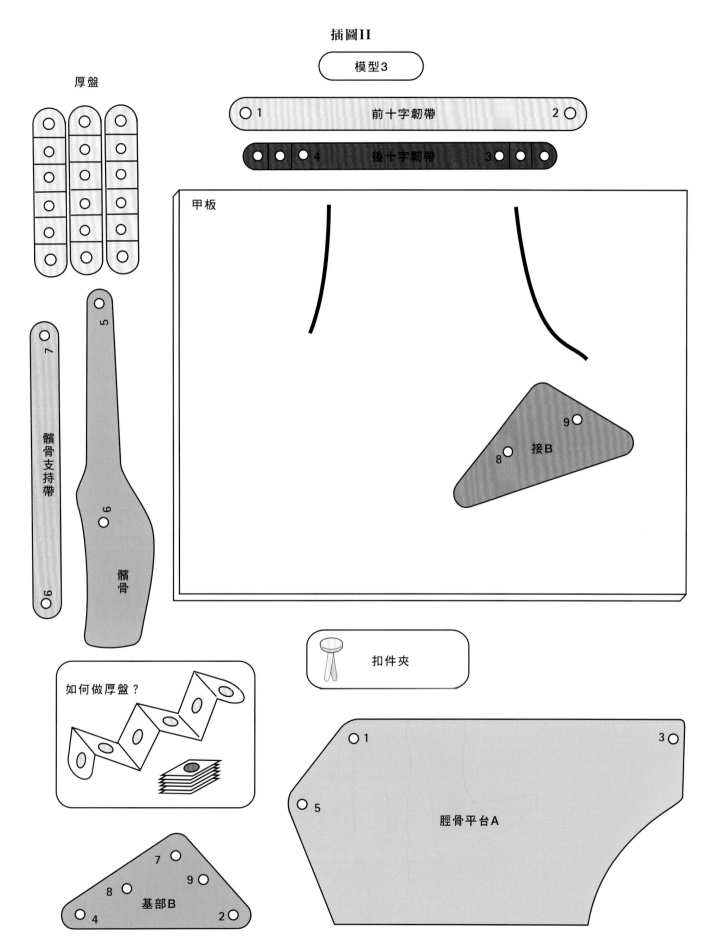

插圖II

模型3

厚盤

前十字韌帶 1 2

後十字韌帶 4 3

甲板

接B 9 8

髕骨支持帶 7 9

髕骨 5 6

如何做厚盤？

扣件夾

基部B 7 9 8 2 4

脛骨平台A 1 3 5

309

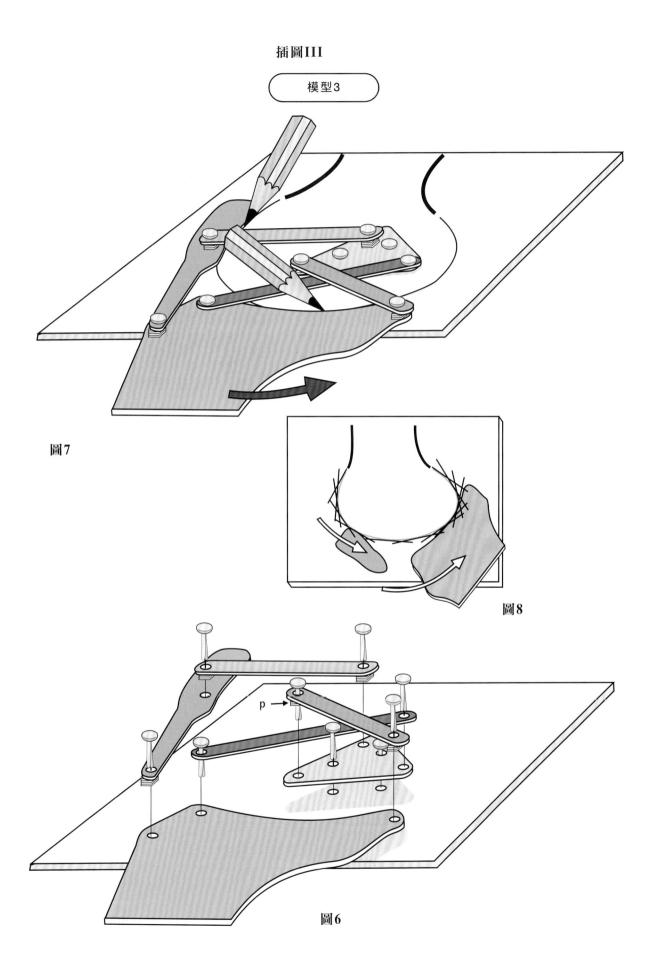

模型3

圖7

圖8

圖6

插圖 IV

模型4

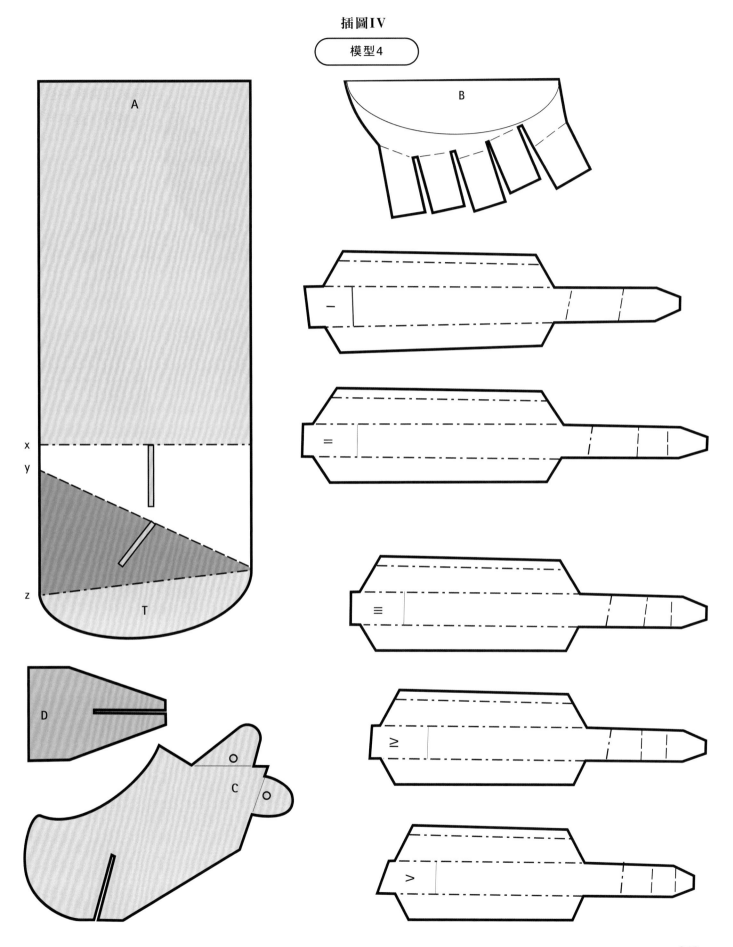

模型4

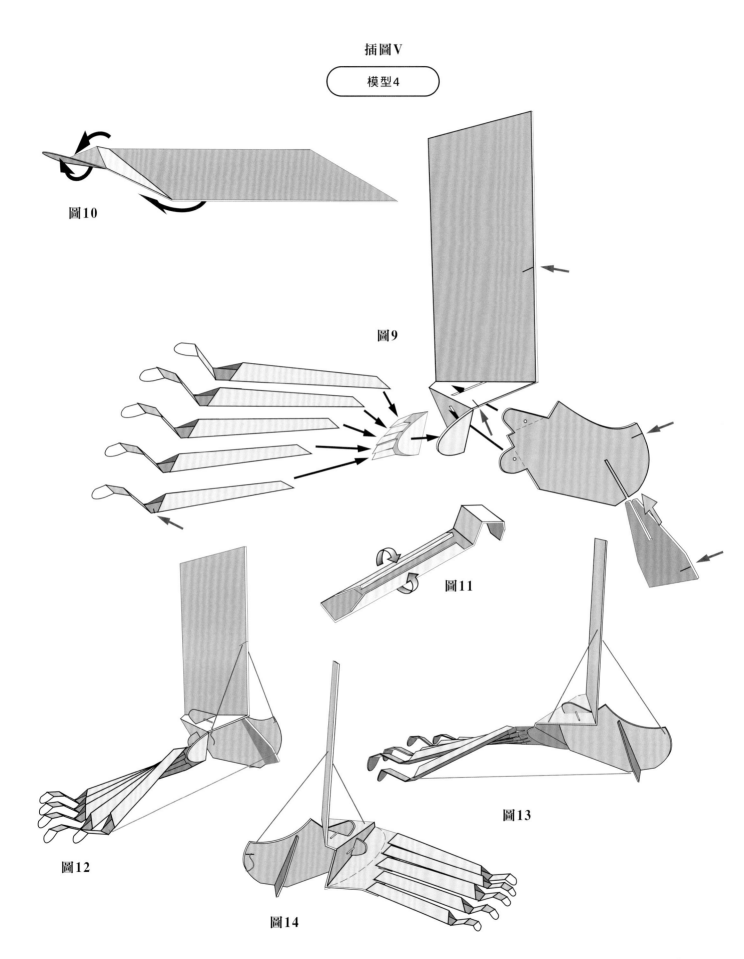

圖10

圖9

圖11

圖12

圖13

圖14

插圖VI

模型4

圖15

圖16

圖17

圖18

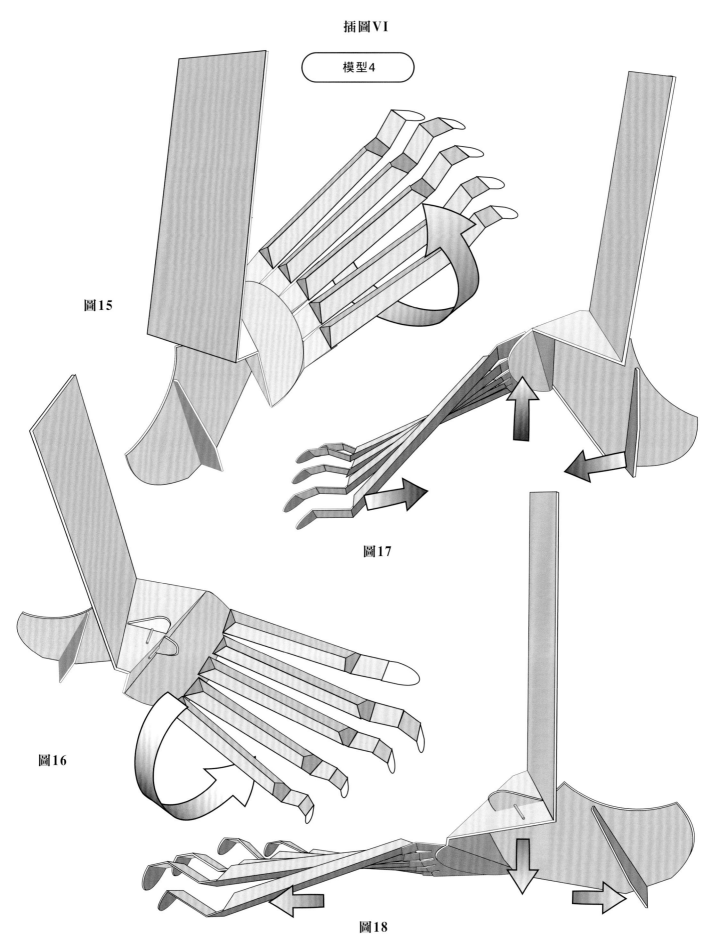